高等职业教育(本科)土木建筑类专业系列教材

建筑装饰施工组织与管理

第 3 版

主　编　郝永池　韩宏彦

副主编　邵　英　李　悦　穆黎明

参　编　陈楚晓　郝松浩　梁佳慧　宫考洲

机械工业出版社

本书共7个单元，单元1主要介绍建筑装饰工程施工准备工作和施工组织设计的基本知识；单元2主要介绍流水施工基本原理和应用实例；单元3主要介绍网络计划方法和应用实例；单元4主要介绍建筑装饰工程施工组织设计编制方法和应用实例；单元5主要介绍建筑装饰工程施工方案的编制方法和应用实例；单元6主要介绍建筑装饰工程招（投）标与合同管理的知识，单元7主要介绍建筑装饰工程施工项目管理基本知识。

本书为高等职业教育土木建筑类专业系列教材，可作为建筑装饰工程、建筑设计等相关专业的教材，也可供相关工程技术人员参考。

为方便教学，本书配有电子课件，凡使用本书作为教材的教师可登录机工教育服务网 www. cmpedu. com 注册下载。咨询电话：010 – 88379375。

图书在版编目（CIP）数据

建筑装饰施工组织与管理／郝永池，韩宏彦主编.
3 版. –– 北京：机械工业出版社，2024. 6. ––（高等职业教育（本科）土木建筑类专业系列教材）. –– ISBN
978 – 7 – 111 – 76090 – 0

Ⅰ. TU767

中国国家版本馆 CIP 数据核字第 2024SK7580 号

机械工业出版社（北京市百万庄大街22号　邮政编码100037）
策划编辑：常金锋　　　　　　　责任编辑：常金锋　陈将浪
责任校对：张爱妮　张昕妍　　　封面设计：马精明
责任印制：刘　媛
涿州市般润文化传播有限公司印刷
2024 年 8 月第 3 版第 1 次印刷
184mm×260mm · 13. 75 印张 · 327 千字
标准书号：ISBN 978-7-111-76090-0
定价：45. 00 元

电话服务　　　　　　　　　　网络服务
客服电话：010-88361066　　　机　工　官　网：www. cmpbook. com
　　　　　010-88379833　　　机　工　官　博：weibo. com／cmp1952
　　　　　010-68326294　　　金　书　网：www. golden-book. com
封底无防伪标均为盗版　　机工教育服务网：www. cmpedu. com

前言

  高等职业教育是高等教育的重要组成部分，目的是培养适应生产、建设、管理、服务第一线需要的素质高、专业技术全面、技能熟练的高技能人才。为满足建筑装饰行业高等职业教育的需要，培养适应新型工业化生产、建设、管理和服务第一线需要的高素质技术技能人才，我们组织编写了《建筑装饰施工组织与管理》（第3版）。本书结合了高等职业教育的特点，突出了教材的实践性和综合性。教材编写在力求做到保证知识的系统性和完整性的前提下，每个单元设置了思考题或实训练习题，让学生通过练习强化专业技能培养。编者在建筑装饰工程施工组织设计部分的编写过程中，吸取当前建筑装饰企业改革中应用的施工组织设计和管理方法，并认真贯彻我国现行规范及有关文件，从而增强教材的适应性、应用性，具有时代性的特征。本书增加了具有行业特点的工程实例，以求通过实例来培养学生的综合应用能力。

  本书第3版修订过程中，编写团队深入学习贯彻党的二十大精神，贯彻落实党的二十大报告中关于加快建设网络强国、数字中国，推动绿色发展，促进人与自然和谐共生的要求，在紧跟社会发展、紧密结合现行行业规范标准的前提下，增加了"电子招（投）标""建筑装饰工程项目绿色施工管理"等新内容，力求实现建筑装饰行业职业岗位工作过程与课程教学内容、教学过程有机融合。同时，本书顺应立体化教材建设需求，立体开发，书中配有微课视频二维码资源，使学生在学习的同时拓展知识面、开阔眼界，并增加学习的趣味性。本书的配套教学资源全面、丰富，并力求做到教材不只是教师的教本，更是学生自学的学本。

  本书由河北工业职业技术大学郝永池、韩宏彦任主编；石家庄理工职业学院邵英、河北工业职业技术大学李悦、石家庄职业技术学院穆黎明任副主编。本书单元1由郝永池编写，单元2由邵英编写，单元3由穆黎明编写，单元4由韩宏彦编写，单元5由李悦编写，单元6由河北工业职业技术大学陈楚晓编写，单元7由河北工业职业技术大学梁佳慧、宫考洲和河北建工集团有限责任公司郝松浩编写。全书由郝永池统稿并定稿。在本书编写过程中，还得到了有关单位和个人的大力支持，在此表示感谢。

  由于编者水平有限，书中难免存在不足之处，敬请各位读者批评指正！

编　者

二维码清单

（续）

页码	二维码名称	页码	二维码名称
50	双代号网络计划的计算例题	143	电子招（投）标简介
94	施工平面图布置	192	建筑装饰工程施工项目绿色施工管理
130	硅酮结构密封胶		

V

目 录
CONTENTS

单元 1

概　述

学习目标

通过本单元的学习，学生掌握建筑装饰工程施工组织的研究对象和任务，建筑装饰产品的特点与建筑装饰装修工程施工的特点，建筑装饰装修工程的施工程序；了解建筑装饰工程的施工准备工作的内容、重要性及分类；了解建筑装饰工程施工组织设计的内容、作用、分类与编制要求；懂得建筑装饰工程施工组织设计是优质高效完成装饰项目的必备条件。

1.1　建筑装饰工程施工组织的研究对象与任务

1.1.1　基本概念

1. 建筑装饰装修

建筑装饰装修是为了保护建筑物的主体结构，完善建筑物的使用功能和美化建筑物，采用装饰装修材料或饰物，对建筑物的内外表面及空间进行的各种处理过程。

2. 建筑装饰工程施工组织设计

施工组织设计在我国基本建设施工中已推行了几十年，从 20 世纪 80 年代实行工程项目的招（投）标制度以来，编制施工组织设计逐步形成了一项行业制度。建筑装饰工程施工组织设计是指导建筑装饰工程施工全过程各项活动的经济、技术、组织和管理等方面的综合性文件。它以一个建筑装饰工程为对象，运用统筹的基本原理和方法，利用先进的装饰施工技术，预见性地规划和部署施工生产活动，制订科学合理的施工方案和技术组织措施，对整个建筑装饰工程进行全面规划，从而有组织、有计划、有秩序地均衡生产，优质高效地完成建筑装饰工程。

1.1.2　建筑装饰工程施工组织的研究对象

建筑装饰工程施工组织的研究对象就是整个建筑装饰产品，建筑装饰产品的生产过程就是建筑装饰施工。建筑装饰施工由抹灰工程、吊顶工程、幕墙工程、隔墙工程、饰面工程、楼地面工程等分部分项工程组成。建筑装饰施工的全过程是投入劳动力、建筑装饰材料、机械设备和技术方法，生产出满足要求的建筑装饰产品的过程，同时也是建筑装饰产品生产诸要素的组织过程。

➤ 1.1.3 建筑装饰工程施工组织的任务

建筑装饰工程施工组织的任务有两个方面：

第一个方面的任务是探索和总结建筑装饰项目施工组织的客观规律，即从建筑装饰产品及其生产的技术、经济特点出发，遵照国家和地方相关技术政策约束条件，保证高质量、高速度、高效益、低消耗地生产出优质的建筑装饰产品，充分发挥投资的经济效益。

第二个方面的任务是研究和探索建筑装饰施工企业如何以最少的消耗获取最大的经济效益。建筑装饰产品最终是由建筑装饰施工企业通过贯彻执行施工组织，科学地组织施工来完成的。企业的最终目的是获取利润，其根据自身条件和工程特点组织施工，并对工期、质量和成本进行有效控制，以达到工期短、质量好、成本低的目标。

建筑装饰产品每一个分部分项工程的施工，可以采取不同的施工方案，应根据工程性质、特点、规模及客观条件，从技术和经济统一的全局出发，对各种问题统筹考虑，做出科学合理的全面部署。建筑装饰工程施工组织的任务就是在国家的建设方针和政策指导下，从装饰施工的具体条件出发，拟定施工方案，安排施工进度，进行现场布置，协调各部门之间的关系，优质、低耗、高速地完成施工任务，发挥最好的经济效益和社会效益。

1.2 建筑装饰产品的特点与建筑装饰工程施工的特点

建筑装饰产品是附着在建筑物上的产品，它与一般工业产品相比，具有特有的一系列技术、经济特点，这主要体现在建筑装饰产品的特点与建筑装饰工程施工的特点两个方面。

➤ 1.2.1 建筑装饰产品的特点

建筑装饰产品除具有各不相同的性质、设计、类型、规格、档次及使用要求外，还具有以下共同特点：

1. 建筑装饰产品的固定性

建筑装饰产品是建造在建筑物上的，无法进行转移。这种一经建造就在空间固定的属性，叫作建筑装饰产品的固定性。

2. 建筑装饰产品的时间性

建筑装饰产品要考虑一定的耐久性，但并不要求其与建筑主体结构的寿命一样长，因为建筑装饰风格会随时间的变化而有所更新，且建筑装饰产品要保持很长时间具有相当的困难。

3. 建筑装饰产品的多样性

建筑装饰根据不同的建筑风格、建筑结构、装饰设计，会产生不同的建筑装饰产品。对于每一个建筑物，它所具有的建筑装饰产品是独一无二的，无法像工业产品那样进行批量生产。

4. 建筑装饰产品的双重性

建筑装饰产品不仅能对建筑物进行美化，改善建筑内外空间的环境，而且对建筑物的主体结构能起到保护的作用，可延长建筑物的使用年限。

▶ 1.2.2　建筑装饰工程施工的特点

1. 建筑装饰工程施工的建筑性

建筑装饰工程是建筑工程的有机组成部分，装饰工程施工是建筑施工的延续与深化，而并非单纯的艺术创作。与建筑工程密切关联的任何装饰工程施工的工艺操作，均不可只顾及主观上的装饰艺术表现而漠视对于建筑主体结构的维护与保养。对于建筑装饰工程施工，必须以保护建筑结构主体及安全适用为基本原则，进而通过装饰造型、装饰饰面及设置装配等工艺操作达到既定目标。

2. 建筑装饰工程施工的规范性

建筑装饰工程是对建筑及其环境美的艺术加工与创造，但它并不是一种表面的美化处理，而是一项工程建设项目，一种必须依靠合格的材料与构（配）件等通过规范的构造做法，并由建筑主体结构予以稳固支承的建设工程。一切工艺操作及工序处理，均应遵循国家颁发的有关施工和验收规范，工程质量的检查验收应贯穿装饰施工过程的始终，包括每一道工序及每一个专业项目，所采用的各种材料和构（配）件，均应符合相应的国家标准或行业标准。

3. 建筑装饰工程施工的专业性

建筑装饰工程施工是一项十分复杂的生产活动，长期以来，其工程施工状况一直存在着工程量大、施工工期长、耗用劳动量多和占建筑物总造价高等特点。近年来，随着材料的发展和技术的进步，使建筑装饰工程施工作业简化了工序和工艺，提高了生产率，在实现工业化的道路上迈出了巨大的步伐。工程构件的预制化生产，装饰项目和配套设施的专业化生产与施工，使装饰工程的施工人员摆脱了传统建筑装饰工人所要付出的繁重体力劳作。

4. 建筑装饰工程施工的严肃性

建筑装饰工程施工的很多项目都与使用者的生活、工作及日常活动直接相关，要求完全无误地按规程实施操作工艺，有的工艺应达到较高的专业水准并精心施工。建筑装饰工程施工大多是以饰面为最终效果，许多操作工序处于隐蔽部位并对工程质量起着关键作用，很容易被忽略，或是其质量弊病很容易被表面的美化修饰所掩盖。这就要求从业人员应该是经过专业技术培训并接受过职业道德教育的持证上岗人员，具有很高的专业技能并具备及时发现问题、解决问题的能力，具有严格执行国家政策和法规的强烈意识，能切实保障建筑装饰工程施工的质量和安全。

5. 建筑装饰工程施工的技术、经济性

建筑装饰工程的使用功能及其艺术性的体现与发挥，所反映的时代感和科学技术水平，特别是工程造价，在很大程度上受到装饰材料及现代声、光、电及其控制系统等设备的制

约。在建筑主体、安装工程和装饰工程的费用中，其比例一般为结构:安装:装饰 = 3:3:4，而国家重点工程、高级宾馆及涉外或外资工程等高级建筑装饰工程费用要占总投资的一半以上。随着科学技术的进步，新材料、新工艺和新设备的不断发展，建筑装饰工程的造价还会继续提高。

➤ 1.2.3　建筑装饰工程施工与组织的相关性

建筑装饰工程的施工一般是在有限的空间进行的，其作业场地狭小，施工工期紧。特别是对于新建工程项目，装饰工程施工是最后一道工序，为了尽快投入使用，发挥投资效益，一般需要抢工期。而对于扩建、改建工程，常常是边使用边施工。建筑装饰工程工序繁多，施工操作人员工种复杂，工序之间需要平行、交叉、轮流作业，材料、机具频繁搬运等极易造成施工现场拥挤和滞塞，这样就增加了施工组织的难度。要做到施工现场有条不紊，工序之间衔接紧凑，保证施工质量并提高工效，就必须依靠具备专门知识和经验的组织管理人员，并以施工组织设计作为指导性文件和切实可行的科学管理方案，对材料的进场顺序、堆放位置、施工顺序、施工操作方式、工艺检验、质量标准等进行严格控制，随时指挥调度，使建筑装饰工程施工有组织、按计划地顺利进行。

➤ 1.2.4　建筑装饰工程施工程序

建筑装饰工程施工程序是在整个施工过程中各项工作必须遵循的先后顺序。它是多年来建筑装饰工程施工实践经验的总结，也反映了施工过程中必须遵循的客观规律。建筑装饰工程的施工程序一般可划分为承接任务阶段、计划准备阶段、全面施工阶段、竣工验收阶段及交付使用阶段。大中型建设项目的建筑装饰工程施工程序如图1-1所示，小型建设项目的施工程序可简单些。

1. 承接施工任务，签订施工合同

《中华人民共和国招标投标法》规定，依法必须招标的项目，必须进行公开招标或邀请招标。投标人应当按照招标文件的要求编制投标文件。投标文件应当对招标文件提出的实质性要求和条件作出响应。招标项目属于建筑装饰施工的，投标文件的内容应当包括拟派出的项目负责人与主要技术人员的简历、业绩和拟用于完成招标项目的机械设备等。

中标人确定后，招标人应当向中标人发出中标通知书。招标人和中标人应当自中标通知书发出之日起30日内，按照招标文件和中标人的投标文件订立书面合同。施工合同应规定承包的内容、要求、工期、质量、造价及材料供应等，明确合同双方应当全面履行合同约定的义务。不按照合同约定履行义务的，依法承担违约责任。

2. 全面统筹安排，做好施工规划

对于大中型建设项目的建筑装饰工程，施工总承包单位应根据合同规定和设计特点、工程施工的环境要求等，做出有针对性的施工组织总设计，对施工总体目标和各阶段工作提出要求和工作计划，并着手组织全场性施工准备工作，为工程的全面实施提供坚实的保证。

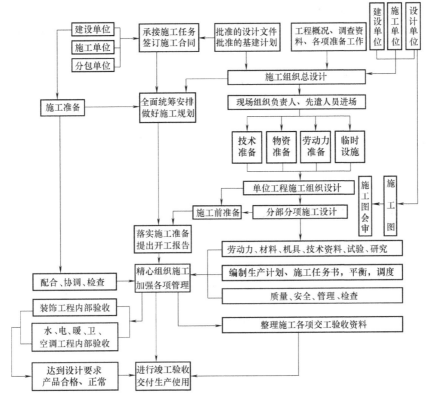

图 1-1　大中型建设项目建筑装饰工程施工程序简图

3. 落实施工准备，提出开工报告

（1）落实施工准备

1）调查并收集资料。

2）进行现场调查。

3）熟悉图样，编制施工组织设计。

4）进行现场"三通一平"的工作。

（2）提出开工报告

提出开工报告应当具备下列条件：

1）该建筑装饰工程各项手续齐全。

2）该工程主体已验收通过。

3）已经确定建筑装饰施工企业。

4）有满足施工需要的施工图样及技术资料。

5）有保证工程质量和安全的具体措施。

6）资金已经落实。

7）法律、行政法规规定的其他条件。

建设行政主管部门应自收到建设单位办理施工许可证申请之日起 7 日内，对符合条件的申请颁发施工许可证。

4. 精心组织施工，加强各项管理

建筑装饰施工是将投资转化为固定资产的经济活动，是施工程序中的重要环节。施工企业应按施工组织设计进行管理，精心组织施工，加强各单位、各部门的配合与协作，协调各方面的工作，使建筑装饰工程能够在保证质量的前提下，低成本、高效率地完成。

5. 进行竣工验收，交付生产使用

竣工验收是施工企业按施工合同完成施工任务，经检验合格，由发包人组织验收的过程。竣工验收是施工的最后阶段，装饰施工企业在竣工验收前应先在内部进行预验收，检查各分部分项工程的施工质量，整理各分项交工验收的技术安全资料。然后由建设单位组织监理、设计、施工等有关单位进行验收。验收合格后，在规定期限内办理工程移交手续，并交付使用。

1.3 建筑装饰工程施工准备工作

建筑装饰工程施工准备工作是指施工前从组织、技术、资金、劳动力、物资、生活等方面，为了保证施工顺利进行，事先要做好的各项工作。

▶ 1.3.1 施工准备工作的任务与重要性

1. 施工准备工作的任务

施工准备是为了保证工程能正常开工和连续、均衡地施工而进行的一系列的准备工作。它是施工程序中的重要环节，不仅存在于开工之前，而且贯穿在整个施工过程中。

现代企业管理的理论认为，企业管理的重点是生产经营，而生产经营的核心是决策。施工准备工作是对拟建工程目标、资源供应和施工方案的选择，以及空间布置和时间排列等诸方面进行的施工决策。

2. 施工准备工作的重要性

（1）施工准备是建筑装饰施工程序的重要阶段

施工准备是保证施工顺利进行的基础，只有充分做好各项施工准备工作，为建筑装饰工程提供必要的技术和物质条件，统筹安排，遵循市场经济规律和国家有关法律法规，才能使建筑装饰工程达到预期的经济效果。

（2）施工准备是降低风险的有效措施

建筑装饰施工具有复杂性和生产周期较长的特点，施工受外界环境、气候条件和自然环境的影响较大，不可预见的因素较多，使建筑装饰工程面临的风险较多。只有充分做好施工准备，根据施工地点的地区差异性，搜集各方面的相关技术经济资料，分析类似工程的预算数据，考虑不确定的风险，才能采取有效的防范措施，降低风险可能造成的损失。

（3）施工准备是提高装饰施工企业经济效益的途径之一

做好施工准备，有利于合理分配资源和劳动力，协调各方面的关系，做好各分部分项工程的进度计划，保证工期，提高工程质量，降低成本，从而使装饰工程从技术和经济上得到保证，提高施工企业的经济效益。

总之，施工准备是建筑装饰工程按时开工、顺利施工的必备条件。只有重视施工准备和认真做好施工准备，才能运筹帷幄，把握施工的主动权。反之，就会处处被动，受制于人，给装饰施工企业带来较大的风险，造成一定的经济损失。

▶ 1.3.2 建筑装饰工程施工准备工作分类

1. 按建筑装饰工程施工准备工作的范围不同分类

建筑装饰工程施工准备工作按范围不同，一般可分为全场性施工准备和分部分项工程作业条件准备两种。

（1）全场性施工准备

它是以一个建筑装饰工地为对象而进行的各项施工准备，其特点是施工准备工作的目的、内容都是为全场性施工服务的。它不仅要为全场性的装饰施工活动创造有利条件，而且要兼顾分部分项工程作业条件的准备。

（2）分部分项工程作业条件准备

它是以一个分部分项工程或冬（雨）期施工为对象而进行的作业条件准备。

2. 按装饰工程所处施工阶段的不同分类

建筑装饰工程施工准备工作按所处的施工阶段不同，一般可分为开工前的施工准备和各施工阶段前的施工准备两种。

（1）开工前的施工准备

它是在拟建工程正式开工之前所进行的一切施工准备工作，其目的是为拟建工程正式开工创造必要的施工条件。它既可能是全场性的施工准备，又可能是分部分项工程作业条件的准备。

（2）各施工阶段前的施工准备

它是在装饰工程开工之后，每个施工阶段正式开工之前所进行的一切施工准备工作。其目的是为施工阶段正式开工创造必要的施工条件。它一方面是开工前施工准备工作的深化和具体化，另一方面也是对装饰施工各阶段各方面的补充和调整。

▶ 1.3.3 建筑装饰工程施工准备工作的内容

建筑装饰工程施工准备工作按性质及内容通常包括调查研究与搜集资料、技术资料准备、施工现场准备、物资准备、施工现场人员准备、季节性施工准备等。

建筑装饰工程施工
准备工作主要内容

1. 调查研究与搜集资料

（1）原始资料的调查

施工准备工作，除了要掌握有关装饰工程的书面资料外，还应该进行装饰工程原始资料的调查，获得基础数据的第一手资料，这对于拟定一个科学合理、切合实际的施工组织设计是必不可少的。原始资料的调查是对气候条件、自然环境及施工现场的调查，作为施工准备工作的依据。

1）施工现场环境的调查。包括装饰工程项目建筑施工图、工程现场实测数据等。一般可作为设计施工图的依据。

2）装饰工程周边环境的调查。包括装饰工程场地上及周边是否有其他建筑物、构筑物、人防工程、城市管道系统、架空线路、文物、树木、道路等情况。一般可作为设计现场平面图的依据。

3）气候及自然条件的调查。包括建筑装饰工程所在地的气温变化情况，5℃和0℃以下气温的起止日期、天数；雨季的降水量及起止日期；主导风向、全年大风天数、频率。一般可作为冬（雨）期施工措施的依据。

（2）建筑装饰材料及周转材料的调查

调查时应注意建筑装饰工程中用量较大的材料（如木材、石材、陶瓷等），以及这些主要材料的市场价格、供应情况、运输距离等信息。一般可作为确定现场施工平面图中临时设施和堆放场地的依据，也可作为材料供应计划、储存方式及冬（雨）季预防措施的依据。

（3）水源、电源的调查

水源的调查包括施工现场现有水源的情况，包括供水量、接管地点、给水排水管道的材质与规格、水压、水源与工地距离等情况。电源的调查包括施工现场电源的位置、引入工地的条件、电线套管管径、导线截面、电压与电流情况，以及装饰施工单位或建设单位自有的发（变）电设备、供电能力等情况。一般可作为施工现场临时用电的依据。

水源、电源一般在主体施工阶段已解决，装饰施工时可借用。

（4）交通运输条件的调查

建筑装饰工程的运输方式主要有铁路、公路、航空、水运等。交通运输条件的调查主要包括运输道路的路况、载重量，站场的起重能力、卸货能力和储存能力；对于超长、超高、超宽或超重的特大型预制构件、机械或设备，要调查道路通过的允许高度、宽度及载重量，及时与有关部门沟通运输的时间、方式及路线，避免造成道路的损坏或交通的堵塞。一般可作为施工运输方案的依据。

（5）劳动力市场的调查

劳动力市场的调查包括当地居民的风俗习惯，当地劳动力的价格水平、技术水平，当地可提供的劳动力数量及来源、生活居住条件，工地周围环境的服务设施，工人的工种分配情况及工资水平，管理人员的技术水平及待遇，劳务外包队伍的情况等。一般可作为装饰施工现场临时设施的安排、劳动力的组织协调的依据。

2. 技术资料准备

技术资料的准备是装饰工程施工准备的核心，是保证施工质量，使施工能连续、均衡地达到质量、工期、成本目标的必备条件。技术资料准备具体包括熟悉、会审图样和有关设计资料，编制装饰工程施工组织设计，编制装饰工程预算。

（1）熟悉、会审图样和有关设计资料

1）熟悉和会审图样的依据：

① 建设单位和设计单位提供的装饰工程施工图及现场实地踏勘情况。

② 调查和搜集的原始资料。

③ 国家、地区的设计、施工验收规范和有关技术规定。

2）熟悉、会审图样的目的：

① 为了能够按照设计图样的要求顺利地进行施工，完成用户满意的工程。

② 为了能够在建筑装饰工程开工之前，使从事建筑装饰施工技术和预算成本管理的技术人员充分地了解和掌握设计图样的设计意图、构造特点和技术要求。

③ 在施工开始之前，通过各方技术人员审查，发现设计图样中存在的问题和错误，为

拟装饰工程的施工提供一份准确、齐全的设计图样，避免不必要的资源浪费。

3）设计图样的自审阶段。施工单位收到拟装饰工程的设计图样和有关技术文件后，应尽快组织各专业的工程技术人员及预算人员熟悉和自审图样，写出自审图样记录。自审图样的记录应包括对设计图样的疑问、设计图样的差错和对设计图样改进的有关建议。

4）熟悉图样的要求：

① 先整体后细部。先对整个设计图样的平面图、立面图、剖面图有一个总体的认识，然后再了解细部构造，看总尺寸与细部尺寸是否矛盾，位置、标高是否一致。

② 图样与说明及技术规范相结合。核对设计图样与总说明、细部说明有无矛盾，是否符合国家或地区的技术规范的要求。

③ 装饰与安装互相配合。核对安装图样中的设备、管道的位置是否与装饰构造相矛盾，注意在装饰施工中各专业的协作配合。

5）设计图样的会审阶段。建筑装饰工程设计图样会审一般由建设单位组织并主持，由设计单位、施工单位、监理单位参加，共同进行设计图样的会审。图样会审时，首先由设计单位进行技术交底，说明拟装饰工程的设计依据、意图和功能要求，并对新材料、新工艺和新技术提出设计要求；然后各方面提出对设计图样的疑问和建议；最后建设单位在统一认识的基础上，对所提出的问题逐一地做好记录，形成"图样会审纪要"，由建设单位正式行文，参加单位共同会签、盖章，作为与设计文件同时使用的技术文件和指导施工的依据，以及建设单位与施工单位进行工程预（决）算的依据。

在建筑装饰工程施工的过程中，如果发现施工的条件与设计图样的条件不符，或者发现图样中仍然有错误，或者因为材料的规格、质量不能满足设计要求，或者因为施工单位提出了合理化建议，需要对设计图样进行及时修订时，应进行图样的施工现场变更或签证。

6）图样会审的内容。

① 核对设计图样是否完整、齐全，以及是否符合国家有关装饰工程设计、施工方面的技术规范。

② 审查设计图样与总说明在内容上是否一致，以及设计图样之间有无矛盾和错误。

③ 审查建筑各空间装饰施工图在几何尺寸、坐标、标高、说明等方面是否一致，技术要求是否正确，有无遗漏。

④ 审查设计图样中工程复杂、施工难度大和技术要求高的分部分项工程或新材料、新工艺，检查现有施工技术水平和管理水平能否满足工期和质量要求，是否采取了可行的技术和安全措施加以保证。

⑤ 装饰与安装在施工配合上是否存在技术上的问题，是否能合理解决。

⑥ 设计图样与施工之间是否存在矛盾，是否符合成熟的施工技术的要求。

(2) 编制装饰工程施工组织设计

装饰工程施工组织设计，是以装饰项目为对象进行编制的，用以指导其装饰施工全过程各项活动的技术、经济、组织、协调和控制的综合性文件。

施工组织设计是施工准备工作的重要组成部分，也是指导施工的技术、经济和管理文件。建筑装饰工程施工的全过程是非常复杂的固定资产再创造的过程，为了正确处理人与物、供应与消耗、生产与储存、主体与辅助、工艺与设备、专业与协作以及它们在空间布置、时间排列之间的关系，保证质量、安全、工期、成本、环境五大目标的实现，必须根据建筑装饰工程的规模、结构特点、客观规律、技术规范和建设单位的要求，在对原始资料调查分析的基础上，编制出能切实指导全部施工活动的科学合理的施工组织设计。

（3）编制装饰工程预算

装饰工程预算是技术准备工作的主要组成部分之一，是以按照施工图样确定的工程量、按施工组织设计拟定的施工方法、建筑装饰工程预算定额及其取费标准为依据，由施工单位编制的确定建筑安装工程造价的经济文件，它是施工企业签订工程承包合同、工程结算、银行拨付工程价款、进行成本核算、加强经营管理等工作的重要依据。

3. 施工现场准备

施工现场准备是施工的外业准备，施工现场是为保证优质、高速、低消耗的目标，而连续、均衡地进行施工的活动空间。施工现场的准备工作，主要是为了给建筑装饰工程的施工创造有利的施工条件和物资保证。其具体内容包括清理场地、测量放线、场地的"三通一平"、建造临时设施等，为正式开工准备好生产、办公、生活、居住和储存等临时设施。应尽量利用原有建筑物和主体施工已建设施作为临时生产、生活用房，以便节约施工现场用地，节省费用。

4. 物资准备

物资准备是指施工中对劳动手段（施工机械、施工工具、临时设施）和劳动对象（材料及构、配件）等的准备。材料、构（配）件、制品、机具和设备是保证施工顺利进行的物质基础，这些物资的准备工作应在工程开工之前完成。

（1）物资准备工作的内容

物资准备工作主要包括建筑装饰材料的准备，构（配）件和制品的加工准备，建筑装饰施工机具的准备和周转材料的准备，进行新技术项目的试制和试验。

1）建筑装饰材料的准备。建筑装饰材料的准备主要是根据施工预算进行工料分析，按照施工进度计划要求，按材料名称、规格、使用时间、材料消耗定额进行汇总，编制出材料需要量计划，为组织备料，确定仓库、场地堆放所需的面积和组织运输等提供依据。

2）构（配）件、制品的加工准备。根据施工工料分析提供的构（配）件、制品的名称、规格、质量和消耗量，确定加工方案和供应渠道，以及进场后的储存地点和方式，编制出需要量计划，为组织运输、确定堆场面积等提供依据。

3）建筑装饰施工机具的准备。根据施工方案，安排施工进度计划，确定施工机械的类型、数量和进场时间，确定施工机具的供应办法和进场后的存放地点和方式；对于固定的机具要进行就位、搭棚、接电源、保养和调试等工作。对所有装饰施工机具都必须在开工之前进行检查和试运转。应编制建筑装饰施工机具的需要量计划。

4）周转材料的准备。周转材料是指施工中大量周转使用的脚手架及支撑材料。按照施工方案及企业现有的周转材料提出周转材料的名称、型号，确定分期分批进场的时间和保管方式，编制周转材料需要量计划，为组织运输、确定堆场面积提供依据。

5）进行新技术项目的试制和试验。按照设计图样和施工组织设计的要求，进行新技术项目的试制和试验。

（2）物资准备工作的程序

物资准备工作的程序是搞好物资准备的重要手段，通常程序如下：

1）根据施工预算的工料分析、施工方法和施工进度计划的安排，拟定装饰材料、构

（配）件及制品、施工机具和工艺设备等物资的需要量计划。

2）根据物资需要量计划组织货源，确定加工方式、供应地点和供应方式，签订物资供应合同。

3）根据物资需要量计划和合同，拟定运输计划和运输方案。

4）按照施工现场平面图的要求，组织物资按计划时间进场，在指定地点按规定方式进行储存或堆放。

5. 施工现场人员准备

施工现场人员包括施工管理层和施工作业层两部分。施工现场人员的选择和配备，直接影响建筑装饰工程的综合效益，直接关系工程质量、进度和成本。

（1）建立项目组织机构

1）项目组织机构的建立应遵循以下原则：根据拟装饰工程项目的规模、构造特点和复杂程度，确定拟装饰工程项目施工管理层名单；坚持合理分工与密切协作相结合；诚信、施工经验、创新精神、工作效率是选择管理层人员的要素；坚持因事设职、因职选人的原则。

2）项目经理部。项目经理部是由项目经理在企业的支持下组建并领导进行项目管理的组织机构。它是装饰施工项目现场管理的一次性且具有弹性的施工生产组织机构，负责装饰项目从开工到竣工的全过程施工生产经营的管理，同时又对作业层负有管理与服务的双重职能。

项目经理是指受企业法人代表委托和授权，在装饰工程项目施工中担任项目经理岗位职务，直接负责装饰项目施工的组织实施者，对装饰工程项目施工全过程全面负责的项目管理者。他是装饰工程施工项目的责任主体，是企业法人代表在装饰工程项目上的委托代理人。

项目经理责任制是指以项目经理为责任主体的装饰施工项目管理目标责任制度，是装饰项目管理目标实现的具体保障和基本条件，用以确定项目经理部与企业、职工三者之间的责、权、利关系。它是以装饰项目为对象，以项目经理全面负责为前提，以"项目管理目标责任书"为依据，以创优质工程为目标，以求得装饰项目产品的最佳经济效益为目的，实行从装饰项目开工到竣工验收的一次性全过程的管理。

3）建立精干的装饰施工队组。施工队组的建立要认真考虑专业、工种的合理配合，技工、普工的比例要满足合理的劳动组织要求，要符合流水施工组织方式的要求。建立装饰施工队组（专业施工队组或混合施工队组）时要坚持合理、精干的原则，要制订建筑装饰工程的劳动力需要量计划。

（2）组织劳动力进场

工地的管理层确定之后，按照开工日期和劳动力需要量计划，组织劳动力进场。同时，要进行安全、防火和文明施工等方面的教育，并安排好职工的生活。

（3）向施工队组、工人进行技术交底

技术交底的目的是把装饰工程的设计内容、施工计划和施工技术等要求，详尽地向施工队组和工人讲解交待，这是落实计划和技术责任制的好办法。技术交底一般在装饰工程或分部分项工程开工前及时进行，以保证工程严格地按照设计图样、施工组织设计、安全操作规程和施工验收规范等要求进行施工。

技术交底的内容有施工工艺、质量标准、安全技术措施、降低成本措施和施工验收规范的要求；新结构、新材料、新技术和新工艺的实施方案和保证措施，图样会审中所确定的有关部位的设计变更和技术核定等事项。交底工作应该按照管理系统逐级进行，由上而下直到工人队组。

（4）建立健全各项管理制度

工地的各项管理制度是否建立健全，直接影响各项施工活动的顺利进行。有章不循的后果是严重的，而无章可循更是危险的，为此必须建立健全工地的各项管理制度。管理制度通常包括如下内容：工程质量检查与验收制度；工程技术档案管理制度；建筑装饰材料（构件、配件、制品）的检查验收制度；技术责任制度；施工图样学习与会审制度；技术交底制度；职工考勤、考核制度；工地及班组经济核算制度；材料出入库制度；安全操作制度；机具使用保养制度等。

6. 季节性施工准备

季节性施工包括冬期施工和雨期施工。由于建筑装饰工程受气候影响和温度变化影响较大，因此应针对建筑装饰工程特点和气温变化，制订科学合理的季节性施工技术保证措施，保证施工顺利进行。

（1）科学合理安排冬期施工的施工过程

冬季温度低，施工条件差，施工技术要求高，费用相应增加。因此，应从保证施工质量、降低施工费用的角度出发，合理安排施工过程。例如外装修、湿作业项目不容易保证施工质量，费用又增加很多，不宜安排在冬期施工。而室内干作业项目，可根据情况安排在保温情况下进行。

（2）做好雨期施工的安排

遵循"晴天室外，雨天室内"的原则做好雨期施工的安排。另外，对于涂料粉刷、注胶等受湿度影响大的工程项目，应采取相应的计划和措施，保证工程顺利进行。

➤ 1.3.4　施工准备工作计划

在实施施工准备工作前，为了加强检查和监督，把施工准备工作落实到位，应根据各分部分项工程的施工准备工作内容、进度和劳动力，编制施工准备工作计划，通常以表格形式列出。

施工准备工作计划一般包括以下内容：

1）施工准备工作的项目。

2）施工准备工作的工作内容。

3）对各项施工准备工作的要求。

4）各项施工准备工作的负责单位及负责人。

5）要求各项施工准备工作的完成时间。

6）其他需要说明的地方。

1.4　建筑装饰工程施工组织设计的内容、作用、分类和编制要求

不同的建筑装饰装修工程，有不同的施工组织设计。建筑装饰工程施工组织设计应根据工程本身的特点以及各种施工条件等因素编制。

▶ 1.4.1 建筑装饰工程施工组织设计的内容

1. 工程概况

在工程概况中简要说明本装饰工程的性质、规模、装饰地点、装饰面积、施工期限以及气候条件等情况。

2. 施工方案

施工方案的选择是依据工程概况，结合人力、材料、机械设备等条件，全面安排施工任务，安排总的施工顺序，确定主要工种、工程的施工方法，对拟建工程根据各种条件可能采用的方案进行定性、定量的分析，通过经济评价，选择最佳施工方案。

3. 施工进度计划

施工进度计划反映最佳施工方案在时间上的全面安排，以及采用计划的方法，使工期、成本、资源等通过计算和调整达到既定目标，在此基础上即可安排劳动力和各项资源需用量计划。

4. 施工平面图

施工平面图是施工方案及施工进度计划在空间上的全面安排，它是将投入的各项资源和生产、生活场地合理地布置在施工现场，使整个现场有组织、有计划地文明施工。

5. 主要技术经济指标

主要技术经济指标是对确定的施工方案及施工部署的技术、经济效益进行全面的评价，用以衡量组织施工的水平。

6. 施工管理计划

施工管理计划是施工组织设计不可缺少的内容，施工管理计划主要包括进度管理计划、质量管理计划、安全管理计划、环境管理计划、成本管理计划等内容。

▶ 1.4.2 建筑装饰工程施工组织设计的作用

建筑装饰工程施工组织设计是建筑装饰工程施工前的必要准备工作之一，是合理组织施工和加强施工管理的一项重要措施，它对保质、保量、按时完成整个建筑装饰工程具有决定性的作用。其作用主要表现为：

1）它是沟通设计和施工的桥梁，也可以用来衡量设计方案的施工可能性。
2）它对拟装饰工程从施工准备到竣工验收全过程起到战略部署和战术安排的作用。
3）它是施工准备工作的重要组成部分，对及时做好各项施工准备工作起到促进作用。
4）它是编制施工预算和施工计划的主要依据。
5）它是对施工过程进行科学管理的重要手段。
6）它是装饰工程施工企业进行经济、技术管理的重要组成部分。

▶ 1.4.3 建筑装饰工程施工组织设计的分类

建筑装饰工程施工组织设计可分为：

1. 建筑装饰工程施工组织总设计

建筑装饰工程施工组织总设计是以群体工程作为施工组织对象进行编制的，如大型公共建筑、高层建筑、住宅小区等。编制施工组织总设计是在初步设计或扩大初步设计被批准之后才进行的，一般以总承包单位为主，由设计单位和总分包单位参加共同编制。它是对整个建筑装饰工程在组织施工中的通盘规划和总的战略部署，是修建工地大型暂设工程和编制年度施工计划的依据。

2. 单位装饰工程施工组织设计

单位装饰工程施工组织设计是以单位装饰工程为对象编制的，它应由直接组织施工的基层单位编制，用于指导该装饰工程的施工，并作为编制月、旬施工计划的依据。

3. 子分部（分项）建筑装饰工程作业计划

子分部（分项）建筑装饰工程作业计划是以某些主要的或新工艺、技术复杂的或缺乏施工经验的子分部（分项）工程的装饰装修为对象编制的，是直接指导现场施工和编制月、旬作业计划的依据。

➤ 1.4.4 组织建筑装饰工程施工或编制施工组织设计的原则

在组织建筑装饰工程施工或编制施工组织设计时，应根据装饰工程施工的特点和以往积累的经验，遵循以下几项原则和要求：

1. 认真贯彻执行党和国家的方针政策

在编制建筑装饰工程施工组织设计时应充分考虑党和国家的方针政策，严格执行审批制度，严格按基本建设程序办事，严格执行建筑装饰工程施工程序，严格执行国家制定的规范、规程。

2. 严格遵守合同规定的工程开、竣工时间

对总工期较长的大型装饰工程，应根据生产或使用要求，安排分期分批进行建设、投产或交付使用，以便尽快获得经济效益。在确定分期分批施工的项目时，必须注意使每期交工的项目可以独立地发挥效用，即主要施工项目同有关的辅助施工项目应同时完工，可以立即交付使用。如新建大型宾馆首层大厅餐饮区，在装饰施工时应作为首期交工项目尽早完工，以发挥最大的经济效益。

3. 施工程序和施工顺序安排的合理性

建筑装饰产品的特点之一是产品的固定性，这使得装饰工程施工在同一场地上进行时，没有前一阶段的工作，后一阶段就很难进行，即使它们之间交叉搭接作业，也必须遵守一定的程序和顺序。装饰工程施工的程序和顺序，反映了施工的客观规律要求，交叉搭接则体现争取时间的主观努力。在组织施工时，必须合理地安排装饰工程施工的程序和顺序，避免不必要的重复、返工，加快施工速度，缩短工期。

4. 采用国内外先进的施工技术，科学地确定施工方案

在选择施工方案时，要积极采用新材料、新工艺、新技术；注意结合工程特点和现场条件，使技术的先进适用性和经济合理性相结合，防止单纯追求技术的先进性而忽视经济效益的做法；符合施工验收规范、操作规程的要求和遵守有关防火、保卫及环卫等规定，

确保工程质量和施工安全。

5. 采用网络计划技术或流水施工方法安排进度计划

在编制施工进度计划时，从实际出发，采用网络计划技术或流水施工方法安排进度计划，以保证施工连续、均衡、有节奏地进行，合理地使用人力、物力、财力，做好人力、物力的综合平衡，做到多、快、好、省、安全地完成施工任务。对于那些必须进入冬期、雨期施工的项目，应落实季节性施工的措施，增加施工的天数，提高施工的连续性和均衡性。

6. 合理布置施工平面图，减少施工用地

对于新建工程的装饰装修，应尽量利用土建工程的原有设施（脚手架、水电管线等），以减少各种临时设施；尽量利用当地资源，合理安排运输、装卸与存放，减少物资的运输量，避免二次运输；精心进行场地规划，节约施工用地，防止发生施工事故。

7. 提高建筑装饰施工工业化程度

应根据地区条件和作业性质，通过技术、经济比较，恰当地选择预制施工或现场施工，充分利用现有的机械设备，以发挥其机械效率，努力提高建筑装饰施工的工业化程度。

8. 充分合理地利用机械设备

在现代化的装饰工程施工中，采用先进的装饰施工机具，是加快施工速度、提高施工质量的重要途径。同时，对施工机具的选择除考虑机具的先进性外，还应注意选择与之相配套的辅件，如电钻在使用时要根据材料、部位的不同配有不同的钻头。

9. 尽量降低装饰工程成本，提高经济效益

充分利用已有的设施、设备，因地制宜，就地取材，制定节约能源和材料的措施，合理安排人力、物力，做好综合平衡调度，提高经济效益。

10. 严把安全、质量关

施工过程中要严格执行施工验收规范、操作规程和质量检验评定标准，从各方面制订保证质量的措施，预防和控制影响工程质量的各种因素；建立健全各项安全管理制度，制订确保安全施工的措施，并在施工过程中经常进行检查和监督。

小 结

本单元作为建筑装饰工程施工组织的概论部分，主要对一些相关概念和内容进行了介绍，使学生对课程的研究对象、任务、作用、分类等有一个清晰的认识。其中，建筑装饰产品的特点与建筑装饰工程施工的特点，以及组织建筑装饰工程施工的原则等为日后的施工组织设计进行了明确的铺垫。

建筑装饰产品的固定性、时间性、多样性、双重性决定了建筑装饰产品生产的流动性、生产周期长、唯一性、复杂性；建筑装饰工程的施工程序包括编制建筑装饰工程投标文件、签订施工合同、进行施工准备、申请领取施工许可证、组织施工和竣工验收、交付使用。

建筑装饰工程施工准备工作的内容包括调查研究与搜集资料、技术资料准备、施工现场准备、物资准备、施工现场人员准备、季节性施工准备。

在施工组织设计中，需根据建筑装饰产品的特点与建筑装饰工程施工的特点进行施工组织设计。由于建筑装饰工程施工具有生产复杂、技术要求高、流动性大等特点，要想实现大量的生产要素在时间、空间上的顺利安排，可以组织平行流水、立体交叉作业，使间断的结合成为整体的结合。同时，每项工程的特点和规模以及所处的环境和自然条件都不同，所以必须认真做好每项工作的施工准备工作。为使工程能够顺利完工，在施工组织设计时应遵守设计原则和编制要求，使工程做到时间短、效率高、成本低，为发展国民经济、增强综合国力、提高人民生活水平做出贡献。

思 考 题

1-1　简述建筑装饰施工组织课程的研究对象与任务。

1-2　简述建筑装饰产品的特点与建筑装饰工程施工的特点。

1-3　简述建筑装饰施工程序。

1-4　简述施工准备工作的意义。

1-5　简述施工准备工作的主要内容。

1-6　简述技术准备的内容。

1-7　简述冬（雨）期施工准备的内容。

1-8　什么是项目经理责任制？

1-9　简述装饰施工组织设计的作用和类型。

1-10　简述装饰施工组织设计的内容。

1-11　简述装饰施工组织设计的性质与任务。

1-12　简述装饰施工组织设计的原则和编制要求。

流 水 施 工

学习目标

通过本单元的学习，学生了解依次施工、平行施工的组织方式及特点；流水施工的表达形式、分类和流水施工的技术经济效果。掌握流水施工的特点；有节奏流水施工、无节奏流水施工的特点及组织步骤；流水施工工期的计算方法。学生熟练掌握流水施工各参数的概念、计算方法；流水施工横道图的表示方式及参数之间的关系；理解流水施工原理在工程上的应用。

本单元实践教学环节，学生通过实训练习，能够利用横道图描述施工进度计划，了解横道图的类型与作用，熟悉横道图的组成与绘制技巧。

生产实践已经证明，在建筑装饰工程的生产领域中，流水施工方法是一种科学、有效的施工组织方式，是理想的生产方式。它建立在分工协作的基础上，可以充分地利用工作时间和空间及工艺条件，提高劳动生产率，保证工程施工连续、均衡、有节奏地进行，从而提高工程质量、降低工程造价、缩短工期。

2.1 流水施工的基本概念

▶ 2.1.1 组织施工的方式

在建筑装饰工程施工过程中，考虑到工程项目的施工特点、工艺流程、资源利用、平面或空间布置等要求，通常可以组织依次、平行、流水施工三种组织方式。现就三种方式的施工特点和效果分析如下：

【例 2-1】 现有三幢同类型房屋进行同样的装饰装修，以一幢为一个施工段。已知每幢房屋装饰分为顶棚、墙面、地面、踢脚板四个部分。各部分所花时间分别为 4 周、1 周、

3 周、2 周，顶棚施工班组的人数为 10 人，墙面施工班组的人数为 15 人，地面施工班组的人数为 10 人，踢脚板施工班组的人数为 5 人。要求分别采用依次、平行、流水的施工方式对其组织施工，分析各种施工方式的特点。

1. 依次施工

依次施工也称顺序施工，是各施工段或各施工过程依次开工、依次完工的一种组织施工的方式。

（1）按施工段依次施工

按施工段依次施工是指从事某施工过程的施工班组在第一个施工段施工完毕后，再进行第二个施工段的施工，后续施工依此类推，如图 2-1 所示。

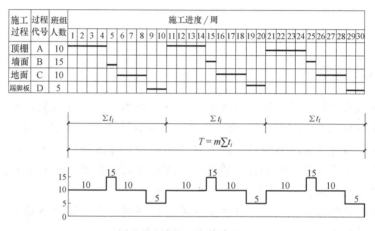

图 2-1 按施工段依次施工

（2）按施工过程依次施工

按施工过程依次施工是指同一施工过程的若干个施工段全部施工完毕后，再开始第二个施工过程的施工，后续施工依此类推，如图 2-2 所示。

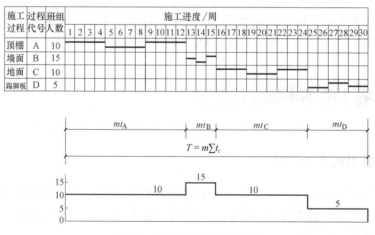

图 2-2 按施工过程依次施工

按施工过程依次施工的工期计算式与按施工段依次施工的计算式相同。

（3）按施工段依次施工的工期

$$T = m \sum t_i \tag{2-1}$$

式中　T——完成该工程所需总工期；

　　　m——施工段数或房屋幢数；

　　　$\sum t_i$——各施工过程在一个施工段上完成施工任务所需时间。

（4）依次施工的特点与适用范围

由图2-1、图2-2可以看出，依次施工组织方式具有以下特点：

1）没有充分利用工作面进行施工，工期较长。

2）如果按专业成立工作队，各专业工作队不能连续作业，有时间间歇，劳动力及施工机具等无法均衡使用。

3）如果由一个工作队完成所有施工任务，不能实现专业化施工，不利于提高劳动生产率和工程质量。

4）单位时间投入的劳动力、施工机具、材料等资源量较少，有利于资源供应的组织。

5）施工现场的组织、管理比较简单。

依次施工的适用范围：单纯的依次施工只在工程规模小或工作面有限而无法全面地展开工作时使用。

2. 平行施工

（1）平行施工的定义及计算式

平行施工是指所有施工过程的各个施工段同时开工、同时结束，如图2-3所示。

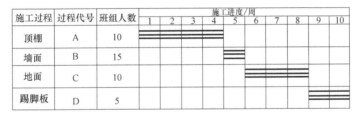

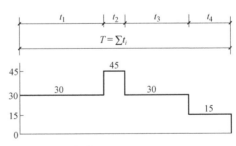

图2-3　平行施工

由图2-3可知，平行施工的工期表达式为

$$T = \sum t_i \tag{2-2}$$

（2）平行施工的特点和适用范围

由图2-3可以看出，平行施工组织方式具有以下特点：

1）充分地利用工作面进行施工，工期短。

2）如果每一个施工对象均按专业成立工作队，则各专业工作队不能较长期作业，劳动力及施工机具等资源无法均衡使用。

3) 如果由一个工作队完成一个施工对象的全部施工任务，则不能实现专业化施工，不利于提高劳动生产率和工程质量。

4) 单位时间内投入的劳动力、施工机具、材料等资源量成倍地增加，不利于资源供应。

5) 施工现场的组织、管理比较复杂。

平行施工的适用范围：适用于工期紧、规模大的建筑装饰工程。

3. 流水施工

（1）流水施工基本概念及计算式

流水施工是指所有的施工过程均按一定的时间间隔投入施工，各个施工过程陆续开工、陆续竣工，使同一施工过程的施工班组保持连续均衡地施工，不同施工过程尽可能平行搭接。

例 2-1 如果按照流水施工进行组织，则进度计划如图 2-4a 所示。

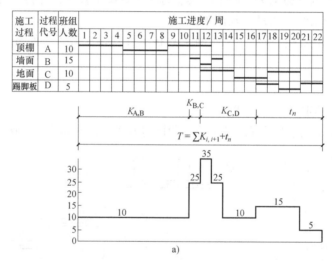

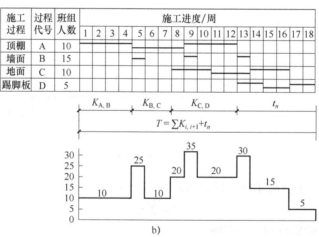

图 2-4 流水施工进度计划

a）全部连续 b）部分间断

由图2-4a可知，流水施工的工期计算式可以表达为

$$T = \sum K_{i,i+1} + t_n \tag{2-3}$$

式中 $K_{i,i+1}$——相邻两个施工过程的施工班组开始投入施工的时间间隔；

t_n——最后一个施工过程的施工班组完成全部施工任务所花的时间；

$\sum K_{i,i+1}$——所有相邻施工过程开始投入施工的时间间隔之和。

（2）流水施工概念的引申

在工期要求紧张的情况下组织流水施工时，可以在主导工序连续均衡施工的前提条件下，间断安排某些次要工序的施工，从而达到缩短工期的目的。也就是说，次要工序间断施工必须带来工期缩短的经济效益，否则不安排间断施工。例如图2-4b中，可以间断安排墙面的施工，使工期缩短；但是，踢脚板的施工，不能安排间断施工。

（3）流水施工的特点

1）尽可能地利用工作面进行施工，工期比较短。

2）各工作队实现了专业化施工，有利于提高技术水平和劳动生产率，也有利于提高工程质量。

3）专业工作队能够连续施工，同时使相邻专业工作队的开工时间能够最大限度地搭接。

4）单位时间内投入的劳动力、施工机具、材料等资源量较为均衡，有利于资源供应的组织。

5）为施工现场的文明施工和科学管理创造了有利条件。

因此，流水施工是较为合理的一种施工组织方式。

【例2-2】 有 m 幢相同房屋的装饰施工任务，每幢房屋施工工期为 t 天。若采用依次施工时，就是当第一幢房屋竣工后才开始第二幢房屋的施工，即按着顺序一幢接一幢地进行施工，则总工期为 $T = mt$，施工组织方式如图2-5a所示；如果采用平行施工组织方式，其施工进度计划如图2-5b所示；如果采用流水施工组织方式，其施工进度计划如图2-5c所示。

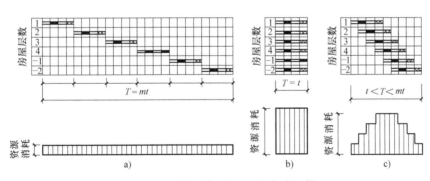

图2-5 三种不同的施工组织方式比较

a）依次施工 b）平行施工 c）流水施工

2.1.2 流水施工的技术经济效果

通过比较三种施工组织方式可以看出，流水施工是先进、科学的施工组织方式。流水施工由于在工艺划分、时间安排和空间布置上进行了统筹安排，体现出了较好的技术经济

效果，主要表现为：

1）施工连续、均衡，工期较短。流水施工前后施工过程衔接紧凑，克服了不必要的时间间歇，使施工得以连续进行，后续工作尽可能提前在不同的工作面上开展，从而加快施工速度，缩短工程工期。根据各施工企业开展流水施工的效果比较，比依次施工的总工期可缩短1/3左右。

2）实现专业化生产，可以提高施工技术水平和劳动生产率，保障工程质量。由于流水施工中，各个施工过程均采用专业班组操作，可提高工人的熟练程度和操作技能，从而提高工人的劳动生产率，同时工程质量也易于保证和提高。

3）有利于资源的组织和供应。采用流水施工，使得劳动力和其他资源的使用比较均衡，从而可避免出现劳动力和资源的使用大起大落的现象，减轻施工组织者的压力，为资源的调配、供应和运输带来方便。

4）可以保证施工机械和劳动力得到充分、合理的利用，有利于改善劳动组织，改进操作方法和施工机具。

5）降低工程成本，提高承包单位的经济效益。由于流水施工工期缩短、工作效率提高、资源消耗均衡等因素共同作用，可以减少临时设施及其他一些不必要的费用，从而减少工程的直接费，进而最终降低工程总造价。

上述技术经济效果都是在不需要增加任何费用的前提下取得的，流水施工是实现施工管理科学化的重要组成内容，是与建筑装饰设计标准化、构（配）件生产工厂化、施工机械化等现代施工内容紧密联系、相互促进的，是实现施工企业技术进步的重要手段。流水施工的节奏性、均衡性和连续性，减少了时间间歇，使工程项目尽早地竣工；劳动生产率提高，可以降低工程成本，增加承建单位利润；资源消耗均衡，有利于提高承建单位经济效益，保证工程质量。

2.1.3 组织流水施工的原则、条件及考虑的因素

1. 组织流水施工的基本原则

对建筑装饰工程组织流水施工，必须要按照一定的组织原则进行：

1）将准备施工的工程中的结构特点、平面大小、施工工艺等情况大致相同的项目确定下来，以便组织流水施工。

2）进行流水施工的工程项目需分解成若干个施工过程，每一个施工过程由一定的专业班组进行施工。

3）需将工程对象在平面上划分成若干个施工段，要求各个施工段的劳动量大致相等或成倍数，使得施工在组织流水时富有节奏性。

4）确定各个流水参数后，应尽可能使各专业班组连续施工，工作面不停歇，资源消耗均匀，劳动力使用不太集中。

2. 组织流水施工的条件

组织流水施工，必须具备以下条件：

1）把整幢建筑物的装饰施工过程分解成若干个施工过程，每个施工过程由固定的专业工作队负责实施完成。

2）把施工对象尽可能地划分成劳动量或工作量大致相等（误差一般控制在15%以内）的施工段（区）。

3）确定各施工专业队在各施工段（区）内的工作持续时间。

4）各工作队按一定的施工工艺，配备必要的机具，依次地、连续地由一个施工段（区）转移到另一个施工段（区），反复地完成同类工作。

5）不同工作队完成各施工过程的时间适当地搭接起来，不同专业工作队之间的关系表现在工作空间上的交接和工作时间上的搭接，搭接的目的是缩短工期。

3. 组织流水施工必须考虑的因素

在组织流水施工时，应考虑以下因素：

1）把工作面合理地分成若干段（水平段、垂直段）。

2）各专业施工队按工序进入不同施工段。

3）确定每个施工过程的延续时间，各个施工过程的工作量要接近。

4）各施工过程连续、均衡施工。

5）各工种之间要有合理的施工关系，相互补充。

▶2.1.4　流水施工的分类

根据流水施工的组织范围，流水施工通常可分为：

1. 分项工程流水施工

分项工程流水施工是在一个专业工种内部组织起来的流水施工。在项目施工进度计划表上，它是一条标有施工段或工作队编号的水平进度指示线段或斜向进度指示线段。

2. 分部（子分部）工程流水施工

分部（子分部）工程流水施工是在一个分部（子分部）工程内部、各分项工程之间组织起来的流水施工。在项目施工进度计划表上，它是一组标有施工段或工作队编号的水平进度指示线段或斜向进度指示线段。

3. 单位工程流水施工

单位工程流水施工是在一个单位工程内部、各分部工程之间组织起来的流水施工。在项目施工进度计划表上，它是若干组分部工程的进度指示线段，并由此构成一张单位工程施工进度计划。

4. 群体工程流水施工

群体工程流水施工是在若干单位工程之间组织起来的流水施工，在项目施工进度计划表上是一张项目施工总进度计划。

▶2.1.5　流水施工的表达方式

流水施工进度计划图表反映工程流水施工时各施工过程的先后顺序、相互配合的关系和它们在时间、空间上的开展情况。目前，应用最广泛的流水施工进度计划图表有横道图和网络图。

1. 横道图

流水施工进度计划图表采用横道图表示时，按其绘制方法的不同可分为水平指示图表和垂直指示图表（又称斜线图）。

（1）水平指示图表

水平指示图表的左边按照施工的先后顺序列出各施工过程名称，右边用水平线段在时间坐标下画出各施工过程的工作进度线，以此来表示流水施工的开展情况。

某 m 幢相同房屋工程流水施工的水平指示图表如图 2-6a 所示，图中的横坐标表示流水施工的持续时间，纵坐标表示施工过程的名称或编号，n 条带有编号的水平线段表示 n 个施工过程或专业工作队的施工进度安排，其编号表示不同的施工段。

水平指示图表表示法的优点是：绘图简单，施工过程及其先后顺序表达清楚，时间和空间状况形象直观，使用方便，因而被广泛用来表达施工进度计划。

（2）垂直指示图表

垂直指示图表中，横坐标表示流水施工的持续时间，纵坐标表示开展流水施工所划分的施工段编号，n 条斜线段表示各专业工作队或施工过程开展流水施工的情况。应注意的是，垂直指示图表中垂直坐标的施工对象编号是由下而上编写的。

某 m 幢相同房屋工程流水施工的垂直指示图表如图 2-6b 所示。

垂直指示图表表示法的优点是：能直观地反映出在一个施工段中各施工过程的先后顺序和相互配合关系，而且可由其斜线的斜率形象地反映出各施工过程的流水强度；在垂直指示图表中还可方便地进行各施工过程工作进度的允许偏差计算。

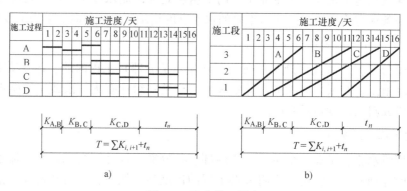

图 2-6 流水施工图表

a）水平指示图表 b）垂直指示图表

2. 网络图

流水施工的网络图表示法在下一章详细阐述。

2.2 流水施工参数的确定

在组织项目流水施工时，用以表达流水施工在施工工艺、空间布置和时间排列方面开展状态的参量，统称为流水施工参数，它包括工艺参数、空间参数和时间参数三类。

▶ 2.2.1　工艺参数

工艺参数主要是指在组织流水施工时，用以表达流水施工在施工工艺上开展顺序及其特征的参数；或是在组织流水施工时，将拟建工程项目的整个建造过程分解为施工过程的种类、性质和数目方面的总称。通常，工艺参数包括施工过程数（n）和流水强度（V）两种。

1. 施工过程数

组织建设工程流水施工时，根据施工组织及计划安排而将计划任务划分成的子项称为施工过程，施工过程划分的粗细程度根据实际需要而定。当编制控制性施工进度计划时，组织流水施工的施工过程可以划分得粗一些；当编制实施性施工进度计划时，施工过程可以划分得细一些。施工过程可以是分项工程，甚至是将分项工程按照专业工种不同分解成施工工序。施工过程的数目一般用 n 表示。施工过程数目的多少，主要依据项目施工进度计划在客观上的作用、采用的施工方案、项目的性质和建设单位对项目建设工期的要求等进行确定。

在划分施工过程时，应该以主导施工过程为主，如室内装饰工程前期的湿作业项目，中期的饰面板骨架与面板安装，后期的涂料粉刷工程都是主导项目。组织流水施工时，一般只考虑主导项目施工过程，保证这些过程的流水作业，如室外装饰工程中的脚手架搭设和材料运输等都是配合外墙装饰这个主要施工过程进行的，它不占绝对工期，故不能看作主导作用的施工过程，而装饰项目本身则应作为主导过程而参与流水作业。若在划分施工过程时，施工过程数过多而使施工组织太复杂，那么所订立的组织计划就失去了弹性；若施工过程数过少又会使计划过于笼统，所以合适的施工过程数对施工组织很重要。因此，在划分施工过程时，并不需要将所有的施工过程都组织到流水施工中，只有那些占有工作面，对流水施工有直接影响的施工过程才作为组织的对象。

根据工艺性质不同，整个建造项目可分为制备类、运输类和建造安装类三种施工过程。

制备类施工过程是指预先加工和制造建筑装饰半成品、构（配）件等的施工过程，如门窗制作、石材加工等属于制备类施工过程；运输类施工过程是指把材料和制品运到工地仓库或再转运到现场操作地点的过程；建造安装类施工过程是指对施工对象直接进行加工形成建筑装饰产品的过程，如墙体的抹灰、涂料粉刷等。前两类施工过程一般不占有工作面，也不影响总工期，一般不列入施工进度计划；建造安装类施工过程占有工作面并影响总工期，必须列入施工进度计划。

因此，综上所述，在划分施工过程时应考虑以下因素：

1）施工过程数应结合装饰项目的复杂程度、构造类型及施工方法进行取舍，对复杂的施工项目内容应分得细些，对简单的施工内容不要分得过细。

2）根据施工进度计划的性质确定：当编制控制性施工进度计划时，组织流水施工的施工过程可以划分得粗一些；当编制实施性施工进度计划时，施工过程可以划分得细一些。

3）施工过程的数量要适当，以便于组织流水施工的需要。施工过程数过少，也就是划分得过粗，达不到好的流水效果；反之施工过程数过大，需要的专业队（组）就多，相应地需要划分的流水段也多，同样也达不到好的流水效果。

4）要以主要的建造安装类施工过程作为划分依据，同时综合考虑制备类和运输类施工过程。

2. 流水强度

流水强度是指在组织流水施工时，某施工过程（或专业工作队）在单位时间内所完成的工程量，也称为流水能力或生产能力。流水强度又可分为机械施工过程流水强度和人工施工过程流水强度两种。

（1）机械施工过程流水强度

$$V = \sum_{i=1}^{x} R_i S_i \tag{2-4}$$

式中　R_i——投入到第 i 施工过程的某种主要施工机械的台数；

　　　S_i——该种施工机械的产量定额；

　　　x——投入到第 i 施工过程的某种主要施工机械的种类。

（2）人工施工过程流水强度

$$V = \sum_{i=1}^{x} R_i S_i \tag{2-5}$$

式中　R_i——投入到第 i 施工过程的施工人数；

　　　S_i——投入到第 i 施工过程的每人工日定额；

　　　x——投入到第 i 施工过程的人工的种类。

▶ 2.2.2　空间参数

空间参数

空间参数是指在组织流水施工时，用以表达流水施工在空间布置上开展状态的参数。通常包括工作面、施工段两种。

1. 工作面

某专业工种在加工建筑产品时所必须具备的活动空间，称为该工种的工作面。工作面的大小表明能安排施工人数或机械台数的多少。每个作业的工人或每台施工机械所需工作面的大小，取决于单位时间内其完成的工程量和安全施工的要求。工作面确定的合理与否，直接影响专业工作队的生产效率，因此必须合理确定工作面。

2. 施工段

（1）施工段的含义

通常把拟建工程项目在平面上划分成若干个劳动量大致相等的施工段落，这些施工段落称为施工段。施工段的数目以 m 表示。

（2）划分施工段的原则

由于施工段内的施工任务由专业工作队依次完成，因而在两个施工段之间容易形成一个施工间隙而影响工程质量；同时，由于施工段数量的多少将直接影响流水施工的效果，为使施工段划分得合理，划分施工段时一般应遵循下列原则：

1）施工段的数目要适宜。过多的施工段会使其能容纳的工人数减少，工期增加；过少的施工段会使作业班组无法连续施工，工期增加。

2）以主导施工过程为依据。

3）同一专业工作队在各个施工段上的劳动量应大致相等，误差一般控制在 15% 以内，目的是使劳动班组相对固定。

4）每个施工段内要有足够的工作面，以保证相应数量的工人、施工机械的生产效率，满足合理劳动组织的要求。

5）施工段的界限应尽可能与结构界限（如沉降缝、伸缩缝等）相吻合，或设在对建筑结构整体性影响较小的部位，以保证装饰施工的整体性。

6）如果是多层建筑物的装饰工程，则施工段数等于单层划分的施工段数乘以该多层建筑物的层数，即

$$m = m_0 j \tag{2-6}$$

式中　　m_0——单层划分的施工段数；

　　　　j——建筑物的层数。

2.2.3　时间参数

时间参数

在组织流水施工时，用以表达流水施工在时间排列上所处状态的参数称为时间参数。它一般包括：流水节拍（t）、流水步距（$K_{i,i+1}$）、技术间歇时间（t_j）、组织间歇时间（t_z）、平行搭接时间（t_d）和流水施工工期（T）六种。

1. 流水节拍

在组织流水施工时，每个专业工作队在各个施工段上完成相应的施工任务所需要的工作延续时间，称为流水节拍，用 t 表示。

流水节拍是流水施工的主要参数之一，它表明流水施工的速度和节奏性。流水节拍的大小，反映施工速度的快慢，投入的劳动力、机械以及材料用量的多少。根据其数值特征，一般流水施工又可分为：有节奏流水施工和无节奏流水施工。

（1）确定流水节拍应考虑的因素

1）施工班组人数要适宜。满足最小劳动组合和最小工作面的要求。

2）工作班制要恰当。对于确定的流水节拍采用不同的班制，其所需班组人数不同。当工期较紧或工艺限制时可采用两班制或三班制。

3）以主导施工过程流水节拍为依据。

4）充分考虑机械台班效率或台班产量的大小及工程质量的要求。

5）节拍值一般取整。为避免浪费工时，流水节拍在数值上一般可取半个班的整数倍。

（2）流水节拍的确定方法

1）根据每个施工过程的工期要求确定流水节拍。

① 若每个施工段上的流水节拍要求不等，则用估算法确定流水节拍。

② 若每个施工段上的流水节拍要求相等，则每个施工段上的流水节拍为

$$t = \frac{T}{m} \tag{2-7}$$

式中　　T——每个施工过程的工期（持续时间）；

　　　　m——每个施工过程的施工段数。

2）根据每个施工段的工程量计算（根据工程量、产量定额、班组人数计算）流水节拍：

$$t_i = \frac{Q}{SRZ} = \frac{P}{RZ} \qquad (2-8)$$

式中　t_i——施工段 i 流水节拍，一般取 0.5 天的整数倍；

　　　Q——施工段 i 的工程量；

　　　S——施工段 i 的人工或机械产量定额；

　　　R——施工段 i 的人数或机械的台（套）数；

　　　P——施工段的劳动量需求值；

　　　Z——施工段 i 的工作班次。

【例2-3】 室内抹灰工程数据如下：$Q = 16500\text{m}^2$，$S = 16.5\text{m}^2/$工日。试问：（1）若 $R = 20$ 人，流水节拍 t 为多少？（2）若 $R = 50$ 人，则流水节拍 t 为多少？

【解】 $P = \dfrac{16500}{16.5} = 1000$（工日）

（1）$R = 20$ 人 　　　$t = \dfrac{1000}{20} = 50$（天）

（2）$R = 50$ 人 　　　$t = \dfrac{1000}{50} = 20$（天）

3）根据各个施工段投入的各种资源来确定流水节拍：

$$t_i = \frac{Q_i}{N_i}$$

式中　Q_i——各施工段所需的劳动量或机械台班量；

　　　N_i——施工人数或机械台数。

4）经验估算法。它是根据以往的施工经验对流水节拍进行估算，一般为了提高其准确程度，往往先估算出每个施工段流水节拍的最短值（a）、最长值（b）和正常值（c）（即最可能）三种时间，然后据此求出期望时间作为某专业工作队在某施工段上的流水节拍。本法也称为三时估算法。

$$t = \frac{a + 4c + b}{6} \qquad (2-9)$$

这种方法多适用于采用新工艺、新方法和新材料等没有定额可循的工程或项目。

2. 流水步距

在组织流水施工时，相邻两个专业工作队在保证施工顺序、满足连续施工、最大限度搭接和保证工程质量的条件下，相继投入施工的最小时间间隔，称为流水步距，一般用符号 K 表示，通常也取 0.5 天的整数倍；$K_{i,i+1}$ 表示两个相邻施工过程之间的流水步距。当施工过程数为 n 时，流水步距共有 $n-1$ 个。

流水步距的大小，应考虑施工工作面的允许条件，施工顺序的适宜性，技术间歇的合理性以及施工期间的均衡性，其值取决于相邻两个施工过程（或专业工作队）在各个施工段上的流水节拍及流水施工的组织方式。

（1）流水步距与流水节拍的关系

1）当流水步距 $K > t$ 时，会出现工作面闲置现象（如抹灰养护期，后一工序不能立即进入该施工段）。

2）当流水步距 $K < t$ 时，会出现两个施工过程在同一施工段内平行作业。

总之，在施工段不变的情况下，流水步距小，平行搭接多，工期短；反之则工期长。

（2）确定流水步距的基本要求

1）始终保持各相邻施工过程之间的施工顺序。

2）满足各施工班组连续施工、均衡施工的需要。

3）前后施工过程尽可能组织平行搭接施工，以缩短工期。

4）考虑各种间歇和搭接时间。

5）流水步距的确定要保证工程质量，并满足安全生产和组织要求。

（3）流水步距与工期的关系

如果施工段的数目不变，流水步距越大，则工期越长；反之，工期则越短。

（4）流水步距 K 的确定方法

1）图上分析法：根据编制的横道图分析每个相邻施工过程的流水步距。

2）理论公式计算法：

$$当 \, t_i \leqslant t_{i+1} 时 \qquad K_{i,i+1} = t_i + t_j - t_d \tag{2-10}$$

$$当 \, t_i > t_{i+1} 时 \qquad K_{i,i+1} = mt_i - (m-1)t_{i+1} + t_j - t_d \tag{2-11}$$

式中 t_i——前面施工过程的流水节拍；

t_{i+1}——紧后施工过程的流水节拍；

t_j——施工过程中的间歇时间之和；

t_d——施工段之间的搭接时间之和。

【例2-4】 有六幢完全相同的住宅装饰，每幢住宅装饰施工的主要施工过程划分为：室内地坪1周，内墙粉刷3周，外墙粉刷2周，门窗涂刷2周，并按上述先后顺序组织流水施工，试问它们各施工过程的流水步距各为多少？

【解】 流水施工段数 $m=6$，施工过程数 $n=4$。

各施工过程的流水节拍分别为 $t_{地坪}=1$ 周，$t_{内墙}=3$ 周，$t_{外墙}=2$ 周，$t_{涂刷}=2$ 周。将上述条件代入式（2-10）和式（2-11）可得

$$K_{地坪,内墙} = 1（周）$$

$$K_{内墙,外墙} = 6 \times 3 - (6-1) \times 2 = 8（周）$$

$$K_{外墙,涂刷} = 2（周）$$

3）累加斜减法（最大差法）：本方法在无节奏流水施工中详细介绍（本部分略）。

3．技术间歇时间

在组织流水施工时，除要考虑相邻专业工作队的流水步距外，有时根据建筑材料或湿作业项目等工艺性质，还要考虑合理的工艺等待时间，这个等待时间称为技术间歇时间。如砂浆抹面和涂料面的干燥时间。

4．组织间歇时间

在组织流水施工时，由于施工技术或施工组织原因造成的在流水步距以外增加的间歇时间，称为组织间歇时间，如测量放线、机器转场、过程验收等。

5．平行搭接时间

在组织流水施工时，有时为了缩短工期，在工作面允许的条件下，如果前一个专业工作队完成部分施工任务后，能够提前为后一个专业工作队提供工作面，使后者提前进入前

一个施工段，两者在同一施工段上平行搭接施工，这个搭接时间称为平行搭接时间。

6. 流水施工工期

流水施工工期是指从第一个专业工作队投入流水施工开始，到最后一个专业工作队完成流水施工为止的整个持续时间。流水施工工期用 T 表示。由于一项建设工程往往包含有许多流水作业组，故流水施工工期一般不是整个工程的总工期。流水施工工期应根据各施工过程之间的流水步距以及最后一个施工过程中各施工段的流水节拍等确定。

$$T = \sum_{i=1}^{n-1} K_{i,i+1} + t_n \tag{2-12}$$

式中　　$\sum_{i=1}^{n-1} K_{i,i+1}$——所有的流水步距之和；

　　　　　　t_n——最后一个施工过程的工期。

2.3　流水施工的组织方法

根据各施工过程的各施工段流水节拍的关系，可以组织有节奏流水施工和无节奏流水施工。

▶ 2.3.1　有节奏流水施工

有节奏流水是指同一施工过程在每一个施工段上的流水节拍都相等的流水施工组织方式。有节奏流水按不同施工过程中每个施工段的流水节拍的相互关系可以分为全等节拍流水和异节拍流水。全等节拍流水是指各施工过程的流水节拍在每一个施工段上的流水节拍都相等。异节拍流水是指同一施工过程在每一个施工段上的流水节拍相等，不同施工过程之间每个施工段的流水节拍不完全相等，一般可细分为一般异节拍流水和成倍异节拍流水。

1. 全等节拍流水施工

在组织流水施工时，各施工过程在每一个施工段上的流水节拍相等，且不同施工过程的每一个施工段上的流水节拍互相相等的流水施工组织方式，即 $t_i = K_{i,i+1}$；或在组织流水施工时，如果所有的施工过程在各个施工段上的流水节拍彼此相等，这种流水施工组织方式称为全等节拍流水，也称固定节拍流水或同步距流水。它是一种理想的流水施工组织方式。

全等节拍
流水施工

（1）基本特点

1）所有流水节拍都彼此相等。

2）所有流水步距都彼此相等，而且等于流水节拍。

3）每个专业工作队都能够连续作业，施工段没有间歇时间。

4）专业工作队数目等于施工过程数目。

（2）组织步骤

1）确定项目施工起点流向，分解施工过程。

2）确定施工顺序，划分施工段。划分施工段时，一般可取 $m = n$。

3）根据等节拍专业流水要求，确定流水节拍 t_i 的数值。

4）确定流水步距 $K_{i,i+1}$。

5）计算流水施工的工期（本单元仅讨论不分施工层的情况），其计算式如下：

① 无间歇时间和搭接时间时：

$$T = (n-1)K + mt = (n-1)K + mK = (m+n-1)K \tag{2-13}$$

② 存在间歇时间和搭接时间时：

$$T = (m+n-1)t + \sum t_j - \sum t_d \tag{2-14}$$

式中　$\sum t_j$——所有间歇时间之和；

$\sum t_d$——所有搭接时间之和。

6）绘制流水施工进度横道图。

（3）无间歇时间和搭接时间的全等节拍流水施工

在这种流水施工组织下，各施工过程的流水节拍在每一个施工段上相等，且互相相等，取 $t_i = K_{i,i+1} = t_0$（常数）。无间歇时间和搭接时间，且各流水步距 $K_{i,i+1}$ 等于流水节拍 t_i，故其工期为

$$T = (n-1)K_{i,i+1} + mt = (m+n-1)t \tag{2-15}$$

式中　T——工期；

n——施工过程数；

m——施工段数；

$K_{i,i+1}$——流水步距；

t——流水节拍。

【例2-5】　某分部工程可以划分为 A、B、C、D、E 五个施工过程，每个施工过程可以划分为六个施工段，且各过程之间既无间歇时间也无搭接时间，流水节拍均为4天。试组织全等节拍流水。要求：绘制横道图并计算工期。

【解】　第一步：计算工期

根据式（2-15）有

$$T = (m+n-1)t = (6+5-1) \times 4 = 40（天）$$

第二步：绘制横道图，如图2-7所示。

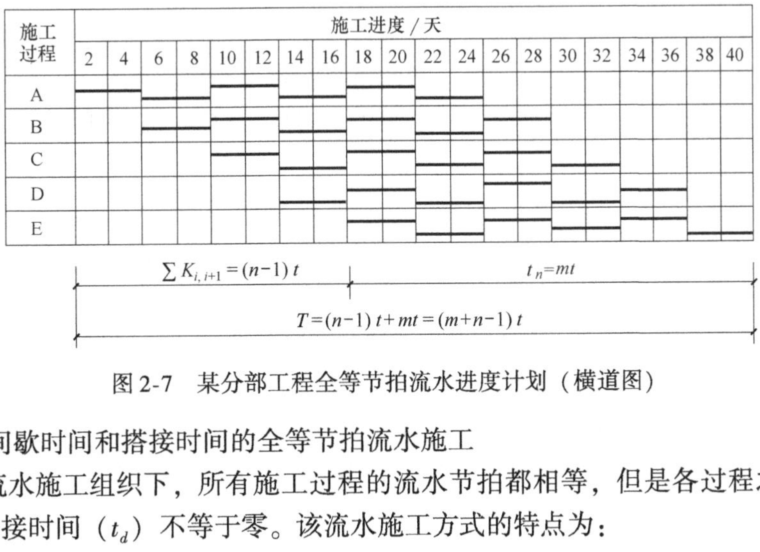

图2-7　某分部工程全等节拍流水进度计划（横道图）

（4）有间歇时间和搭接时间的全等节拍流水施工

在这种流水施工组织下，所有施工过程的流水节拍都相等，但是各过程之间的间歇时间（t_j）和搭接时间（t_d）不等于零。该流水施工方式的特点为：

1）节拍特征：$t = $常数。

2）步距特征：$K_{i,i+1} = t + t_j - t_d$。

3）工期计算式：

因为

$$T = \sum_{i=1}^{n-1} K_{i,i+1} + t_n$$

$$\sum_{i=1}^{n-1} K_{i,i+1} = (n-1)t + \sum t_j - \sum t_d \quad t_n = mt$$

所以

$$T = (n-1)t + \sum t_j - \sum t_d + mt$$
$$= (m+n-1)t + \sum t_j - \sum t_d$$

【例2-6】 某分部工程划分为 A、B、C、D 四个施工过程，每个施工过程划分为五个施工段，其流水节拍均为 3 天，其中施工过程 A 与 B 之间有 2 天的搭接时间，施工过程 C 与 D 之间有 1 天的间歇时间。试组织全等节拍流水，计算流水施工工期，绘制进度计划表。

【解】 第一步：根据已知条件计算工期

因为 $n=4$、$m=5$、$t=3$、$\sum t_d = 2$、$\sum t_j = 1$，所以根据式（2-14）有

$$T = (m+n-1)t + \sum t_j - \sum t_d$$
$$= (5+4-1) \times 3 + 1 - 2 = 23（天）$$

第二步：绘制进度计划表，如图 2-8 所示。

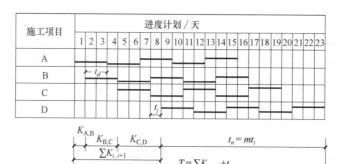

图 2-8 某分部工程全等节拍不等步距流水进度计划（横道图）

全等节拍流水能保证各专业班组的工作连续，工作面能充分利用，实现均衡施工；但由于它要求各施工过程的每一个施工段上的流水节拍都要相等，这对于一个工程来说往往很难达到这样的要求。所以，在单位工程组织施工时应用较少，往往用于分部工程或分项工程。

2. 异节拍流水施工

异节拍流水是指各施工过程在各施工段上的流水节拍相等，但不同施工过程之间的流水节拍不完全相等。

异节拍流水具有以下特点：

1）同一施工过程在各施工段上的流水节拍均相等。

2）不同施工过程的流水节拍部分或全部不相等。

3）各施工过程可按专业工作队（时间）连续或工作面连续组织施工，但不能同时连续。

异节拍流水施工

按流水节拍是否互成倍数，异节拍流水施工可分为一般异节拍流水施工和成倍节拍流水施工。

（1）一般异节拍流水

一般异节拍流水的各施工过程在各施工段上的流水节拍相等，但相互之间不等，且无倍数关系，根据组织方式可以组织按工作面连续或按时间连续施工。通过上述两种方式组织施工可以发现一般异节拍流水具有以下特点：

1）若时间连续，则空间不连续。

2）若空间连续，则时间不连续。

3）不可能时间、空间都连续。

4）工期：

$$T = \sum_{i=1}^{n-1} K_{i,i+1} + t_n$$

按上述两种方法组织施工都有明显不足，根本原因在于各施工过程之间流水节拍不一致。

【例2-7】 已知某工程可以划分为四个施工过程（$n=4$），三个施工段（$m=3$），各过程的流水节拍分别为 $t_A = 2$ 天，$t_B = 3$ 天，$t_C = 4$ 天，$t_D = 3$ 天，并且A过程结束后B过程开始之前，工作面有1天的技术间歇时间。试组织一般异节拍流水，并绘制一般异节拍流水施工进度计划表。

【解】 （1）根据式（2-10）、式（2-11）计算流水步距

因为 $t_A = 2$ 天 $< t_B = 3$ 天，且A、B过程之间有1天的间歇时间，即 $t_{jA,B} = 1$ 天，有

$$K_{A,B} = t_A + t_{jA,B} = 2 + 1 = 3（天）$$

因为 $t_B = 3$ 天 $< t_C = 4$ 天，有

$$K_{B,C} = t_B = 3（天）$$

因为 $t_C = 4$ 天 $> t_D = 3$ 天，有

$$K_{C,D} = mt_C - (m-1)t_D = 3 \times 4 - (3-1) \times 3 = 6（天）$$

（2）计算流水工期

$$
\begin{aligned}
T &= \sum_{i=1}^{n-1} K_{i,i+1} + t_n \\
&= K_{A,B} + K_{B,C} + K_{C,D} + mt_D \\
&= 3 + 3 + 6 + 3 \times 3 = 21（天）
\end{aligned}
$$

根据所确定的流水施工参数绘制一般异节拍流水施工进度计划表，如图2-9所示。

（2）成倍节拍流水

成倍节拍流水是指同一施工过程在各个施工段上的流水节拍相等，不同施工过程之间的流水节拍不完全相等，但符合各个施工过程的流水节拍均为其中最小流水节拍的整数倍的条件。成倍节拍流水根据组织方式可以组织按工作面连续施工或按时间连续施工，通过上述两种方式组织施工可以发现，它具有一般异节拍流水的特点。

成倍节拍
流水施工

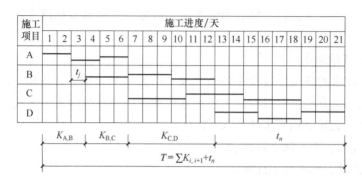

图2-9　一般异节拍流水施工进度计划表

在组织流水施工时，同一施工过程在各个施工段上的流水节拍相等，不同施工过程如果在每个施工段上的流水节拍均为其中最小流水节拍的整数倍，为了加快流水施工的速度，在资源供应充足的前提下，对流水节拍长的施工过程，组织几个同工种的专业工作队来完成同一施工过程在不同施工段上的任务，专业工作队数目的确定根据流水节拍的倍数关系而定，从而形成了一个工期短，类似于全等节拍流水的等步距的异节拍流水施工方案。

1）基本特点：

① 同一施工过程在各施工段上的流水节拍彼此相等，不同的施工过程在同一施工段上的流水节拍彼此不等，但均为某一常数的整数倍。

② 流水步距彼此相等，且等于流水节拍的最大公约数。

③ 各专业工作队能够保证连续施工，施工段没有空闲。

④ 专业工作队数大于施工过程数，即 $N' > n$。

2）组织步骤：

① 确定施工起点流向，分解施工过程。

② 确定施工顺序，划分施工段。不分施工层时，可按划分施工段的原则确定施工段数 m。

③ 按异节拍流水确定流水节拍。

④ 确定流水步距，按下式计算：

$$K_0 = 最大公约数\{t_1, t_2, \cdots, t_n\}$$

⑤ 确定专业工作队数：

$$b_i = \frac{t_i}{t_0} \tag{2-16}$$

$$N' = \sum_{i=1}^{n} b_i \tag{2-17}$$

⑥ 工期：

$$T = (m + N' - 1)t_0 + \sum t_j - \sum t_d \tag{2-18}$$

式中　N'——各施工过程专业工作队数之和；

　　　b_i——某施工过程所需专业工作队数；

　　　t_0——各施工过程流水节拍最大公约数。

其他符号含义同前。

⑦ 绘制流水施工进度计划表。

【例2-8】 已知某装饰工程可以划分为四个施工过程（$n=4$），六个施工段（$m=6$），各过程的流水节拍分别为 $t_A=2$ 天，$t_B=6$ 天，$t_C=4$ 天，$t_D=2$ 天。试组织成倍节拍流水，并绘制成倍节拍流水施工进度计划表。

【解】 因为最大公约数 $=2$（天）$=t_{Min}$，则：

$$b_A = \frac{t_A}{t_{Min}} = \frac{2}{2} = 1（\text{个}）$$

$$b_B = \frac{t_B}{t_{Min}} = \frac{6}{2} = 3（\text{个}）$$

$$b_C = \frac{t_C}{t_{Min}} = \frac{4}{2} = 2（\text{个}）$$

$$b_D = \frac{t_D}{t_{Min}} = \frac{2}{2} = 1（\text{个}）$$

专业工作队总数为

$$N' = \sum b_i = b_A + b_B + b_C + b_D = 1 + 3 + 2 + 1 = 7 \ （\text{个}）$$

该工程流水步距为

$$K_{A,B} = K_{B,C} = K_{C,D} = t_{Min} = 2 \ （\text{天}）$$

该工程工期为

$$T = (m + N' - 1) t_{Min}$$
$$= (6 + 7 - 1) \times 2 = 24 \ （\text{天}）$$

根据所确定的流水施工参数绘制成倍节拍流水施工进度计划表，如图2-10所示。

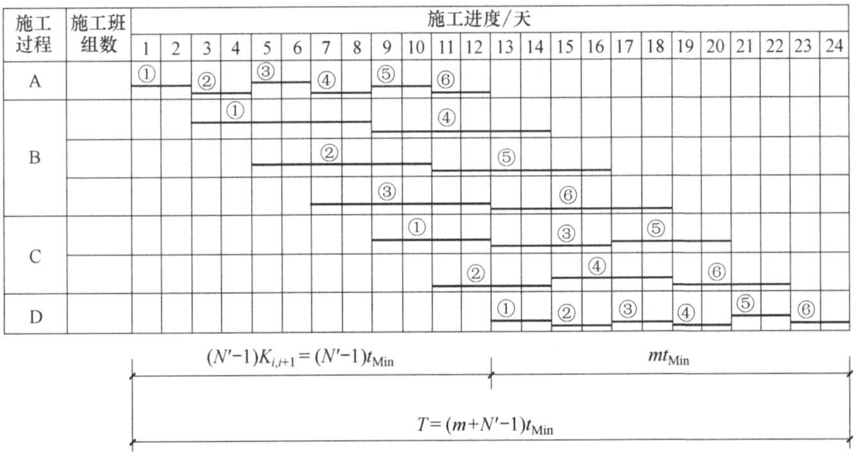

图2-10 成倍节拍流水施工进度计划表

在成倍节拍流水施工进度计划表中，除表明施工过程的编号或名称外，还应表明专业工作队的编号。在表明各施工段的编号时，一定要注意有多个专业工作队的施工过程。

各专业工作队连续作业的施工段编号不应该是连续的，否则无法组织合理的流水施工。

从例2-8可以看出，成倍节拍流水施工具有以下特点：

1）时间连续，空间连续。

2）t_0 为各施工过程流水节拍最大公约数。

3）工期：$T = (m + N' - 1) t_0 + \sum t_j - \sum t_d$。

➤ 2.3.2 无节奏流水施工

无节奏流水施工

在实际施工中，通常每个施工过程在各个施工段上的工程量彼此不相等，或者各个专业工作队的生产效率相差悬殊，造成多数流水节拍彼此不相等，不可能组织全等节拍流水或异节拍流水。在这种情况下，往往利用流水施工的基本原理，在保证施工工艺、满足施工顺序要求和按照专业工作队连续作业的前提下，按照一定的计算方法，确定相邻专业工作队之间的流水步距，使其在开工时间上最大限度地、合理地搭接起来，形成每个专业工作队都能连续作业的流水施工方式，这种施工方式称为无节奏流水，也叫作分别流水，它是流水施工的普遍形式。

1. 基本概念

无节奏流水是指各施工过程在各施工段上的流水节拍不等，相互之间无规律可循。

2. 基本要求

必须保证每一个施工段上的工艺顺序是合理的，且每一个施工过程的施工是连续的，即工作队一旦投入施工是不间断的，同时各个施工过程的施工时间的最大搭接也能满足流水施工的要求。但必须指出，这一施工组织在各施工段上允许出现暂时的空闲，即暂时没有工作队投入施工。

3. 基本特点

1）各个施工过程在各个施工段上的流水节拍，通常不相等。

2）在多数情况下，流水步距彼此不相等，而且流水步距与流水节拍之间存在着某种函数关系。

3）每个专业工作队都能够连续作业，施工段可能有空闲。

4）专业工作队数目等于施工过程数目。

4. 组织步骤

1）确定施工起点流向，分解施工过程。

2）确定施工顺序，划分施工段。

3）按相应的计算式计算各施工过程在各施工段上的流水节拍。

4）按照一定的方法确定相邻两个专业工作队之间的流水步距。

5）按照计算式 $T = \sum_{i=1}^{n-1} K_{i,i+1} + t_n$ 计算流水施工的计算工期。

6）绘制流水施工进度计划表。

组织无节奏流水的关键就是正确计算流水步距。计算流水步距可用累加数列错位相减取大差法，由于该方法是由苏联专家潘特考夫斯基（音译）提出的，所以又称潘特考夫斯基法。这种方法简捷、准确，便于掌握。具体方法如下：

1）对每一个施工过程在各施工段上的流水节拍依次累加，求得各施工过程流水节拍的累加数列。

2）将相邻施工过程流水节拍累加数列中的后者错后一位，相减后求得一个差数列。

3）在差数列中取最大值，即为这两个相邻施工过程的流水步距。

【例2-9】 某工程可以划分为四个施工过程、四个施工段，各施工过程在各施工段上的流水节拍见表2-1。试计算流水步距和工期，绘制无节奏流水施工进度计划表。

表 2-1

施工段 施工过程	I	II	III	IV
A	5	4	2	3
B	4	1	3	2
C	3	5	2	3
D	1	2	2	3

【解】 （1）流水步距计算

因每一个施工过程在各施工段的流水节拍不相等，没有任何规律，因此采用累加数列错位相减取大差法进行计算，无数据的地方补0计算，计算过程及结果如下：

① 求 $K_{A,B}$

$$
\begin{array}{rrrrr}
5 & 9 & 11 & 14 & 0 \\
0 & 4 & 5 & 8 & 10 \\
\hline
5 & 5 & 6 & 6 & -10
\end{array}
$$

得 $\qquad K_{A,B} = 6$ （天）

② 求 $K_{B,C}$

$$
\begin{array}{rrrrr}
4 & 5 & 8 & 10 & 0 \\
0 & 3 & 8 & 10 & 13 \\
\hline
4 & 2 & 0 & 0 & -13
\end{array}
$$

得 $\qquad K_{B,C} = 4$ （天）

③ 求 $K_{C,D}$

$$
\begin{array}{rrrrr}
3 & 8 & 10 & 13 & 0 \\
0 & 1 & 3 & 5 & 8 \\
\hline
3 & 7 & 7 & 8 & -8
\end{array}
$$

得 $\qquad K_{C,D} = 8$ （天）

（2）工期计算

$$
\begin{aligned}
T &= \sum_{i=1}^{n-1} K_{i,i+1} + t_n \\
&= K_{A,B} + K_{B,C} + K_{C,D} + t_n \\
&= 6 + 4 + 8 + 8 \\
&= 26 \text{（天）}
\end{aligned}
$$

根据所确定的流水施工参数绘制无节奏流水施工进度计划表，如图2-11所示。

从例2-9可以看出，无节奏流水施工具有以下特点：

1）流水步距用累加数列错位相减取大差法求得。

2）时间连续，空间不能确保连续。

3) 工期 $T = \sum\limits_{i=1}^{n-1} K_{i,i+1} + t_n$。

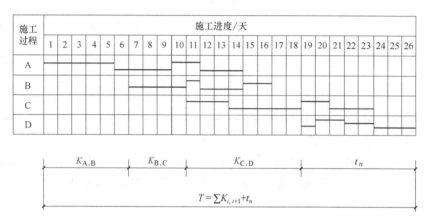

图 2-11　无节奏流水施工进度计划表

2.4　流水施工的应用

在建筑装饰工程施工中，流水施工是一种行之有效的科学组织施工的计划方法。编制施工进度计划时应根据施工对象的特点，选择适当的流水施工组织方式组织施工，以保证施工的节奏性、均衡性和连续性。

1. 选择流水施工方式的基本要求

1) 凡有条件组织全等节拍流水施工吋，一定要组织全等节拍流水施工，以取得良好的经济效益。

2) 如果组织全等节拍流水条件不足，应该考虑组织成倍节拍流水施工，以求取得与全等节拍流水相同的效果。

3) 各个分部工程都可以组织全等节拍或成倍节拍流水施工。

4) 标准化或类型相同的住宅小区，可以组织全等节拍流水和异节拍流水，但对于群体工程只能组织无节奏流水。

2. 选择流水施工方式的思路

1) 根据工程具体情况，将建筑装饰工程划分为若干个分部工程流水，然后根据需要再划分成若干分项工程流水，然后根据组织流水施工的需要，将若干个分项工程划分成若干个劳动量大致相等的施工段，并在各个流水段上选择施工班组进行流水施工。

2) 分项工程的施工过程数目不宜过多，在工程条件允许的条件下尽可能组织全等节拍的流水施工方式，因为全等节拍流水施工方式是一种理想、合理的流水方式。

3) 如果分项工程的施工过程数目过多，要使其流水节拍相等比较困难，因此可考虑流水节拍的规律，分别选择异节拍流水和无节奏流水的施工组织方式。

3. 选择流水施工方式的前提条件

1) 施工段的划分应满足要求。

2）满足合同工期、工程质量、安全的要求。

3）满足技术、机械设备和人力资源的现实情况。

小　结

流水施工是十分先进、科学的一种施工组织方式，它集合了依次施工、平行施工的优点，又具有自身的特点和优点，因此在工程实践中应尽量采用流水施工方式组织施工。

流水施工是指所有的施工过程均按一定的时间间隔投入施工，各个施工过程陆续开工、陆续竣工，使同一施工过程的施工班组保持连续均衡地施工，不同施工过程尽可能平行搭接。

流水施工的主要参数包括工艺参数、空间参数和时间参数。

流水施工按流水节拍的不同可以组织全等节拍流水施工、异节拍流水施工、无节奏流水施工，它们有各自的特点和适用范围，在工程运用时，应该结合具体工程情况灵活选择，以发挥其技术经济效果。

思　考　题

2-1　简述组织施工常见的三种方式及各种方式的优缺点。

2-2　简述组织流水施工的要点和条件。流水施工组织有哪几种类型？各自有什么特点？

2-3　组织流水施工有哪些主要参数？各自的含义及确定方法是什么？

2-4　确定流水节拍的要点是什么？

2-5　划分施工段的基本要求有哪些？

2-6　简述全等节拍流水和成倍节拍流水的组织步骤。

实训练习题

2-1　某分部工程由四个分项工程组成，划分成五个施工段，流水节拍均为3天，无技术间歇时间、组织间歇时间，试确定流水步距，计算工期并绘制流水施工进度表。

2-2　有一幢四层建筑的吊顶工程分吊杆固定、龙骨安装、面板安装三个施工过程，它们的节拍均为6天，龙骨安装后需1天隐蔽验收。如分三段能否组织有节奏流水施工？工期为多少？画出横道图。

2-3　根据下表所给数据组织无节奏流水施工，绘制横道图，并作必要的计算。

施工过程	施工段			
	一	二	三	四
A	2	6	2	3
B	2	3	2	2
C	4	5	3	2
D	2	1	3	3

2-4　【背景材料】　有6幢同类型建筑物进行外墙面装饰装修，有A、B、C、D四个施工过程，要求

工期不超过 50 天。按一幢为一个施工段。

【问题】

（1）组织全等节拍流水，每幢楼装修时间为几天？

（2）绘制进度计划表。

2-5 【**背景材料**】 某住宅楼共 6 个单元，进行室内装修，施工过程为顶棚墙面抹灰、涂料施工、铺木地板。时间安排为顶棚墙面抹灰 4 天，涂料施工 2 天，铺木地板 6 天。

【问题】

（1）如果工期要求紧张，施工人员充足，可以组织何种流水？

（2）每个施工过程配备一个专业施工班组，一个单元为一个施工段，试组织流水施工。

单元3

网络计划基本知识

学习目标

    通过本单元的学习，学生了解网络计划的起源与发展、基本原理及其特点，网络计划的表达形式、分类和基本概念；理解双代号网络图、单代号网络图的特点、绘制方法、计算方式，并学会如何用网络计划来描述施工进度计划；理解时标网络计划的特点及其组织步骤，网络计划的优化与调整，以及网络计划的具体应用等内容。学生掌握网络计划的概念、内涵及计算方法，网络图的表示方式及计算方法，网络计划在工程上的应用。

    本单元实践教学环节，学生通过实训练习，能够利用网络图描述施工进度计划，了解网络图的类型与作用，熟悉网络图的组成、绘制技巧与计算方法，以及网络计划在建筑工程中的综合运用。

3.1 网络计划的基本概念

➤ 3.1.1 网络计划的概念及基本原理

1. 网络计划技术的起源与发展

    网络计划技术是一种科学的计划管理方法，它是随着现代科学技术和工业生产的发展而产生的。20 世纪 50 年代，为了适应科学研究和新的生产组织管理的需要，国外陆续出现了一些计划管理的新方法。1956 年，美国杜邦公司研究创立了网络计划技术的关键线路方法（CPM），并试用于一个化学工程上，取得了良好的经济效果。1958 年，美国军方在研制"北极星"导弹时，应用了计划评审方法（PERT）进行项目的计划安排、评价、审查和控制，获得了巨大成功。20 世纪 60 年代初期，网络计划技术在美国得到了推广，新建工程全面采用这种计划管理新方法，并开始将该方法引入其他国家。随着现代科学技术的迅猛发展、管理水平的不断提高，网络计划技术也在不断发展和完善。目前，它已广泛应用于世界各国的工业、国防、建筑、运输和科研等领域。

我国对网络计划技术的研究与应用起步较早，1965 年，著名数学家华罗庚教授首先在我国的生产管理中推广和应用这些新的计划管理方法，并根据网络计划统筹兼顾、全面规划的特点，将其称为统筹法。改革开放以后，网络计划技术在我国的工程建设领域得到了迅速的推广和应用，尤其是在大中型工程项目的建设中，其在资源的合理安排，进度计划的编制、优化和控制等方面应用效果显著。目前，网络计划技术已成为我国工程建设领域不可缺少的现代化管理方法。

2. 网络计划基本原理

（1）基本概念

网络图是由箭线和节点组成的，用来表示工作流程的有向、有序的网状图形。网络计划是在网络图上加注工作的时间参数等编成的进度计划。网络计划技术是用网络计划对任务的工作进度进行安排和控制，以保证实现预定目标的科学的计划管理技术。

一个网络图表示一项计划任务，网络图中的工作是计划任务按需要的粗细程度划分而成的、消耗时间和资源的一个子项目或子任务。工作既可以是单位工程，也可以是分部分项工程，一个施工过程也可以作为一项工作。在一般情况下，完成一项工作既需要消耗时间，也需要消耗劳动力、原材料、施工机具等资源。但也有一些工作只消耗时间而不消耗资源，如混凝土浇筑后的养护过程和墙面抹灰后的干燥过程等。网络图有双代号网络图和单代号网络图两种。双代号网络图又称箭线式网络图，它是以箭线及其两端节点的编号表示工作；同时，节点表示工作的开始或结束以及工作之间的连接状态。单代号网络图又称节点式网络图，它是以节点及其编号表示工作，箭线表示工作之间的逻辑关系。网络图中工作的表示方法如图 3-1 和图 3-2 所示。

图 3-1　双代号网络图中工作表示方法　　图 3-2　单代号网络图中工作表示方法

网络图中的节点都必须有编号，其编号严禁重复，并应使每一条箭线上的箭尾节点编号小于箭头节点编号。在双代号网络图中，一项工作必须有且只有一条箭线和相应的一对不重复出现的箭尾、箭头节点编号。因此，一项工作的名称可以用其箭尾和箭头节点编号来表示。而在单代号网络图中，一项工作必须有且只有一个节点及相应的代号，该工作的名称可以用其节点编号来表示。

在双代号网络图中，有时存在虚箭线，虚箭线不代表实际工作，称之为虚工作。虚工作既不消耗时间，也不消耗资源。虚工作主要用来表示相邻两项工作之间的逻辑关系。但有时为了避免两项同时开始、同时进行的工作具有相同的开始节点和完成节点，也需要用虚工作加以区分。

在单代号网络图中，虚工作只能出现在网络图的起点节点或终点节点处。

（2）逻辑关系

网络图中工作之间相互制约或相互依赖的关系称为逻辑关系，它包括工艺关系和组织关系，在网络中均应表现为工作之间的先后顺序。

1）工艺关系。生产性工作之间由工艺过程决定的、非生产性工作之间由工作程序决定的先后顺序叫工艺关系。某石膏板吊顶装饰装修工程，其工艺流程为：弹线与吊筋安装→龙骨安装→面板安装。如图3-3所示，弹线与吊筋安装1→龙骨安装1→面板安装1为工艺关系。

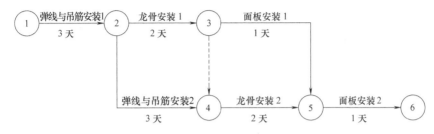

图3-3 某石膏板吊顶装饰装修工程双代号网络计划

2）组织关系。工作之间由于组织安排需要或资源（人力、材料、机械设备和资金等）调配需要而规定的先后顺序关系叫组织关系。如图3-3所示，龙骨安装1→龙骨安装2、面板安装1→面板安装2为组织关系。

网络图必须正确地表达整个工程或任务的工艺流程和各工作开展的先后顺序及它们之间相互依赖、相互制约的逻辑关系，因此绘制网络图时必须遵循一定的基本规则和要求。

（3）紧前工作、紧后工作和平行工作

1）紧前工作。在网络图中，相对于某工作而言，紧排在该工作之前的工作称为该工作的紧前工作。在双代号网络图中，工作与其紧前工作之间可能有虚工作存在。

2）紧后工作。在网络图中，相对于某工作而言，紧排在该工作之后的工作称为该工作的紧后工作。在双代号网络图中，工作与其紧后工作之间也可能有虚工作存在。

3）平行工作。在网络图中，相对于某工作而言，可以与该工作同时进行的工作即为该工作的平行工作。

紧前工作、紧后工作及平行工作是工作之间逻辑关系的具体表现，只要能根据工作之间的工艺关系和组织关系明确其紧前或紧后工作，即可据此绘出网络图，这是正确绘制网络图的前提条件。

（4）先行工作和后续工作

1）先行工作。相对于某工作而言，从网络图的第一个节点（起点节点）开始，顺箭头方向经过一系列箭线与节点到达该工作为止的各条通路上的所有工作，都称为该工作的先行工作。

2）后续工作。相对于某工作而言，从该工作之后开始，顺箭头方向经过一系列箭线与节点到网络图最后一个节点（终点节点）的各条通路上的所有工作，都称为该工作的后续工作。

（5）线路、关键线路和关键工作

1）线路。网络图中从起点节点开始，沿箭头方向顺序通过一系列箭线与节点，最后到达终点节点的通路称为线路。线路既可依次用该线路上的节点编号来表示，也可依次用该线路上的工作名称来表示。

2）关键线路和关键工作。在关键线路法中，线路上所有工作的持续时间总和称为该线路的总持续时间。总持续时间最长的线路称为关键线路，关键线路的长度就是网络计划的总工期。

在网络计划中，关键线路可能不止一条。而且在网络计划执行过程中，关键线路还会发生转移。

关键线路上的工作称为关键工作。在网络计划的实施过程中，关键工作的实际进度提前或拖后，均会对总工期产生影响。因此，关键工作的实际进度是建设工程进度控制工作中的重点。

➤ 3.1.2 横道图与网络计划的比较

1. 横道图的特点及适用范围

第一，横道图的优势是比较容易理解和改变，一眼就能看出活动什么时间应该开始，什么时间应该结束。

第二，横道图是表述项目进展（或者项目不足之处）的简单方式，而且容易通过扩展来确定其提前或者滞后的具体因素。在项目控制过程中，它也可以清楚地显示活动的进度是否落后于计划，并显示出是何时落后于计划的。

但是，横道图只是把项目作为系统来看的一个粗略描述，它有以下缺陷：第一，虽然它可以被用来方便地表述项目活动的进度，但是却不能表示出这些活动之间的相互关系，因此也不能表示活动的网络关系。第二，它不能表示活动如果较早开始或者较晚开始所带来的结果。第三，它没有表明项目活动执行过程中的不确定性，因此没有敏感性分析。这些缺陷严重制约了横道图的进一步应用。所以，传统的横道图一般只适用于比较简单的小型项目。

2. 网络计划技术的特点

网络计划技术的基本模型是网络图。网络图是用箭线和节点组成的，用来表示工作流程的有向、有序的网状图形。网络计划是用网络图表达任务构成、工作顺序，并加注时间参数的进度计划。与横道图相比，网络计划具有如下优点：

1）网络图把工程实施过程中的各有关工作集合起来组成了一个有机的整体，能全面而明确地反映出各项工作之间相互制约和相互依赖的关系。

2）能进行各种时间参数的计算。

3）能在名目繁多、错综复杂的计划中找出决定工程进度的关键工作和关键线路，便于计划管理者集中力量抓主要矛盾，确保进度目标的实现。

4）能从许多可行方案中，比较、优选出最佳方案。

5）可以合理地进行资源安排和配置，达到降低成本的目的。

6）能够进行计算机作业，能够对计划的执行过程进行有效的监督与控制。

网络计划技术既是一种计划方法，又是一种科学的管理方法，它可以为项目管理者提供许多信息，有利于加强管理，取得好、快、省的效果。

网络计划的缺点是它不像横道图那么直观明了，但是带有时间坐标的网络计划可以弥补这个不足。

3.1.3 网络计划的分类

网络计划种类繁多，可以从不同的角度进行分类。

1. 按代号的不同分类

网络计划按代号的不同可以分为双代号网络计划和单代号网络计划。

2. 按有无时间坐标分类

网络计划按有无时间坐标可以分为有时标网络计划和非时标网络计划。

3. 按目标的多少分类

网络计划按目标的多少可以分为单目标网络计划和多目标网络计划。

4. 按编制对象分类

网络计划按编制对象可以分为局部网络计划（以一个分部工程或一个施工段为对象编制的）、单位工程网络计划（以一个单位工程或单体工程为对象编制的）、综合网络计划（以一个建设项目为对象编制的）。

5. 按工作之间逻辑关系和持续时间的确定程度分类

网络计划按工作之间逻辑关系和持续时间的确定程度可以分为确定型网络计划，即工作之间的逻辑关系及各工作的持续时间都是肯定的（如关键线路法）；非确定型网络计划，即工作之间的逻辑关系和各工作的持续时间之中有一项以上是不肯定的（如计划评审技术、图示评审技术等）。本单元只讨论确定型网络计划。

3.2 双代号网络图

3.2.1 组成双代号网络图的基本要素

双代号网络图是以箭线及其两端节点的编号表示工作的网络图，如图3-4
所示，从图中可以看出双代号网络图由箭线、节点、线路三个基本要素组成。

双代号网络
图三要素

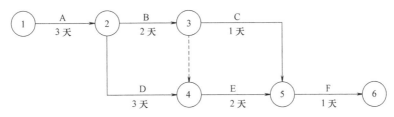

图3-4 双代号网络图

1. 箭线（工作）

1）在双代号网络图中，每一条箭线表示一项工作。箭线的箭尾节点表示该工作的开始，箭头节点表示该工作的结束。工作的名称标注在箭线的上方，完成该项工作所需要的持续时间标注在箭线的下方，如图3-5所示。由于一项工作需用一条箭线和其箭尾及箭头处

45

两个圆圈中的号码来表示，故称为双代号表示法。

2）在双代号网络图中，任意一条实箭线都要占用时间、消耗资源（有时只占时间，不消耗资源，如抹灰层的养护）。在建筑装饰工程中，一条箭线表示项目中的一个施工过程，它可以是一道工序、一个分项工程、一个分部工程或一个单位工程，其粗细程度、大小范围的划分根据计划任务的需要来确定。

图3-5　双代号表示法

3）在双代号网络图中，为了正确地表达图中工作之间的逻辑关系，往往需要应用虚箭线，其表示方法如图3-5所示。

虚箭线是实际工作中并不存在的一项虚工作，故它们既不占用时间，也不消耗资源，一般起着工作之间的联系、区分和断路的作用。联系作用是指应用虚箭线正确表达工作之间相互依存的关系；区分作用是指双代号网络图中每一项工作都必须用一条箭线和两个代号表示，若两项工作的代号相同时，应使用虚工作加以区分，如图3-6所示；断路作用是用虚箭线断掉多余联系（即在网络图中把无联系的工作连接上时，应加上虚工作将其断开）。

4）在无时间坐标限制的网络图中，箭线的长度原则上是任意的，其占用的时间以下方标注的时间参数为准。箭线可以为直线、折线或斜线，

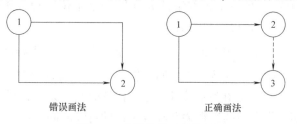

错误画法　　　　正确画法

图3-6　虚箭线的区分作用

但其行进方向均应从左向右。在有时间坐标限制的网络图中，箭线的长度必须根据完成该工作所需持续时间的大小按比例绘制。

5）在双代号网络图中，各项工作之间的关系如图3-4所示。通常将被研究的对象称为本工作，用 $i-j$ 工作表示，紧排在本工作之前的工作称为紧前工作，紧排在本工作之后的工作称为紧后工作，与之平行进行的工作称为平行工作。

2. 节点（又称结点、事件）

节点是网络图中箭线之间的连接点。在双代号网络图中，节点既不占用时间，也不消耗资源，是个瞬时值，即它只表示工作的开始或结束的瞬间，起着承上启下的衔接作用。网络图中有三种类型的节点：

（1）起点节点

网络图的第一个节点叫"起点节点"，它只有外向箭线，一般表示一项任务或一个项目的开始，如图3-7a所示。

（2）终点节点

网络图的最后一个节点叫"终点节点"，它只有内向箭线，一般表示一项任务或一个项目的完成，如图3-7b所示。

（3）中间节点

网络图中既有内向箭线，又有外向箭线的节点称为"中间节点"，如图3-7c所示。

在双代号网络图中，节点应用圆圈表示，并在圆圈内编号。一项工作应当只有唯一一条箭线和相应的一对节点，且要求箭尾节点的编号小于其箭头节点的编号。例如在图3-8

中，应有 $i < j < k$。网络图节点的编号顺序应从小到大，可不连续，但不允许重复。

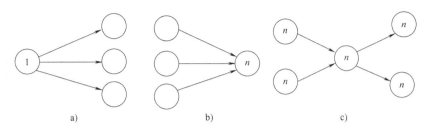

图 3-7　节点类型示意

a）起点节点　b）终点节点　c）中间节点

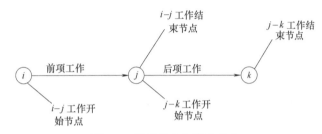

图 3-8　箭尾节点和箭头节点

3. 线路

网络图中从起点节点开始，沿箭头方向顺序通过一系列箭线与节点，最后到达终点节点的通路称为线路。线路上各项工作持续时间的总和称为该线路的计算工期。网络图一般有多条线路，可依次用该线路上的节点代号来记述，例如图 3-4 中的线路有：①—②—③—⑤—⑥、①—②—③—④—⑤—⑥、①—②—④—⑤—⑥，其中最长的一条线路被称为关键线路，位于关键线路上的工作称为关键工作。

▶ 3.2.2　双代号网络图的绘制方法

1. 绘制双代号网络图的基本规则

1）双代号网络图必须正确表达既定的逻辑关系。

2）双代号网络图中，严禁出现循环回路。循环回路是指从网络图中的某一个节点出发，顺着箭线方向又回到了原来出发点的线路，如图 3-9a 所示。

3）双代号网络图中，在节点之间严禁出现带双向箭头或无箭头的连线，如图 3-9b 所示。

4）双代号网络图中，严禁出现没有箭头节点或没有箭尾节点的箭线，如图 3-10 所示。

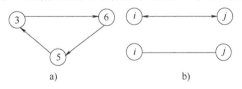

图 3-9　循环回路和箭线的错误画法

a）循环回路　b）箭线的错误画法

图 3-10　没有箭头和箭尾节点的箭线

5）当双代号网络图的某些节点有多条外向箭线或多条内向箭线时，为

双代号网络图的绘制方法

双代号网络图的绘制例题1

47

使图形简洁，可使用母线法绘制（但应满足一项工作用一条箭线和相应的一对结点表示的要求），如图 3-11 所示。

6）绘制网络图时，箭线不宜交叉；当交叉不可避免时，可用过桥法或指向法，如图 3-12 所示。

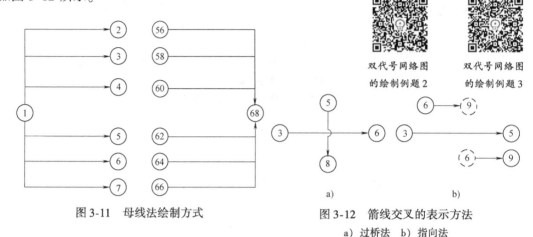

双代号网络图
的绘制例题2

双代号网络图
的绘制例题3

图 3-11 母线法绘制方式

图 3-12 箭线交叉的表示方法

a）过桥法 b）指向法

7）双代号网络图中应只有一个起点节点和一个终点节点（多目标网络计划除外），而其他所有节点均应是中间节点，如图 3-13 所示。

2. 双代号网络图绘制示例

双代号网络图绘制步骤：

1）根据已知的紧前工作，确定出紧后工作，并自左至右先绘制紧前工作，后绘制紧后工作。

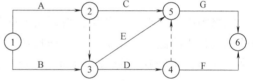

图 3-13 只有一个起点节点和一个终点节点

2）若没有相同的紧后工作或只有相同的紧后工作，则肯定没有虚箭线；若既有相同的紧后工作，又有不同的紧后工作，则肯定有虚箭线。

3）到相同的紧后工作可能有虚箭线，到不同的紧后工作则无虚箭线。

表 3-1 给出了从 A 到 I 共 9 个工作的紧前工作逻辑关系，试绘制双代号网络图并进行节点编号。

表 3-1 某分部工程各施工过程的逻辑关系（一）

施工过程	A	B	C	D	E	F	G	H	I
紧前工作	无	A	B	B	B	C、D	C、E	C	F、G、H

画图前，先找到各工作的紧后工作，见表 3-2。显然，C 与 D 有共同的紧后工作 F 和不同的紧后工作 G、H，所以有虚箭线，C 指向共同的紧后工作 F 用虚箭线；另外，C 和 E 有共同的紧后工作 G 和不同的紧后工作 F、H，因此也肯定有虚箭线，C 指向共同的紧后工作 G 是虚箭线。其他均无虚箭线，绘出网络图并进行编号，如图 3-14 所示。绘好后还可用紧前工作进行检查，看绘出的网络图有无错误。

表 3-2 某分部工程各施工过程的逻辑关系（二）

施工过程	A	B	C	D	E	F	G	H	I
紧后工作	B	C、D、E	F、G、H	F	G	I	I	I	无

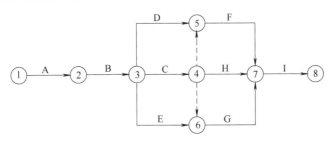

图 3-14 某分部工程网络计划图

双代号网络
图的计算

49

▶ 3.2.3 双代号网络计划时间参数的计算

双代号网络计划时间参数计算的目的在于通过计算各项工作的时间参数，确定网络计划的关键工作、关键线路和计算工期，为网络计划的优化、调整和执行提供明确的时间参数。双代号网络计划时间参数的计算方法很多，一般按工作计算法和节点计算法进行计算，在计算方式上又有分析计算法、表上计算法、图上计算法、矩阵计算法和电算法等。本节只介绍按工作计算法在图上进行计算的方法（图上计算法）。

1. 时间参数的概念及其符号

（1）工作持续时间（D_{i-j}）

工作持续时间是对一项工作规定的从开始到完成的时间。在双代号网络计划中，工作 $i-j$ 的持续时间用 D_{i-j} 表示。

（2）工期（T）

工期泛指完成任务所需要的时间，一般有以下三种：

1）计算工期：根据网络计划时间参数计算出来的工期，用 T_c 表示。

2）要求工期：任务委托人所要求的工期，用 T_r 表示。

3）计划工期：在要求工期和计算工期的基础上综合确定的工期，用 T_p 表示。网络计划的计划工期 T_p 应按下列情况分别确定：

当已规定了要求工期 T_r 时：

$$T_p \leqslant T_r \tag{3-1}$$

当未规定要求工期时，可令计划工期等于计算工期：

$$T_p = T_c \tag{3-2}$$

（3）网络计划中的六个时间参数

1）最早开始时间（ES_{i-j}）是指在各紧前工作全部完成后，本工作有可能开始的最早时刻。工作 $i-j$ 的最早开始时间用 ES_{i-j} 表示。

2）最早完成时间（EF_{i-j}）是指在各紧前工作全部完成后，本工作有可能完成的最早时刻。工作 $i-j$ 的最早完成时间用 EF_{i-j} 表示。

3）最迟开始时间（LS_{i-j}）是指在不影响整个任务按期完成的前提下，工作必须开始的最迟时刻。工作 $i-j$ 的最迟开始时间用 LS_{i-j} 表示。

4）最迟完成时间（LF_{i-j}）是指在不影响整个任务按期完成的前提下，工作必须完成的最迟时刻。工作 $i-j$ 的最迟完成时间用 LF_{i-j} 表示。

5）总时差（TF_{i-j}）是指在不影响总工期的前提下，本工作可以利用的机动时间。工作 $i-j$ 的总时差用 TF_{i-j} 表示。

6）自由时差（FF_{i-j}）是指在不影响其紧后工作最早开始时间的前提下，本工作可以利用的机动时间。工作 $i-j$ 的自由时差用 FF_{i-j} 表示。

按工作计算法计算网络计划中的各时间参数，其计算结果应标注在箭线之上，如图 3-15 所示。

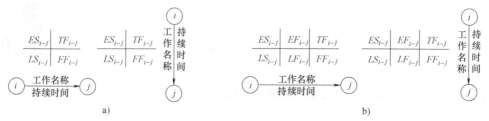

图 3-15　双代号网络计划按工作计算法计算时间参数的标注形式
a）四时间参数标注法　b）六时间参数标注法

2. 双代号网络计划时间参数计算

双代号网络
计划的计算例题

按工作计算法在网络图上计算六个工作时间参数时，必须在清楚计算顺序和计算步骤的基础上，列出必要的计算式，以加深对时间参数计算的理解。时间参数的计算步骤为：

（1）最早开始时间和最早完成时间的计算

工作最早时间参数受到紧前工作的约束，故其计算顺序应从起点节点开始，顺着箭线方向依次逐项计算。

1）以网络计划的起点节点为开始结点的工作的最早开始时间为零。如网络计划起点节点的编号为 1，则：

$$ES_{i-j} = 0\,(i = 1) \tag{3-3}$$

2）顺着箭线方向依次计算各个工作的最早完成时间和最早开始时间。

当工作只有一个紧前工作时，最早完成时间等于最早开始时间加上其持续时间：

$$EF_{i-j} = ES_{i-j} + D_{i-j} \tag{3-4}$$

当工作有多个紧前工作时，最早开始时间等于各紧前工作的最早完成时间 EF_{h-i} 的最大值：

$$ES_{i-j} = \text{Max}\left[EF_{h-i}\right] \tag{3-5}$$

或

$$ES_{i-j} = \text{Max}\left[ES_{h-i} + D_{h-i}\right] \tag{3-6}$$

（2）确定计算工期 T_c

计算工期等于以网络计划的终点节点为箭头节点的各个工作的最早完成时间的最大值。当网络计划终点节点的编号为 n 时，计算工期为

$$T_c = \text{Max}\left[EF_{i-n}\right] \tag{3-7}$$

当无要求工期的限制时，取计划工期等于计算工期，即取 $T_p = T_c$。

（3）最迟开始时间和最迟完成时间的计算

工作最迟时间参数受到紧后工作的约束，故其计算顺序应从终点节点起，逆着箭线方

向依次逐项计算。

1）以网络计划的终点节点（$j=n$）为箭头节点的工作的最迟完成时间等于计划工期 T_p，即：

$$LF_{i-n} = T_p \tag{3-8}$$

2）逆着箭线方向依次计算各个工作的最迟开始时间和最迟完成时间。

当工作只有一个紧后工作时，最迟开始时间等于最迟完成时间减去其持续时间：

$$LS_{i-j} = LF_{i-j} - D_{i-j} \tag{3-9}$$

当工作有多个紧后工作时，最迟完成时间等于各紧后工作的最迟开始时间 LS_{j-k} 的最小值：

$$LF_{i-j} = \text{Min}[LS_{j-k}] \tag{3-10}$$

或

$$LF_{i-j} = \text{Min}[LF_{j-k} - D_{j-k}] \tag{3-11}$$

（4）计算总时差

总时差等于最迟开始时间减去最早开始时间，或等于最迟完成时间减去最早完成时间：

$$TF_{i-j} = LS_{i-j} - ES_{i-j} \tag{3-12}$$

$$TF_{i-j} = LF_{i-j} - EF_{i-j} \tag{3-13}$$

（5）计算自由时差

当工作 $i-j$ 有紧后工作 $j-k$ 时，其自由时差应为

$$FF_{i-j} = ES_{j-k} - EF_{i-j} \tag{3-14}$$

或

$$FF_{i-j} = ES_{j-k} - ES_{i-j} - D_{i-j} \tag{3-15}$$

以网络计划的终点节点（$j=n$）为箭头节点的工作，其自由时差 FF_{i-n} 应按网络计划的计划工期 T_p 确定，即

$$FF_{i-n} = T_p - EF_{i-n} \tag{3-16}$$

3. 关键工作和关键线路的确定

（1）关键工作

总时差最小的工作是关键工作。

（2）关键线路

自始至终全部由关键工作组成的线路为关键线路，或线路上总的工作持续时间最长的线路为关键线路。网络图上的关键线路可用双线或粗线标注。

【例3-1】 已知网络计划的资料见表3-3，试绘制双代号网络计划；若计划工期等于计算工期，试计算各项工作的六个时间参数并确定关键线路，标注在网络计划上。

表3-3 网络计划资料

工作名称	A	B	C	D	E	F	H	G
紧前工作	—	—	B	B	A、C	A、C	D、F	D、E、F
持续时间/天	4	2	3	3	5	6	5	3

【解】 （1）根据表3-3中网络计划的有关资料，按照网络图的绘图规则，绘制双代号网络图，如图3-16所示。

（2）计算各项工作的时间参数，并将计算结果标注在箭线上方相应的位置。

1）计算各项工作的最早开始时间和最早完成时间。从起点节点（①节点）开始顺着箭线方向依次逐项计算到终点节点（⑥节点）。

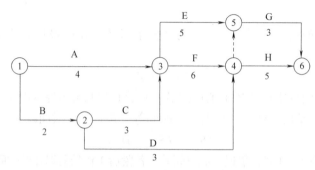

图 3-16 例 3-1 图

以网络计划起点节点为开始节点的各工作的最早开始时间为零:

$$ES_{1-2} = ES_{1-3} = 0$$

计算各项工作的最早开始和最早完成时间:

$$EF_{1-2} = ES_{1-2} + D_{1-2} = 0 + 2 = 2$$

$$EF_{1-3} = ES_{1-3} + D_{1-3} = 0 + 4 = 4$$

$$ES_{2-3} = ES_{2-4} = EF_{1-2} = 2$$

$$EF_{2-3} = ES_{2-3} + D_{2-3} = 2 + 3 = 5$$

$$EF_{2-4} = ES_{2-4} + D_{2-4} = 2 + 3 = 5$$

$$ES_{3-4} = ES_{3-5} = \text{Max}[EF_{1-3}, EF_{2-3}] = \text{Max}[4,5] = 5$$

$$EF_{3-4} = ES_{3-4} + D_{3-4} = 5 + 6 = 11$$

$$EF_{3-5} = ES_{3-5} + D_{3-5} = 5 + 5 = 10$$

$$ES_{4-6} = ES_{4-5} = \text{Max}[EF_{3-4}, EF_{2-4}] = \text{Max}[11,5] = 11$$

$$EF_{4-6} = ES_{4-6} + D_{4-6} = 11 + 5 = 16$$

$$EF_{4-5} = 11 + 0 = 11$$

$$ES_{5-6} = \text{Max}[EF_{3-5}, EF_{4-5}] = \text{Max}[10,11] = 11$$

$$EF_{5-6} = 11 + 3 = 14$$

将以上计算结果标注在图 3-17 中的相应位置。

2)确定计算工期 T_c 及计划工期 T_p。计算工期 $T_c = \text{Max}[EF_{5-6}, EF_{4-6}] = \text{Max}[14,16] = 16$。已知计划工期等于计算工期,则计划工期 $T_p = T_c = 16$。

3)计算各项工作的最迟开始时间和最迟完成时间。从终点节点(⑥节点)开始逆着箭线方向依次逐项计算到起点节点(①节点)。

以网络计划终点节点为箭头节点的工作的最迟完成时间等于计划工期:

$$LF_{4-6} = LF_{5-6} = 16$$

计算各项工作的最迟开始和最迟完成时间:

$$LS_{4-6} = LF_{4-6} - D_{4-6} = 16 - 5 = 11$$

$$LS_{5-6} = LF_{5-6} - D_{5-6} = 16 - 3 = 13$$

$$LF_{3-5} = LF_{4-5} = LS_{5-6} = 13$$

$$LS_{3-5} = LF_{3-5} - D_{3-5} = 13 - 5 = 8$$

$$LS_{4-5} = LF_{4-5} - D_{4-5} = 13 - 0 = 13$$

$$LF_{2-4} = LF_{3-4} = \text{Min}[LS_{4-5}, LS_{4-6}] = \text{Min}[13,11] = 11$$

$$LS_{2-4} = LF_{2-4} - D_{2-4} = 11 - 3 = 8$$

$$LS_{3-4} = LF_{3-4} - D_{3-4} = 11 - 6 = 5$$

$$LF_{1-3} = LF_{2-3} = \mathrm{Min}\left[LS_{3-4}, LS_{3-5}\right] = \mathrm{Min}\left[5, 8\right] = 5$$

$$LS_{1-3} = LF_{1-3} - D_{1-3} = 5 - 4 = 1$$

$$LS_{2-3} = LF_{2-3} - D_{2-3} = 5 - 3 = 2$$

$$LF_{1-2} = \mathrm{Min}\left[LS_{2-3}, LS_{2-4}\right] = \mathrm{Min}\left[2, 8\right] = 2$$

$$LS_{1-2} = LF_{1-2} - D_{1-2} = 2 - 2 = 0$$

4）计算各项工作的总时差（TF_{i-j}）。可以用工作的最迟开始时间减去最早开始时间或用工作的最迟完成时间减去最早完成时间计算：

或

$$TF_{1-2} = LS_{1-2} - ES_{1-2} = 0 - 0 = 0$$

$$TF_{1-2} = LF_{1-2} - EF_{1-2} = 2 - 2 = 0$$

$$TF_{1-3} = LS_{1-3} - ES_{1-3} = 1 - 0 = 1$$

$$TF_{2-3} = LS_{2-3} - ES_{2-3} = 2 - 2 = 0$$

$$TF_{2-4} = LS_{2-4} - ES_{2-4} = 8 - 2 = 6$$

$$TF_{3-4} = LS_{3-4} - ES_{3-4} = 5 - 5 = 0$$

$$TF_{3-5} = LS_{3-5} - ES_{3-5} = 8 - 5 = 3$$

$$TF_{4-6} = LS_{4-6} - ES_{4-6} = 11 - 11 = 0$$

$$TF_{5-6} = LS_{5-6} - ES_{5-6} = 13 - 11 = 2$$

将以上计算结果标注在图 3-17 中的相应位置。

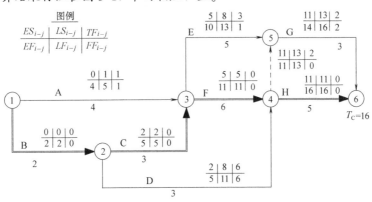

图 3-17　例 3-1 图计算结果

5）计算各项工作的自由时差（FF_{i-j}）。各项工作的自由时差等于紧后工作的最早开始时间减去本工作的最早完成时间：

$$FF_{1-2} = ES_{2-3} - EF_{1-2} = 2 - 2 = 0$$

$$FF_{1-3} = ES_{3-4} - EF_{1-3} = 5 - 4 = 1$$

$$FF_{2-3} = ES_{3-5} - EF_{2-3} = 5 - 5 = 0$$

$$FF_{2-4} = ES_{4-6} - EF_{2-4} = 11 - 5 = 6$$

$$FF_{3-4} = ES_{4-6} - EF_{3-4} = 11 - 11 = 0$$

$$FF_{3-5} = ES_{5-6} - EF_{3-5} = 11 - 10 = 1$$

$$FF_{4-6} = T_{p} - EF_{4-6} = 16 - 16 = 0$$

$$FF_{5-6} = T_{p} - EF_{5-6} = 16 - 14 = 2$$

将以上计算结果标注在图3-17中的相应位置。

（3）确定关键工作及关键线路。在图3-17中，最小的总时差是0，所以凡是总时差为0的工作均为关键工作。本例中的关键工作是：①—②，②—③，③—④，④—⑥（或关键工作是：B、C、F、H）。

自始至终全由关键工作组成的关键线路是：①—②—③—④—⑥。关键线路用双箭线进行标注，如图3-17所示。

3.3　单代号网络图

3.3.1　单代号网络图的基本要素

单代号网络图是以节点及其编号表示工作，以箭线表示工作之间逻辑关系的网络图。在单代号网络图中加注工作的持续时间，以便形成单代号网络计划。

1. 单代号网络图的特点

单代号网络图与双代号网络图相比，具有以下特点：

1）工作之间的逻辑关系容易表达，且不用虚箭线，故绘图较简单。

2）网络图便于检查和修改。

3）由于工作的持续时间表示在节点之中，没有长度，故不够形象直观。

4）表示工作之间逻辑关系的箭线可能产生较多的纵横交叉现象。

2. 单代号网络图的基本符号

（1）节点

单代号网络图中的每一个节点表示一项工作，节点宜用圆圈或矩形表示。节点所表示的工作名称、持续时间和节点编号等应标注在节点内，如图3-18所示。

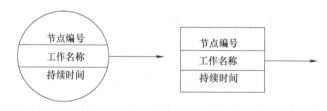

图3-18　单代号网络图中工作表示方法

单代号网络图中的节点必须编号。编号标注在节点内，其号码可间断，但严禁重复。箭线的箭尾节点编号应小于箭头节点的编号。一项工作必须有唯一的一个节点及相应的一个编号。

（2）箭线

单代号网络图中的箭线表示紧邻工作之间的逻辑关系，既不占用时间，也不消耗资源。箭线应画成水平直线、折线或斜线。箭线水平投射的方向应自左向右，表示工作的行进方向。工作之间的逻辑关系包括工艺关系和组织关系，在网络图中均表现为工作之间的先后顺序。

（3）线路

单代号网络图中，各条线路应用该线路上的节点编号从小到大依次表述。

3.3.2　单代号网络图的绘制方法

1）单代号网络图必须正确表达既定的逻辑关系。

2）单代号网络图中，严禁出现循环回路。

3）单代号网络图中，严禁出现双向箭头或无箭头的连线。

4）单代号网络图中，严禁出现没有箭尾节点的箭线和没有箭头节点的箭线。

5）绘制网络图时，箭线不宜交叉，当交叉不可避免时，可采用过桥法或指向法绘制。

6）单代号网络图只应有一个起点节点和一个终点节点；当网络图中有多项起点节点或多项终点节点时，应在网络图的两端分别设置一项虚工作，作为该网络图的起点节点（St）和终点节点（Fin），如图 3-19 所示。

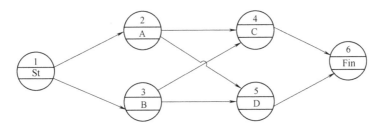

图 3-19　单代号网络图

单代号网络图的绘图规则大部分与双代号网络图的绘图规则相同，故不再进行解释。

3.3.3　单代号网络图时间参数的计算

单代号网络计划时间参数的计算应在确定各项工作的持续时间之后进行。时间参数的计算顺序和计算方法基本上与双代号网络计划时间参数的计算相同。单代号网络计划时间参数的标注形式如图 3-20 所示。

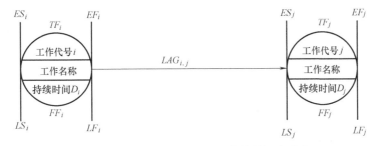

图 3-20　单代号网络计划时间参数的标注形式

单代号网络计划时间参数的计算步骤如下：

1. 计算最早开始时间和最早完成时间

网络计划中各项工作的最早开始时间和最早完成时间的计算应从网络计划的起点节点开始，顺着箭线方向依次逐项计算。

1）网络计划的起点节点的最早开始时间为零。如起点节点的编号为1，则：

$$ES_i = 0 (i = 1) \tag{3-17}$$

2）工作的最早完成时间等于该工作的最早开始时间加上其持续时间：

$$EF_i = ES_i + D_i \tag{3-18}$$

3）工作的最早开始时间等于该工作的各个紧前工作的最早完成时间的最大值。如工作 j 的紧前工作的代号为 i，则：

$$ES_j = \text{Max}[EF_i] \tag{3-19}$$

或

$$ES_j = \text{Max}[ES_i + D_i] \tag{3-20}$$

式中　ES_i——工作 j 的各项紧前工作的最早开始时间。

4）网络计划的计算工期 T_c 等于网络计划的终点节点 n 的最早完成时间 EF_n，即：

$$T_c = EF_n \tag{3-21}$$

2. 计算相邻两项工作之间的时间间隔 $LAG_{i,j}$

相邻两项工作 i 和 j 之间的时间间隔 $LAG_{i,j}$，等于紧后工作 j 的最早开始时间 ES_j 和本工作的最早完成时间 EF_i 之差，即：

$$LAG_{i,j} = ES_j - EF_i \tag{3-22}$$

3. 计算工作总时差 TF_i

工作 i 的总时差 TF_i 应从网络计划的终点节点开始，逆着箭线方向依次逐项计算。

1）网络计划终点节点的总时差 TF_n，如计划工期等于计算工期，其值为零，即：

$$TF_n = 0 \tag{3-23}$$

2）其他工作 i 的总时差 TF_i 等于该工作的各个紧后工作 j 的总时差 TF_j 加该工作与其紧后工作之间的时间间隔 $LAG_{i,j}$ 之和的最小值，即：

$$TF_i = \text{Min}[TF_j + LAG_{i,j}] \tag{3-24}$$

4. 计算工作自由时差 FF_i

1）工作 i 若无紧后工作，其自由时差 FF_i 等于计划工期 T_p 减该工作的最早完成时间 EF_n，即：

$$FF_i = T_p - EF_i \tag{3-25}$$

2）当工作 i 有紧后工作 j 时，其自由时差 FF_i 等于该工作与其紧后工作 j 之间的时间间隔 $LAG_{i,j}$ 的最小值，即：

$$FF_i = \text{Min}[LAG_{i,j}] \tag{3-26}$$

5. 计算工作的最迟开始时间和最迟完成时间

1）工作 i 的最迟开始时间 LS_i 等于该工作的最早开始时间 ES_i 加上其总时差 TF_i，即：

$$LS_i = ES_i + TF_i \tag{3-27}$$

2）工作 i 的最迟完成时间 LF_i 等于该工作的最早完成时间 EF_i 加上其总时差 TF_i，即：

$$LF_i = EF_i + TF_i \tag{3-28}$$

6. 关键工作和关键线路的确定

1）关键工作：总时差最小的工作是关键工作。

2）关键线路的确定按以下规定：从起点节点开始到终点节点均为关键工作，且所有工作的时间间隔为零的线路为关键线路。

【例3-2】 已知单代号网络计划如图3-21所示，若计划工期等于计算工期，试计算单代号网络计划的时间参数，将其标注在网络计划上；并用双箭线标出关键线路。

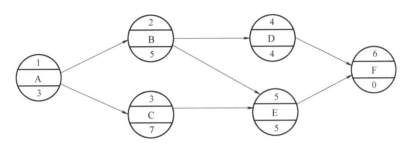

图3-21 例3-2图

【解】 1）计算最早开始时间和最早完成时间。

$$ES_1 = 0 \quad EF_1 = ES_1 + D_1 = 0 + 3 = 3$$
$$ES_2 = EF_1 = 3 \quad EF_2 = ES_2 + D_2 = 3 + 5 = 8$$
$$ES_3 = EF_1 = 3 \quad EF_3 = ES_3 + D_3 = 3 + 7 = 10$$
$$ES_4 = EF_2 = 8 \quad EF_4 = ES_4 + D_4 = 8 + 4 = 12$$
$$ES_5 = \text{Max}[EF_2, EF_3] = \text{Max}[8, 10] = 10 \quad EF_5 = ES_5 + D_5 = 10 + 5 = 15$$
$$ES_6 = \text{Max}[EF_4, EF_5] = \text{Max}[12, 15] = 15 \quad EF_6 = ES_6 + D_6 = 15 + 0 = 15$$

已知计划工期等于计算工期，故有：$T_p = T_c = EF_6 = 15$。

2）计算相邻两项工作之间的时间间隔 $LAG_{i,j}$。

$$LAG_{1,2} = ES_2 - EF_1 = 3 - 3 = 0$$
$$LAG_{1,3} = ES_3 - EF_1 = 3 - 3 = 0$$
$$LAG_{2,4} = ES_4 - EF_2 = 8 - 8 = 0$$
$$LAG_{2,5} = ES_5 - EF_2 = 10 - 8 = 2$$
$$LAG_{3,5} = ES_5 - EF_3 = 10 - 10 = 0$$
$$LAG_{4,6} = ES_6 - EF_4 = 15 - 12 = 3$$
$$LAG_{5,6} = ES_6 - EF_5 = 15 - 15 = 0$$

3）计算工作的总时差 TF_i。已知计划工期等于计算工期：$T_p = T_c = 15$，故终点节点⑥节点的总时差为零，即：

$$TF_6 = 0$$

其他工作总时差为：

$$TF_5 = TF_6 + LAG_{5,6} = 0 + 0 = 0$$
$$TF_4 = TF_6 + LAG_{4,6} = 0 + 3 = 3$$
$$TF_3 = TF_5 + LAG_{3,5} = 0 + 0 = 0$$
$$TF_2 = \text{Min}[(TF_4 + LAG_{2,4}), (TF_5 + LAG_{2,5})] = \text{Min}[(3 + 0), (0 + 2)] = 2$$

$$TF_1 = \text{Min}[(TF_2 + LAG_{1,2}),(TF_3 + LAG_{1,3})] = \text{Min}[(2+0),(0+0)] = 0$$

4）计算工作的自由时差 FF_i。已知计划工期等于计算工期：$T_p = T_c = 15$，故终点节点⑥节点的自由时差为：

$$FF_6 = T_p - EF_6 = 15 - 15 = 0$$
$$FF_5 = LAG_{5,6} = 0$$
$$FF_4 = LAG_{4,6} = 3$$
$$FF_3 = LAG_{3,5} = 0$$
$$FF_2 = \text{Min}[LAG_{2,4},LAG_{2,5}] = \text{Min}[0,2] = 0$$
$$FF_1 = \text{Min}[LAG_{1,2},LAG_{1,3}] = \text{Min}[0,0] = 0$$

5）计算工作的最迟开始时间 LS_i 和最迟完成时间 LF_i。

$$LS_1 = ES_1 + TF_1 = 0 + 0 = 0 \qquad LF_1 = EF_1 + TF_1 = 3 + 0 = 3$$
$$LS_2 = ES_2 + TF_2 = 3 + 2 = 5 \qquad LF_2 = EF_2 + TF_2 = 8 + 2 = 10$$
$$LS_3 = ES_3 + TF_3 = 3 + 0 = 3 \qquad LF_3 = EF_3 + TF_3 = 10 + 0 = 10$$
$$LS_4 = ES_4 + TF_4 = 8 + 3 = 11 \qquad LF_4 = EF_4 + TF_4 = 12 + 3 = 15$$
$$LS_5 = ES_5 + TF_5 = 10 + 0 = 10 \qquad LF_5 = EF_5 + TF_5 = 15 + 0 = 15$$
$$LS_6 = ES_6 + TF_6 = 15 + 0 = 15 \qquad LF_6 = EF_6 + TF_6 = 15 + 0 = 15$$

将以上计算结果标注在图3-22中的相应位置。

6）关键工作和关键线路的确定。根据计算结果，总时差为零的工作 A、C、E 为关键工作。从起点节点①节点开始到终点节点⑥节点均为关键工作，且所有工作之间时间间隔为零的线路①—③—⑤—⑥为关键线路，用双箭线标示在图3-22中。

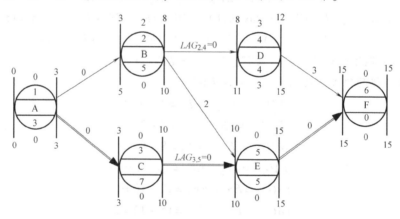

图3-22　例3-2图计算结果

3.4　网络计划的应用

▶ 3.4.1　网络计划在不同工程对象中的应用

【工程实训】　某宾馆大堂吊顶装饰装修工程，分两个施工段进行施工，网络图的布置既可以按施工段的方向水平排列，也可以按工艺顺序的方向水平排列。

1）网络图按施工段的方向水平排列，如图 3-23 所示。

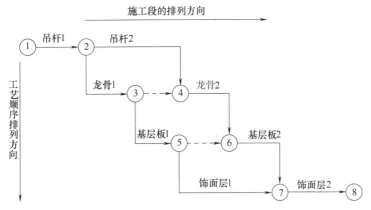

图 3-23　网络图按施工段的方向水平排列

2）网络图按工艺顺序的方向水平排列，如图 3-24 所示。

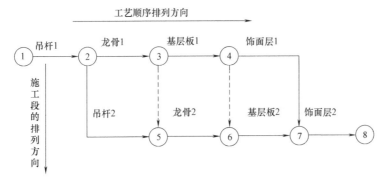

图 3-24　网络图按工艺顺序的方向水平排列

3.4.2　综合应用网络计划

1. 时标网络计划的特点

时标网络计划是以水平时间坐标为尺度编制的双代号网络计划，其主要特点有：

1）时标网络计划兼有网络计划与横道图的优点，它能够清楚地表明计划的时间进程，使用方便。

2）时标网络计划能在图上直接显示出各项工作的开始与完成时间，工作的自由时差及关键线路。

3）在时标网络计划中可以统计每一个单位时间对资源的需要量，以便进行资源优化和调整。

4）由于箭线受到时间坐标的限制，当情况发生变化时，对网络计划的修改比较麻烦，往往要重新绘图。但现在已普及计算机作业，这一问题已较容易解决。

2. 时标网络计划的一般规定

1）时间坐标的时间单位应根据需要在编制网络计划之前确定，可为季、月、周、天等。

2）时标网络计划应以实箭线表示工作，以虚箭线表示虚工作，以波形线表示工作的自由时差。

3）时标网络计划中的所有符号在时间坐标上的水平投影位置，都必须与其时间参数相对应，节点中心必须对准相应的时标位置。

4）虚工作必须以垂直方向的虚箭线表示，有自由时差时加波形线表示。

3. 时标网络计划的编制

时标网络计划宜按各个工作的最早开始时间编制。在编制时标网络计划之前，应先按已确定的时间单位绘制出时标计划表，见表3-4。

表3-4　时标计划

时间单位/天	1	2	3	4	5	6	7	8	9	10	11	12	13	14	15	16

时间单位/天	1	2	3	4	5	6	7	8	9	10	11	12	13	14	15	16

时标网络计划的编制方法有两种：

（1）间接绘制法

先绘制出无时标网络计划，计算各工作的最早开始时间，再根据最早开始时间在时标计划表上确定节点位置，并在图上完成连线。某些工作的箭线长度不足以到达该工作的完成节点时，用波形线补足。

（2）直接绘制法

根据网络计划中工作之间的逻辑关系及各工作的持续时间，直接在时标计划表上绘制时标网络计划。绘制步骤如下：

1）将起点节点定位在时标计划表的起始刻度线上。

2）按工作持续时间在时标计划表上绘制起点节点的外向箭线。

3）其他工作的开始节点必须在其所有紧前工作都绘出以后，定位在这些紧前工作最早完成时间最大值的时间刻度上。某些工作的箭线长度不足以到达该节点时，用波形线补足，箭头画在波形线与节点连接处。

4）按上述步骤从左至右依次确定其他节点位置，直至网络计划终点节点定位完成，绘图完成。

【例3-3】　已知网络计划的资料见表3-5，试绘制时标网络计划。

表3-5　网络计划资料

工作名称	A	B	C	D	E	F	G	H	J
紧前工作	—	—	—	A	A、B	D	C、E	C	D、G
持续时间/天	3	4	7	5	2	5	3	5	4

【解】 （1）将网络计划的起点节点定位在时标计划表的起始刻度线上，起点节点的编号为1。

（2）画节点①的外向箭线，即按各工作的持续时间，画出无紧前工作的A、B、C工作，并确定节点②、③、④的位置。

（3）依次画出节点②、③、④的外向箭线工作D、E、H，并确定节点⑤、⑥的位置。节点⑥的位置定位在其两条内向箭线的最早完成时间的最大值处，即定位在时标值7的位置。工作E的箭线长度达不到⑥节点，则用波形线补足。

（4）按上述步骤画出全部工作，确定出终点节点⑧的位置，时标网络计划绘制完毕，如图3-25所示。

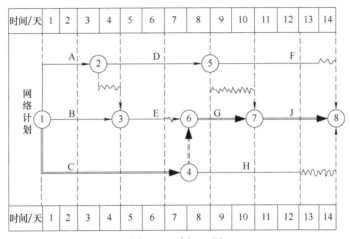

图3-25　例3-3图

4. 关键线路和计算工期的确定

1）时标网络计划关键线路的确定，应自终点节点逆箭线方向朝起点节点逐次进行判定：从终点到起点不出现波形线的线路即为关键线路。图3-25中的关键线路是：①—④—⑥—⑦—⑧，用双箭线表示。

2）时标网络计划的计算工期，应是终点节点与起点节点所在位置之差。图3-25中的计算工期 $T_c = 14 - 0 = 14$（天）。

5. 网络计划时间参数的确定

在时标网络计划中，六个工作时间参数的确定步骤如下：

（1）最早时间参数的确定

按最早开始时间绘制的时标网络计划，最早时间参数可以从图上直接确定：

1）最早开始时间 ES_{i-j}。每条实箭线左端箭尾节点（i节点）中心所对应的时标值，即为该工作的最早开始时间。

2）最早完成时间 EF_{i-j}。如箭线右端无波形线，则该箭线右端节点（j节点）中心所对应的时标值为该工作的最早完成时间；如箭线右端有波形线，则实箭线右端末尾所对应的时标值即为该工作的最早完成时间。

例如在图3-25中，$ES_{1-3} = 0$，$EF_{1-3} = 4$；$ES_{3-6} = 4$，$EF_{3-6} = 6$；其他数值以此类推确定。

（2）自由时差的确定

时标网络计划中各工作的自由时差值应为表示该工作的箭线中波形线部分在坐标轴上的水平投影长度。

例如在图 3-25 中，工作 E、H、F 的自由时差分别为 $FF_{3-6}=1$；$FF_{4-8}=2$；$FF_{5-8}=1$。

（3）总时差的确定

时标网络计划中工作的总时差的计算应自右向左进行，且符合下列规定：

1）以终点节点（$j=n$）为箭头节点的工作的总时差 TF_{i-n} 应按网络计划的计划工期 T_p 计算确定，即

$$TF_{i-n} = T_p - EF_{i-n} \qquad (3\text{-}29)$$

例如在图 3-25 中，工作 F、J、H 的总时差分别为：

$$TF_{5-8} = T_p - EF_{5-8} = 14 - 13 = 1$$
$$TF_{7-8} = T_p - EF_{7-8} = 14 - 14 = 0$$
$$TF_{4-8} = T_p - EF_{4-8} = 14 - 12 = 2$$

2）其他工作的总时差等于其紧后工作 $j-k$ 总时差的最小值与本工作的自由时差之和，即

$$TF_{i-j} = \text{Min}\left[TF_{j-k}\right] + FF_{i-j} \qquad (3\text{-}30)$$

例如在图 3-25 中各项工作的总时差计算如下：

$$TF_{6-7} = TF_{7-8} + FF_{6-7} = 0 + 0 = 0$$
$$TF_{3-6} = TF_{6-7} + FF_{3-6} = 0 + 1 = 1$$
$$TF_{2-5} = \text{Min}\left[TF_{5-7}, TF_{5-8}\right] + FF_{2-5} = \text{Min}\left[2, 1\right] + 0 = 1 + 0 = 1$$
$$TF_{1-4} = \text{Min}\left[TF_{4-6}, TF_{4-8}\right] + FF_{1-4} = \text{Min}\left[0, 2\right] + 0 = 0 + 0 = 0$$
$$TF_{1-3} = TF_{3-6} + FF_{1-3} = 1 + 0 = 1$$
$$TF_{1-2} = \text{Min}\left[TF_{2-3}, TF_{2-5}\right] + FF_{1-2} = \text{Min}\left[2, 1\right] + 0 = 1 + 0 = 1$$

（4）最迟时间参数的确定

时标网络计划中工作的最迟开始时间和最迟完成时间可按下式计算：

$$LS_{i-j} = ES_{i-j} + TF_{i-j} \qquad (3\text{-}31)$$
$$LF_{i-j} = EF_{i-j} + TF_{i-j} \qquad (3\text{-}32)$$

例如在图 3-25 中，部分工作的最迟开始时间和最迟完成时间为

$$LS_{1-2} = ES_{1-2} + TF_{1-2} = 0 + 1 = 1$$
$$LF_{1-2} = EF_{1-2} + TF_{1-2} = 3 + 1 = 4$$
$$LS_{1-3} = ES_{1-3} + TF_{1-3} = 0 + 1 = 1$$
$$LF_{1-3} = EF_{1-3} + TF_{1-3} = 4 + 1 = 5$$

由此类推，可计算出各项工作的最迟开始时间和最迟完成时间。

3.5 网络计划的优化

网络计划的优化是指在一定约束条件下，按既定目标对网络计划进行不断改进，以寻求满意方案的过程。网络计划的优化目标应按计划任务的需要和条件选定，包括工期目标、

费用目标和资源目标。根据优化目标的不同，网络计划的优化可分为工期优化、费用优化和资源优化三种。

➤ 3.5.1　工期优化

工期优化是指网络计划的计算工期不满足要求工期时，通过压缩关键工作的持续时间来满足要求工期目标的过程。

网络计划工期优化的基本方法是在不改变网络计划中各项工作之间逻辑关系的前提下，通过压缩关键工作的持续时间来优化目标。在工期优化过程中，按照经济合理的原则，不能将关键工作压缩成非关键工作。此外，当工期优化过程中出现多条关键线路时，必须将各条关键线路的总持续时间压缩相同数值；否则，不能有效地缩短工期。

网络计划的工期优化可按下列步骤进行：

1）确定初始网络计划的计算工期和关键线路。

2）按要求工期计算应缩短的时间 ΔT：

$$\Delta T = T_c - T_r \tag{3-33}$$

式中　T_c——网络计划的计算工期；

T_r——网络计划的要求工期。

3）选择应缩短持续时间的关键工作。选择压缩对象时宜在关键工作中考虑下列因素：

① 缩短持续时间对质量和安全影响不大的工作。

② 有充足备用资源的工作。

③ 缩短持续时间所需增加的费用最少的工作。

4）将所选定的关键工作的持续时间压缩至最短，并重新确定计算工期和关键线路。若被压缩的工作变成非关键工作，则应延长其持续时间，使之仍为关键工作。

5）当计算工期仍超过要求工期时，则重复上述2）~4），直至计算工期满足要求工期或计算工期已不能再缩短为止。

6）当所有关键工作的持续时间都已达到其能缩短的极限而寻求不到继续缩短工期的方案，但网络计划的计算工期仍不能满足要求工期时，应对网络计划的原技术方案、组织方案进行调整，或对要求工期进行重新审定。

应注意的是，一般情况下，双代号网络计划图中箭线下方的括号外数字为工作的正常持续时间，括号内数字为最短持续时间；箭线上方的括号内数字为优选系数，该系数综合考虑质量、安全和费用增加情况后确定。选择关键工作并压缩其持续时间时，应选择优选系数最小的关键工作。若需要同时压缩多个关键工作的持续时间时，则它们的优选系数之和（组合优选系数）的最小者应优先作为压缩对象。

➤ 3.5.2　费用优化

费用优化又称工期成本优化，是指寻求工程总成本最低时的工期安排，或按要求工期寻求最低成本的计划安排的过程。

在建设工程施工过程中，完成一项工作通常可以采用多种施工方法和组织方法，而不同的施工方法和组织方法又会有不同的持续时间和费用。由于一项建设工程往往包含许多工作，所以在安排建设工程进度计划时，就会出现许多方案。进度方案不同，所对应的总工期和总费用也就不同。为了能从多种方案中找出总成本最低的方案，必须首先分析费用和时间之间的关系。

（1）工程费用与工期的关系

工程总费用（成本）由直接费和间接费组成。直接费由人工费、材料费、机械使用费、其他直接费及现场经费等组成。施工方案不同，直接费也就不同；如果施工方案一定，工期不同，直接费也不同。直接费会随着工期的缩短而增加。间接费包括企业经营管理的全部费用，它一般会随着工期的缩短而减少。在考虑工程总费用时，还应考虑工期变化带来的其他损益，包括效益增量和资金的时间价值等。工程总费用与工期的关系如图3-26所示。

（2）工作直接费与持续时间的关系

由于网络计划的工期取决于关键工作的持续时间，为了进行工期成本优化，必须分析网络计划中各项工作的直接费与持续时间之间的关系，它是网络计划工期成本优化的基础。

工作的直接费与持续时间之间的关系类似于工程直接费与工期之间的关系，工作的直接费随着持续时间的

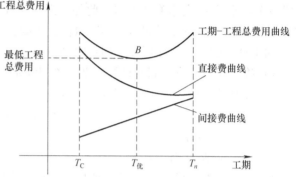

图3-26　工程总费用与工期的关系

缩短而增加。为简化计算，工作的直接费与持续时间之间的关系被近似地认为是一条直线关系。当工作划分不是很粗时，其计算结果还是比较精确的。

工作的持续时间每缩短单位时间而增加的直接费称为直接费用率。工作的直接费用率越大，说明将该工作的持续时间缩短一个时间单位所需增加的直接费就越多；反之，将该工作的持续时间缩短一个时间单位所需增加的直接费就越少。因此，在压缩关键工作的持续时间以达到缩短工期的目的时，应将直接费用率最小的关键工作作为压缩对象。当有多条关键线路出现而需要同时压缩多个关键工作的持续时间时，应将它们的直接费用率之和（组合直接费用率）的最小者作为压缩对象。

➤ 3.5.3　资源优化

资源是指为完成一项工程任务所需投入的人力、材料、机械设备和资金等。完成一项工程任务所需要的资源量基本上是不变的，不可能通过资源优化将其减少。资源优化的目的是通过改变工作的开始时间和完成时间，使资源按照时间的分布符合优化目标。

在通常情况下，网络计划的资源优化分为两种，即"资源有限，工期最短"的优化和"工期固定，资源均衡"的优化。前者是通过调整计划安排，在满足资源限制条件下，使工期延长最少的过程；而后者是通过调整计划安排，在工期保持不变的条件下，使资源需用量尽可能均衡的过程。这里所讲的资源优化，其前提条件是：

1）在优化过程中，不改变网络计划中各项工作之间的逻辑关系。

2）在优化过程中，不改变网络计划中各项工作的持续时间。

3）网络计划中各项工作的资源强度（单位时间所需资源数量）为常数，而且是合理的。

4）除规定可中断的工作外，一般不允许中断工作，应保持其连续性。

3.6 网络计划的控制

➤ 3.6.1 网络计划的检查

1. 实际进度与计划进度的前锋线比较法

前锋线比较法是通过绘制某检查时刻时工程项目实际进度前锋线，进行工程实际进度与计划进度比较的方法，它主要适用于时标网络计划。前锋线是指在原时标网络计划上，从检查时刻的时标点出发，用点画线依次将各项工作的实际进展位置点连接起来所形成的折线。前锋线比较法就是通过实际进度前锋线与原进度计划中各工作箭线交点的位置来判断工作实际进度与计划进度的偏差，进而判定该偏差对后续工作及总工期的影响程度。采用前锋线比较法进行实际进度与计划进度的比较，其步骤如下：

（1）绘制时标网络计划图

工程项目实际进度前锋线是在时标网络计划图上标示的，为清楚起见，可在时标网络计划图的上方和下方各设一时间坐标。

（2）绘制实际进度前锋线

一般从时标网络计划图上方时间坐标的检查日期开始绘制，依次连接相邻工作的实际进展位置点，最后与时标网络计划图下方坐标的检查日期相连接。

工作实际进展位置点的标定方法有两种：

1）按该工作已完成任务量的比例进行标定。假设工程项目中各项工作均为匀速施工，根据实际进度检查时刻该工作已完成任务量占其计划完成总任务量的比例，在工作箭线上从左至右按相同的比例标定其实际进展位置点。

2）按尚需作业时间进行标定。当某些工作的持续时间难以按实物工程量来计算而只能凭经验估算时，可以先估算出检查时刻到该工作全部完成尚需作业的时间，然后在该工作箭线上从右向左逆向标定其实际进展位置点。

（3）进行实际进度与计划进度的比较

前锋线可以直观地反映出检查日期有关工作实际进度与计划进度之间的关系。对某项工作来说，其实际进度与计划进度之间的关系可能存在以下三种情况：

1）工作实际进展位置点落在检查日期的左侧，表明该工作实际进度拖后，拖后的时间为二者之差。

2）工作实际进展位置点与检查日期重合，表明该工作实际进度与计划进度一致。

3）工作实际进展位置点落在检查日期的右侧，表明该工作实际进度超前，超前的时间为二者之差。

（4）预测进度偏差对后续工作及总工期的影响

通过实际进度与计划进度的比较确定进度偏差后，还可根据工作的自由时差和总时差预测该进度偏差对后续工作及项目总工期的影响。由此可见，前锋线比较法既适用于工作实际进度与计划进度之间的局部比较，又可用来分析和预测工程项目整体进度状况。

值得注意的是，以上比较是针对匀速施工的工作。对于非匀速施工的工作，比较方法较复杂，此处不赘述。

【例3-4】 已知网络计划如图3-27所示，在第五天检查网络计划的执行情况时，发现A已完成，B已工作一天，C已工作2天，D尚未开始。据此绘出实际进度前锋线。

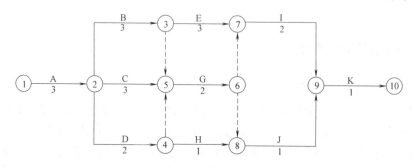

图 3-27　某工程网络计划

【解】　1）按工作最早时间绘制时标网络计划，如图3-27所示。

2）在时标网络计划中，根据检查情况，用点画线将各过程的实际进度自上而下连接起来，绘出实际进度前锋线，如图3-28中点画线所示。

绘制检查后的时标网络计划，如图3-28所示。

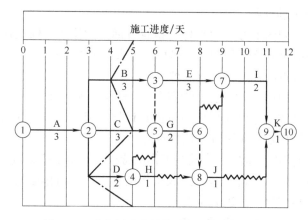

图 3-28　有实际进度前锋线的时标网络计划

2. 分析进度偏差对后续工作及总工期的影响

在工程项目实施过程中，当通过实际进度与计划进度的比较发现有进度偏差时，需要分析该偏差对后续工作及总工期的影响，从而采取相应的调整措施对原进度计划进行调整，以确保工期目标的顺利实现。进度偏差的大小及其所处的位置不同，对后续工作和总工期的影响程度是不同的，分析时需要利用网络计划中工作总时差和自由时差的概念进行判断。

分析步骤如下：

（1）分析出现进度偏差的工作是否为关键工作

如果出现进度偏差的工作位于关键线路上，即该工作为关键工作，则无论其偏差有多大，都将对后续工作和总工期产生影响，必须采取相应的调整措施；如果出现偏差的工作是非关键工作，则需要根据进度偏差值与总时差和自由时差的关系作进一步分析。

（2）分析进度偏差是否超过总时差

如果工作的进度偏差大于该工作的总时差，则此进度偏差必将影响其后续工作和总工期，必须采取相应的调整措施；如果工作的进度偏差未超过该工作的总时差，则此进度偏差不影响总工期。至于对后续工作的影响程度，还需要根据偏差值与其自由时差的关系作进一步分析。

（3）分析进度偏差是否超过自由时差

如果工作的进度偏差大于该工作的自由时差，则此进度偏差将对其后续工作产生影响，此时应根据后续工作的限制条件确定调整方法；如果工作的进度偏差未超过该工作的自由时差，则此进度偏差不影响后续工作，因此原进度计划可以不作调整。

通过分析，进度控制人员可以根据进度偏差的影响程度，制订相应的纠偏措施进行调整，以获得符合实际进度情况和计划目标的新进度计划。

3.6.2　网络计划的调整

当实际进度偏差影响到后续工作、总工期而需要调整进度计划时，其调整方法如下：

1. 改变某些工作间的逻辑关系

当工程项目实施中产生的进度偏差影响到总工期，且有关工作的逻辑关系允许改变时，可以改变关键线路和超过计划工期的非关键线路上的有关工作之间的逻辑关系，从而达到缩短工期的目的。例如，将顺序进行的工作改为平行作业、搭接作业以及分段组织流水作业等，都可以有效地缩短工期。

2. 缩短某些工作的持续时间

这种方法是不改变工程项目中各项工作之间的逻辑关系，而是通过采取增加资源投入、提高劳动效率等措施来缩短某些工作的持续时间，使工程速度加快，以保证按计划工期完成该工程项目。这些被压缩持续时间的工作是位于关键线路和超过计划工期的非关键线路上的工作；同时，这些工作又是其持续时间可被压缩的工作。这种调整方法通常可以在网络图上直接进行。其调整方法视限制条件及对其后续工作的影响程度的不同而有所区别，一般可分为以下三种情况：

（1）网络计划中某项工作进度拖延的时间已超过其自由时差但未超过其总时差

如前所述，此时该工作的实际进度不会影响总工期，而只对其后续工作产生影响。因此，在进行调整前，需要确定其后续工作允许拖延的时间限制，并以此作为进度调整的限制条件。该限制条件的确定常常较复杂，尤其是当后续工作由多个平行的承包单位负责实施时更是如此。后续工作如不能按原计划进行，在时间上产生的任何变化都可能使合同不能正常履行，从而导致蒙受损失的一方提出索赔。

（2）网络计划中某项工作进度拖延的时间超过其总时差

如果网络计划中某项工作进度拖延的时间超过其总时差，则无论该工作是否为关键工作，其实际进度都将对后续工作和总工期产生影响。此时，进度计划的调整方法有以下三种情况：

1）项目总工期不允许拖延。如果工程项目必须按照原计划工期完成，则只能采取缩短关键线路上后续工作持续时间的方法来达到调整计划的目的。这种方法实质上就是前文所述工期优化的方法。

2）项目总工期允许拖延。如果项目总工期允许拖延，则此时只需以实际数据取代原计划数据，并重新绘制实际进度检查日期之后的简化网络计划即可。

3）项目总工期允许拖延的时间有限。如果项目总工期允许拖延，但允许拖延的时间有限，则当实际进度拖延的时间超过此限制时，也需要对网络计划进行调整，以便满足要求。具体的调整方法是以总工期的限制时间作为规定工期，对检查日期之后尚未实施的网络计划进行工期优化，即通过缩短关键线路上后续工作持续时间的方法来使总工期满足规定工期的要求。

以上三种情况均是以总工期为限制条件调整进度计划的。值得注意的是，当某项工作实际进度拖延的时间超过其总时差而需要对进度计划进行调整时，除需考虑总工期的限制条件外，还应考虑网络计划中后续工作的限制条件，特别是对总进度计划的控制更应注意这一点。因为在这类网络计划中，后续工作也许就是一些独立的合同段，时间上的任何变化都会带来协调上的麻烦或者引起索赔。因此，当网络计划中某些后续工作对时间的拖延有限制时，同样需要以此为条件，按前述方法进行调整。

（3）网络计划中某项工作进度超前

在建设工程计划阶段所确定的工期目标，往往是综合考虑了各方面因素而确定的合理工期。因此，时间上的任何变化，无论是进度拖延还是超前，都可能造成其他目标的失控。例如，在一个建设工程施工总进度计划中某项工作的进度超前，致使资源的需求发生变化，由此打乱了原计划对人、材、物等资源的合理安排，亦将影响资金计划的使用和安排；特别是当多个平行的承包单位进行施工时，会引起后续工作时间安排的变化。因此，如果建设工程实施过程中出现进度超前的情况，也必须综合分析进度超前对后续工作产生的影响，提出合理的进度调整方案，以确保工期总目标的顺利实现。

小　结

网络计划技术是一种科学的计划管理方法，它已广泛地应用于工业、国防、建筑、运输和科研等领域，已成为一种现代生产管理的科学方法。

网络图是由箭线和节点组成的，用来表示工作流程的有向、有序的网状图形。网络计划是在网络图上加注工作的时间参数等编成的进度计划。网络计划技术是用网络计划对任务的工作进度进行安排和控制，以保证实现预定目标的科学的计划管理技术。

双代号网络图是以箭线及其两端节点的编号表示工作的网络图，双代号网络图由箭线、节点、线路三个基本要素组成。

双代号网络图的绘制应遵守一定的绘图规则，通过双代号网络图时间参数的计算可以确定网络计划的工期和关键线路。

时标网络计划是网络计划应用的一种主要方式。

单代号网络图是以节点及其编号表示工作，以箭线表示工作之间逻辑关系的网络图。

网络计划的优化可分为工期优化、费用优化和资源优化三种。

在工程项目实施过程中，当通过实际进度与计划进度的比较，发现有进度偏差时，需要分析该偏差对后续工作及总工期的影响，从而采取相应的调整措施对原进度计划进行调整，以确保工期目标的顺利实现。

思 考 题

3-1　什么是网络图？什么是网络计划？什么是网络计划技术？

3-2　工作和虚工作有什么不同？虚工作可起哪些作用？

3-3　简述网络图的绘制原则。

3-4　什么叫总时差、自由时差？两者有什么区别？

3-5　什么是关键工序、关键线路？

3-6　什么叫工期优化、资源优化和费用优化？

3-7　什么是前锋线？网络计划调整的方法有哪些？

实训练习题

3-1　某三层办公楼墙面涂料饰面工程，各层的施工工序及持续时间见下表。

施工工序 \ 施工段	A 基层处理	B 墙面刮胶	C 乳胶漆饰面
第一层	4 天	3 天	2 天
第二层	3 天	3 天	1 天
第三层	3 天	4 天	3 天

求：

（1）该工程施工计划的双代号网络图、关键线路及工期。

（2）工序及各施工段上的总时差及局部时差。

3-2　根据下表逻辑关系及数据，绘制双代号网络图，并计算各工作的 ES、EF、LS、LF、TF、FF，用双线画出关键线路。

紧前工作	—	—	—	A	A、B、C	C	D	D、E、F
工作	A	B	C	D	E	F	G	H
紧后工作	D、E	E	E、F	G、H	H	H	—	—
持续时间/天	8	9	8	10	12	9	13	10

3-3　某网络计划资料见下表，试绘制单代号网络计划，并在图中标出各项工作的六个时间参数，用双线标出关键线路，并计算工期。

工作	A	B	C	D	E	F
持续时间/天	12	10	5	7	6	4
紧前工作	—	—	—	B	B	C、D

3-4　根据下表逻辑关系，分别绘制双代号网络图和单代号网络图。

紧前工作	—	A	A	A	B、C	B、C、D	D	E、F、G
工作	A	B	C	D	E	F	G	H
紧后工作	B、C、D	E、F	E、F	F、G	H	H	H	—

3-5 根据下表逻辑关系，分别绘制双代号网络图和单代号网络图。

工作	A	B	C	D	E	F	G	H
紧后工作	B、C、D	E	E、F	F、G	H	H	H	—

3-6 已知图 3-29 所示的双代号网络图，试计算各工作的时间参数，找出该网络计划的所有关键线路并说明计算工期。

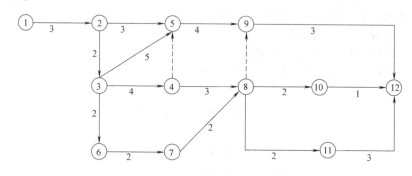

图 3-29 3-6 题图

建筑装饰工程施工组织设计

学习目标

通过本单元的学习，学生了解装饰工程施工组织设计编制的程序和依据；熟悉施工顺序；掌握装饰工程施工组织设计的内容；掌握装饰工程施工进度计划及施工平面图的主要内容。

本单元实践教学环节，学生通过实训练习，以及编制实体项目的装饰工程施工组织设计，了解装饰工程施工组织设计的内容与作用，熟悉装饰工程施工组织设计的组成、编制技巧与方法，掌握装饰工程施工组织设计在建筑装饰工程中的综合运用。

建筑装饰工程施工组织设计是规划和指导装饰工程从施工准备到竣工验收全过程施工活动的技术经济和管理文件。它是施工前的一项重要准备工作，也是装饰施工企业实现科学管理的重要手段，它既要体现装饰工程的设计和使用要求，又要符合建筑装饰施工的客观规律，对装饰施工的全过程起总体安排和部署的作用。

4.1 建筑装饰工程施工组织设计的编制依据和程序

▶4.1.1 装饰工程施工组织设计的编制依据

装饰工程施工组织设计的编制依据归纳起来有以下几个方面：

1. 合同文件或建设单位的要求

如工程的开工、竣工日期，质量要求，对某些特殊施工技术的要求，采用何种先进的施工技术，对材料和设备的要求等。

2. 单位工程施工组织设计

当装饰工程为单位工程的一个组成部分时，装饰工程的施工组织设计必须按照单位工程施工组织设计确定的各项指标和要求进行编制，这样才能保证工程项目的完整性。

3. 设计文件

设计文件包括：该装饰工程的全部施工图样、会审记录和标准图等有关设计资料；对于较复杂的建筑设备工程，还要有设备图样和设备安装对装饰施工的具体要求；设计单位对新结构、新材料、新技术和新工艺的要求。

4. 装饰工程施工的预算文件及有关定额

装饰工程施工的预算文件及有关定额包括：工程量清单、本地区装饰工程预算定额、劳动定额等资料。

5. 施工现场条件

施工现场条件包括：施工现场的地形地貌、主体工程实测情况、施工地区的气象资料、现场测量依据、场地可利用的面积和范围、交通运输的道路情况等。

6. 水、电供应情况

水、电供应情况包括：水源和电源所在位置，供应量和水压、电压，供应的连续性，是否需要单独设置变压器。

7. 材料、半成品、成品等的供应情况

材料、半成品、成品等的供应情况包括：主要装饰材料、半成品、成品的来源；运输条件、运输方式、运距和价格；供应时间、数量和方式等。

8. 劳动力、施工机械的供应情况

劳动力、施工机械的供应情况包括劳动力、技术人员和管理人员的情况，现有的施工机械设备情况；可提供的专业工人人数、施工机械的台班数等。

9. 工程的相关资料

工程的相关资料包括：施工图集、标准图集、操作规程，以及有关的施工验收规范、工程质量标准、施工手册及各种定额手册等。

10. 建设单位可提供的条件情况

建设单位可提供的条件情况包括：施工水电、交通情况、周边环境、临时设施等。

11. 同类工程的施工经验

施工单位在同类项目上的施工方法和管理手段，以及对常见工程问题的预防措施。

12. 类似工程施工组织设计实例

施工单位对类似工程编写的施工组织设计和有关的参考资料。

➤ 4.1.2 装饰工程施工组织设计的内容

装饰工程施工组织设计的内容一般应包括：工程概况、施工方案、施工进度计划、施工准备工作及各项资源需要量计划、施工平面图、施工管理计划（包括质量、安全、进度、成本、环境等的管理计划）等。根据工程的复杂程度有些项目可以合并或简单编写。

4.1.3　装饰工程施工组织设计的编制程序

装饰工程施工组织设计的编制程序是指对其各组成部分形成的先后顺序及相互制约关系的处理。由于装饰工程施工组织设计是施工单位用于指导施工的文件，所以必须结合具体工程的实际情况编制，在编制前应会同有关部门和人员，在调查研究的基础上，共同研究和讨论其主要的技术措施和组织措施。装饰工程施工组织设计的编制程序如图4-1所示。

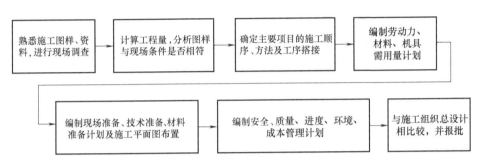

图4-1　装饰工程施工组织设计的编制程序

4.2　工程概况

4.2.1　装饰工程基本情况

装饰工程基本情况主要说明拟装饰工程的建设单位、建设地点、工程名称、工程性质、用途和规模、资金来源、工程造价、开（竣）工日期、工期要求、施工单位、设计单位、监理单位、工程合同和主管部门有关文件等内容。

4.2.2　装饰工程设计概况

装饰工程设计概况主要介绍拟装饰工程的平面特征、使用功能、建筑面积、建筑层数、建筑高度、平面尺寸；外装修主要做法；室内墙面、顶棚做法、门窗材料、楼地面做法、室内防水做法及消防、环保、水电设备等方面的参数和要求；采用新技术、新工艺和新材料的情况，并附以主要分部分项工程量表，见表4-1。

表4-1　主要分部分项工程量

序号	分部分项工程名称	单位	工程量	备注
1	玻璃幕墙	m²	1200	元件式、隐框
2	铝塑板吊顶	m²	5840	细木工板基层
…	…	…	…	…

4.2.3 装饰工程施工概况

1. 施工条件

施工条件针对工程特点、施工现场、施工单位的具体情况加以说明，包括水、电、通信、道路、场地平整情况；劳动力供应状况；材料、构件、加工品的供应来源和加工能力；施工机械设备的类型、型号及供本工程项目使用的程度；施工场地使用范围、现场临时设施及四周环境；施工技术和施工管理水平；需特别重点解决的问题等。

2. 环境特征

环境特征包括拟装饰工程的位置、地形、冬（雨）季起止时间、平均气温、最高气温、年平均气温、年平均降雨量、最大降雨量、主导风向、风力等。

3. 施工特点

不同类型的装饰工程有不同的施工特点，应选择不同的施工方案，通过分析找出装饰工程的施工重点、难点，相应提出解决主要矛盾的对策，以便在施工准备工作、施工方案、施工进度、资源配置及施工现场管理等方面采取相应的技术措施和管理措施，保证施工顺利进行。另外，对装饰工程中的新工艺、新材料应加以说明，提出保证施工的具体措施。

以上三点内容应做到简明扼要，以便在选择施工方案、组织各种资源供应和进行技术力量配备时采取相应措施。

4.3 施工部署

施工部署是对整个建设项目的施工全局做出的统筹规划和全面安排，即对项目全局性的重大战略部署做出决策，内容通常包括确定工程施工目标、确定工程管理的组织机构、确定施工组织安排等。

（1）工程施工目标

工程施工目标应根据施工合同、招标文件以及本单位对工程管理目标的要求确定，包括进度、质量、安全、环境和成本等目标。各项目标应满足施工组织总设计中确定的总体目标。

（2）工程管理的组织机构

工程管理的组织机构形式应按照规范的规定确定，同时还应确定项目经理部的工作岗位设置及其职责划分。

（3）施工组织安排

施工组织安排包括划分施工任务、落实施工队伍、明确总（分）包职责；划分施工段、确定施工程序及施工起点与流向、确定施工顺序；流水施工、交叉作业及季节性施工措施的安排等。施工组织安排的重点内容包括确定施工程序、划分施工段、确定施工起点与流向、确定施工顺序。

▶ 4.3.1 确定施工程序

施工程序是指装饰工程不同施工阶段、各分部工程之间的先后顺序。

在装饰工程施工组织设计中，应结合具体工程的设计特征、施工条件和建设要求，合理确定该建筑物的各分部工程之间的施工程序。建筑装饰工程的施工总程序一般有先室外后室内、先室内后室外或室内外同时施工三种情况，选择哪一种施工程序，要根据气候条件、工期要求、劳动力的配备情况等因素进行综合考虑。

1. 先室外后室内

一般情况下，室外装修受外界自然条件（风、雨、气温、冰冻等）影响较大。另外，外装修施工一般在脚手架上作业，对室内装饰工程的整体性有一定影响（如拉结杆的设置）。为保证施工生产的顺利进行和工程质量，一般宜采用先室外后室内的组织方式。

2. 先室内后室外

室内装饰工程有大量的湿作业或污染性较强的作业项目（如水磨石），会对室外装修工程质量造成影响，或室内空间急需使用时，宜采用先室内后室外的组织方式。

3. 室内外同时施工

当工期紧、任务重，而室内外装饰做法相互影响较小，在工程资源供应充足的情况下，可采用室内外同时施工的组织方式，这也是目前采用较多的组织方式之一。

对某些特殊的工程或随着新技术、新工艺的发展，施工程序不一定完全遵循一般规律，如单元式玻璃幕墙工程施工，铝单板、铝塑板复合墙面施工等，这些均打破了一般传统的施工程序。因此，施工程序应根据实际的工程施工条件和采用的施工方法来确定。

▶ 4.3.2 划分施工段

1. 划分施工段的目的

由于建筑装饰产品生产的单件性，可以说它不适合于组织流水作业。但是，建筑装饰产品体型庞大的固有特征，又为组织流水施工提供了空间条件，可以把一个体型庞大的"单件产品"划分成具有若干个施工段、施工层的"批量产品"，使其满足流水施工的基本要求。在保证工程质量的前提下，使不同工种的专业队在不同的工作面上进行作业，以充分利用空间，使其按流水施工的原理，集中人力、物力，迅速地、依次地、连续地完成各段的任务，为相邻专业工作队尽早地提供工作面，达到缩短工期的目的。

2. 划分施工段的原则

施工段的划分可以是固定的，也可以是不固定的。在固定施工段的情况下，所有施工过程都采用相同的施工段，施工段的分界对所有施工过程来说都是固定不变的。在不固定施工段的情况下，以不同的施工过程分别规定施工段的划分方法，施工段的分界对于不同的施工过程是不同的。固定的施工段便于组织流水施工，采用较广泛，而不固定的施工段则较少采用。

施工段划分的数目要适当，数目过多势必减少工人数量、延长工期；数目过少又会造成资源供应过分集中，不利于组织流水施工。因此，为了使施工段划分得科学、合理，通常应遵守以下原则：

1）专业工作队在各施工段上的劳动量应大致相等，其相差幅度不宜超过15%。

2）从施工整体性角度出发，施工段的分界同施工对象的结构界限（施工层、伸缩缝、沉降缝和建筑单元等）尽可能一致。

3）为充分提高工人、主导机械的效率，应保证每个施工段有足够的工作面且符合劳动组合的要求。

施工段划分得多，在不减少工人数的情况下可以缩短工期。但施工段过多，每个施工段上安排的工人数就会增加，从而使每一个操作工人的有效工作范围缩小，一旦低于最小工作面的要求就容易发生安全事故，降低劳动效率，反而不能缩短工期。要想保证最小工作面则必须减少工人数量，同样也会延长工期，甚至会破坏合理的劳动组合。

施工段划分过少，既会延长工期，还可能会使一些作业班组无法组织连续施工。

最小工作面是指生产工人能充分发挥劳动效率、保证施工安全时所需的最小工作空间范围。

4）尽量保证施工段数与施工过程数的相互适应，施工段的数目应满足合理流水施工组织的要求，以保证各专业队连续作业。

对于多层建筑物，施工段数是各层段数之和，各层应有相等的施工段数和上下垂直对应的分界线，以保证专业工作队在施工段和施工层之间能进行有节奏、均衡、连续的流水施工。

施工段有停歇时，一般会影响工期，但在停歇的工作面上如能安排一些准备或辅助工作，如运输类施工过程，则会使后继工作进展顺利。工作队工作不连续，在一个工程项目中是不可取的，除非能将窝工的工作队转移到其他工地进行工地间的大流水作业。

▶ 4.3.3　确定施工起点与流向

施工起点及流向是指装饰工程在平面或空间上开始施工的部位及其流动方向，主要取决于合同规定、保证质量和缩短工期等要求。

确定施工流向时，一般应考虑以下几个因素：

1）施工方法是确定施工流向的关键因素。如对外墙进行施工时，当采用石材干挂时，施工流向是从下向上，而采用喷涂时则为自上而下。

2）单位工程各部位的繁简程度。一般对技术复杂、施工速度较慢、工期较长的工段或部位应先施工。

3）材料对施工流向的影响。同一个施工部位采用不同的材料施工的施工流向是不相同的，如当地面采用石材，墙面裱糊施工时，施工流向是先地面后墙面；但当地面铺实木，墙面涂料施工时，施工流向则变为先墙面后地面。

4）用户对生产和使用的需要。对工期要求紧的应先施工，在高级宾馆的装修改造过程中，往往施工完一层（或一段）就交付一层（或一段），以满足企业经营的要求。

5）设备管道的系统布置。应根据管道的系统布置考虑施工流向。如上下水系统，要根据干管的布置方法来考虑流水分段，确定施工流向，以便于分层安装支管及试水。

建筑装饰工程的施工流向一般可分为水平流向和竖向流向，装饰工程从水平方面看，通常从哪一个方向开始都可以。但竖向流向则比较复杂，特别是对于新建工程的装饰装修，其室外装饰工程根据材料和施工方法的不同，可采用自下而上（干挂石材、单元式幕墙等）、自上而下（涂料喷涂、面砖镶贴、元件式幕墙等）的施工流向；室内装饰工程则有三种施工流向，具体如下：

1. 自上而下

室内装饰工程自上而下的施工流向是指主体结构工程封顶、做好屋面防水层后，从顶层开始，逐层向下的施工流向，一般有水平向下的施工流向（图4-2a）和竖直向下的施工流向（图4-2b）两种形式。

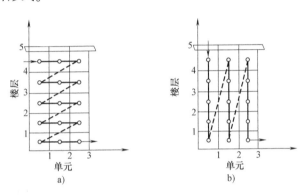

图4-2 自上而下的施工流向

a）水平向下的施工流向 b）竖直向下的施工流向

（1）自上而下流向的优点

1）易于保证质量。新建工程的主体结构完成后，有一定的沉降时间，采用自上而下流向能保证建筑装饰工程的施工质量；先做好屋面防水层，可防止在雨期施工时因雨水渗漏而影响施工质量。

2）便于管理。可以减少或避免各工序之间的相互交叉干扰，便于组织施工，易于从上向下清理装饰工程施工现场的建筑垃圾，有利于安全施工。

（2）自上而下流向的缺点

1）施工工期较长。

2）不能与主体搭接施工，要等主体结构完工后才能进行建筑装饰工程施工。

自上而下的施工流向适用于质量要求高、工期较长或有特殊要求的工程。如对高层酒店、商场进行改造时，采用此种流向从顶层开始施工，仅下一层作为间隔层，停业面积小，不会影响大堂的使用和其他层的营业；对上下水管道和原有电气线路进行改造，自上而下进行时，一般只影响施工层，对整个建筑的影响较小。

2. 自下而上

室内装饰工程自下而上的施工流向是指主体结构施工到三层以上时（有两个层面楼板，确保底层施工安全），装修从底层开始逐层向上的施工流向。自下而上施工流向有水平向上施工流向（图4-3a）和竖直向上施工流向（图4-3b）两种形式。

（1）自下而上流向的优点

1）工期短。装饰工程可以与主体结构平行搭接施工。

2）工作面扩大。

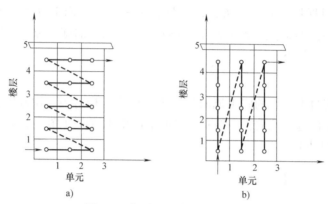

图4-3 自下而上的施工流向

a）水平向上施工流向 b）竖直向上施工流向

（2）自下而上流向的缺点

① 增加了组织施工的难度，不易于组织和管理，工序之间交叉多。

② 影响质量和安全的因素增加。例如，为了防止施工用水渗漏，宜先对上层楼面进行处理，再对本层进行装饰施工，以免渗水影响装饰质量。

自下而上的施工流向适用于工期要求紧的高层和超高层建筑的装饰工程，该类建筑在结构工程还在进行时，底层已装饰完毕，可投入运营，业主提前获得了经济效益。

3. 自中而下，再自上而中

自中而下，再自上而中的施工流向，综合了自上而下施工流向与自下而上施工流向的优缺点，适用于新建高层建筑的装饰工程。

▶ 4.3.4 确定施工顺序

施工顺序是指分项工程或工序之间的先后次序。

1. 确定施工顺序的基本原则

1）符合施工工艺的要求。这种要求反映了施工工艺上存在的客观规律和相互制约关系，它们一般是不能违背的。如吊顶工程必须先固定吊筋，再安装主（次）龙骨；裱糊工程要先进行基层的处理，再实施裱糊。

2）房间的使用功能和施工方法要协调一致。如卫生间的改造施工顺序一般是：旧物拆除→上下水管道→管线→地面找坡→安门框等；大厅的施工顺序一般是：搭架子→墙内管线→石材墙柱面→顶棚内管线等。

3）考虑施工组织的要求。如涂装和安装玻璃之间的顺序，可以先安装玻璃后涂装，也可先涂装后安装玻璃。但从施工组织的角度看，后一种方案比较合理，这样可以避免玻璃被涂料污染。

4）考虑施工质量的要求。如对于装饰抹灰，面层施工前必须检查中层抹灰的质量，合格后进行洒水湿润。

5）考虑材料对施工流向的影响。同一个施工部位采用不同的材料，施工的流向是不相同的。

6）考虑气候条件。如在冬季或风沙较大地区，必须先安装门窗玻璃，再对室内进行装饰施工，用以保温或防污染。

7）考虑施工的安全因素。如外立面的装饰装修工程施工应在无屋面作业的情况下进行，大面积涂料施工应在作业面附近无电焊的条件下进行，防止火灾。

8）设备对施工流向的影响。如外墙进行玻璃幕墙装饰，安装主龙骨时，如果采用吊篮脚手架，一般从上往下安装；若采用落地脚手架，则从下往上安装。

2. 装饰工程的施工顺序

装饰工程分为室外装饰工程和室内装饰工程，要安排好施工的立体交叉、平行搭接，确定合理的施工顺序。室外和室内装饰工程的施工顺序一般有先室内后室外施工、先室外后室内施工和室内外施工同时进行，具体确定哪一种施工顺序应视施工条件、气候条件和合同工期要求来确定。通常外装饰湿作业、涂料等施工过程应尽可能避开冬（雨）季；高温条件下不宜安排室外金属饰面板的施工，如果为了加快脚手架的周转速度，缩短工期，则采取先室外后室内的施工顺序。

室外装饰工程的施工顺序有两种：对于外墙湿作业施工，除石材墙面外，一般采用自上而下的施工顺序；而干作业施工，一般采用自下而上的施工顺序。

室内装饰工程施工的主要内容有顶棚、地面、墙面的装饰，门窗安装，涂装，制作家具以及相配套的水、电、风口的安装和灯饰、洁具的安装。其施工作业量大、工序繁杂，施工顺序应根据具体条件来确定。室内装饰工程施工的基本原则是："先湿作业、后干作业""先墙顶、后地面""先管线、后饰面"。室内装饰工程的一般施工顺序如图4-4所示。

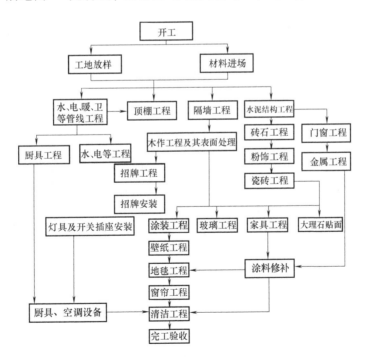

图4-4 室内装饰工程的一般施工顺序

1）室内同一房间装饰工程的施工顺序一般有两种：一种是顶棚→墙面→地面，这种施工顺序可以保证连续施工，但在做地面前必须将顶棚和墙面上的落地灰和杂物处理干净，否则将影响地面面层和基层之间的黏接，造成地面起壳现象，且做地面时的施工用水可能会污染已装饰的墙面。另一种是地面→墙面→顶棚，这种施工顺序易于清理施工现场，保证施工质量，但必须对已完工的地面进行保护。

2）抹灰、吊顶、饰面和隔断工程的施工一般应在隔墙、门窗框、暗装管道、各种线路、预埋件、预制板嵌缝等完工后进行。

3）门窗及其玻璃工程施工应根据气候及抹灰的要求，可选择在湿作业之前或之后完成，在湿作业之前完成的，湿作业时应对成品加以保护。

4）有抹灰基层的饰面板工程、吊顶工程及轻型花饰安装工程，均应在抹灰工程完工后进行。

5）涂料工程、吊顶和隔断罩面板的安装，应安排在塑料地板、地毯、硬质纤维板等楼地面面层和明装线路施工之前，以及管道设备试压后进行；对于木地（楼）板面层的最后一道涂料，应安排在裱糊工程完工后进行。

6）裱糊工程应安排在顶棚、墙面、门窗及建筑设备的涂料工程完工后进行。

80 4.4 施工方案的设计

施工方案的设计是装饰工程施工组织设计的重点和核心，设计时必须从装饰工程施工的全局出发，经慎重研究确定，着重于多种施工方案的技术、经济比较，做到方案技术可行、工艺先进、经济合理、措施得力、操作方便。

设计施工方案时，应从以下几个方面进行：熟悉施工图样，确定施工顺序，确定施工起点和流向，选择施工方法和施工机械，进行施工方案的技术、经济分析等。施工方案设计是一个综合的、全面的分析和对比决策过程。施工方案的设计既要考虑施工的技术措施，又必须考虑相应的施工组织措施，确保技术措施的落实。

▶ 4.4.1 熟悉施工图样

熟悉施工图样是施工方案设计的基础工作，其目的是：熟悉工程概况、领会设计意图、明确工作内容、分析工程特点、提出存在的问题，为确定施工方案打下良好的基础。在熟悉施工图样时，一般应注意以下几个方面：

1）核对施工图样的目录清单，检查施工图样是否齐全、完备，确定缺少图样的补充时间。

2）核对设计构造做法和承载体系采用的计算方法是否符合实际情况，施工时是否有足够的稳定性，是否有利于安全施工。

3）核对设计是否符合施工条件要求。若需要特殊施工方法和特定技术措施时，技术和设备上有无困难。

4）核对生产工艺和使用上对装饰工程有哪些技术要求，施工是否能满足设计规定的质量标准。

5）核对施工图样与设计说明有无矛盾，设计意图与实际设计是否一致，规定是否明确。

6）核对施工图样中标注的主要尺寸、位置、标高等有无错误。

7）核对施工图样中的材料有无特殊要求，其品种、规格、数量等能否满足施工要求。

8）核对施工图样和设备安装图有无矛盾，施工时应如何衔接和交叉。

在有关施工技术人员充分熟悉施工图样的基础上，会同设计单位、建筑单位、监理单位等有关人员进行"图样会审"。首先，由设计人员向施工单位进行技术交底，讲清设计意图和施工中的主要要求；然后，施工技术人员对施工图样和工程中的有关问题提出询问或建议，并详细记录解答，作为今后施工的依据；最后，对于会审中提出的问题和建议进行研讨，并取得一致意见，如需变更设计或作补充设计时，应办理设计变更签证手续。但未经设计单位同意，施工单位无权随意修改设计。

在熟悉施工图样后，还必须充分研究施工条件和有关工程资料。如施工现场的"三通一平"条件；劳动力，主要装饰材料、构件、加工品的供应条件；施工时间、施工机具和模具的供应条件；施工现场情况；现行的施工规范、定额等资料；上级主管部门对该装饰工程的指示等。

施工方法和施工机械的选择是施工方案设计的关键问题，它直接影响到施工进度、施工质量、施工成本和施工安全。

施工方法和施工机械的选择是紧密联系的，在技术上它用于解决各主要施工过程的施工手段和工艺问题，如玻璃幕墙工程应采用什么机械完成，采取何种外脚手架，石材幕墙的运输采用什么方式，如何现场加工等。这些问题的解决，在很大程度上受到工程构造做法和现场条件的制约。通常所说的构造做法和施工方案的选择是相互联系的，对于大型的装饰工程往往在工程设计阶段就要考虑施工方法，并根据施工方法决定构造形式。

对于不同的装饰工程，其施工方案设计的侧重点不同。对于湿作业项目施工，以工程的整体性为主，重点在基层的处理和强度的保证；另外，还要考虑环境的影响和减少污染。对于外装饰工程，应以垂直运输和节点连接为主。室内精装修项目，则应重视工程效果和细部的处理。另外，施工技术比较复杂、施工难度大或者采用新技术、新材料、新工艺的装饰工程，还有专业性很强的特殊工程，也应作为施工方案设计的重点内容。

▶ 4.4.2　施工方案选择的基本要求

选择施工方案必须从实际出发，结合施工特点，做好深入细致的调查研究，掌握主、客观情况，进行综合分析比较。施工方案选择的原则有：

1. 综合性原则

一种装饰施工方法要考虑多种因素，经过认真分析，才能选定最佳方案，达到提高施工速度、提高工程质量及节约材料的目的，这就是综合性原则的实质。

（1）建筑装饰工程施工的目的性

建筑装饰工程施工的基本要求是满足一定的使用、保护和装饰作用。根据建筑类型和部位的不同，装饰设计的目的不同，施工目的也就不同。例如，剧院的观众大厅除了要美观舒适，还有吸声、无声音的聚焦现象、无回声等要求。装饰工程中有特殊使用要求的部位不少，在施工前应充分了解装饰工程的用途，了解装饰的目的是确定施工方法（选择材料和做法）的前提。

（2）建筑装饰工程施工的地点性

装饰工程施工的地点性包括两个方面，一方面是建筑物的所处位置，另一方面是建筑装饰施工的具体部位。建筑物所处的位置对装饰工程施工的影响在于交通运输条件、市容整洁的要求、气象条件的影响，例如地理位置所造成的太阳高度角的不同将影响遮阳构件的形式。装饰施工的部位不同与施工有直接的联系，根据人的视平线、视角、视距的不同，装饰部位的精细程度可以不同，如视距较小的装饰部位要做得精细些，而视距较大的装饰部位宜做得粗犷有力；另外，室外高处的花饰要加大尺度，线脚的凹凸变化要明显，以加强阴影效果。

2. 耐久性原则

建筑装饰装修并不要求建筑的装饰与主体结构的寿命一样长，对于性质重要、位置重要的建筑，饰面的耐久性应相对长些，对量大面广的建筑则不要求过严。室内外装饰材料的耐久年限与其装饰部位有很大关系，必须在施工中加以注意。影响装饰装修耐久性的主要因素有：

（1）大气的理化作用

大气的理化作用主要包括冻融作用、温度和湿度变化的作用、老化作用和盐析作用等，这些会长期侵蚀建筑装饰面，促使建筑的内外表面、悬吊构件等逐渐失去作用以至损坏。因此，在施工做法的选择上应尽可能避免这些不利影响，如在冬季对外墙进行装饰施工，在湿度较大的情况下，防止冻融破坏的措施有：选用抗冻性能好的材料，改善施工做法，在外饰面与墙体结合层采取加胶、加界面剂和挂网的做法；抹灰的外表面不宜压光，用木抹子搓出小麻面并设分格线，使其在冻结温度前排出湿气。

（2）物体冲击、机械磨损的作用

建筑装饰装修的内外表面会因各种各样的活动而遭到破坏，对于易受损坏的地方，要加强成品的保护；要保证施工质量，合理安排施工顺序，如镜面工程应放在后面施工，以防成品遭碰撞被破坏。

3. 可行性原则

建筑装饰工程施工的可行性原则包括材料的供应情况（本地、外地）、施工机具的选择、施工条件（季节条件、场地条件、施工技术条件）以及施工的经济性等。

4. 先进性原则

建筑装饰工程施工的特点之一是同一个施工过程有不同的施工方法，在选择时要考虑施工方法在技术上和组织上的先进性，尽可能采用工厂化、机械化施工；确定工艺流程和施工方案时，尽量采用流水施工。

5. 经济性原则

由于建筑装饰工程施工做法的多样性，不同的施工方法，其经济效果也不同，因此施工方案的确定要建立在对几个不同而又可行方案的比较分析的基础之上，对方案要作技术、经济比较，选出最佳方案。在考虑多工种交叉作业时，既需注意避免劳动力的过分集中，以免出现材料、劳动力的使用高峰现象，又要避免工作面的相互干扰，从而做到连续、均衡地施工，最大限度地利用时间和空间组织平行流水、立体交叉施工。应认真研究并确定装饰材料在各楼层的配套堆放位置、数量，进场时间，以便减少材料的倒运，降低费用。对施工方法和施工工艺的选择，应尽量采用新技术、新工艺，以提高整个工程的经济效果。

➤ 4.4.3 主要施工方法的选择

1. 确定施工方法应遵守的原则

确定施工方法时，必须注意施工方法的技术先进性与经济合理性的统一，要兼顾施工机械的适用性，尽量发挥施工机械的性能和使用效率；应充分考虑工程的设计特征、构造形式、工程量大小、工期要求、资源供应情况、施工现场条件、周围环境，以及施工单位的技术特点和技术水平、劳动组织形式和施工习惯。

2. 确定施工方法的重点

拟定施工方法时，应着重考虑影响整个装饰工程施工的分部分项工程的施工方法。对于常规做法和工人熟悉的施工方法，不必详细拟定，只提出应注意的特殊问题即可。对于下列一些项目的施工方法则应重点说明：

1）工程量大，在装饰工程中占重要地位，对工程质量起关键作用的分部分项工程，如抹灰工程、吊顶工程、地面工程等。

2）施工技术复杂、施工难度大，或采用新工艺、新技术、新材料的分部分项工程，如玻璃幕墙工程、金属幕墙工程等。

3）施工人员不太熟悉的特殊结构，以及专业性很强、技术要求很高并由专业施工单位施工的工程，如仿古建筑、铝塑板装饰、铝单板装饰等。

3. 确定施工方法的主要内容

施工方法的主要内容包括施工机械的选择；提出质量要求和达到质量要求的技术措施；指出可能遇到的问题及防治措施；提出季节性施工措施和降低成本措施；制订切实可行的安全施工措施。

➤ 4.4.4 主要施工机械的选择

施工方法拟定后，必然涉及施工机械的选择。施工机械对施工工艺、施工方法有直接的影响，机械化施工是当今的发展趋势，对加快建设速度、提高工程质量、保证施工安全、节约工程成本等起着至关重要的作用，施工机械是装饰工程施工中质量和工效的基本保证。建筑装饰工程施工所用的机械，除垂直运输和设备安装作业以外，主要是小型电动工具，如电锤、冲击电钻、电动曲线锯、型材切割机、风动切割锯、电刨、云石机、射钉枪、电动角向磨光机等。因此，选择施工机械是确定施工方案的中心环节，应着重考虑以下几个方面：

1）选择适宜的施工机械以及机械型号。如涂料的弹涂施工，当弹涂面积小或局部进行弹涂施工时，宜选择手动式弹涂器；电动式弹涂器工效高，适用于大面积的彩色弹涂施工。不同型号的机械所适用的范围也不同。

2）在同一装饰工程施工现场，应力求使装饰工程施工机械的种类和型号尽可能少一些，选择一机多能的综合性机械，便于机械的管理。

3）配备机械时注意与之配套的附件。如风动切割锯的锯片有三种，应根据所锯的材料厚度配备不同的锯片；云石机锯片可分为干式和湿式两种，根据现场条件选用。

4）充分发挥现有机械的作用。当本单位的机械能力不能满足装饰工程施工需要时，则应购置或租赁所需机械。

83

4.5 施工进度计划的编制

装饰工程的施工进度计划，是施工方案在时间上的具体安排，是装饰工程施工组织设计的重要内容之一，其任务是以确定的施工方案为基础，并根据规定的工程工期和技术物资供应条件，遵循各施工过程合理的工艺顺序，统筹安排各项施工活动。

装饰工程的施工进度计划，事关工程全局和工程效益。所以，在编制装饰工程施工进度计划时，应力争做到在可能的条件下，尽量缩短施工工期，以便及早发挥工程效益；尽可能使施工机械、设备、工具、模具、周转材料等，在合理的范围内最少使用，并尽可能重复利用；尽可能组织连续、均衡施工；在整个施工期间，施工现场的劳动人数在合理的范围内保持最小数目；尽可能使施工现场各种临时设施的规模最小，以降低工程的造价；应尽可能避免或减少因施工组织安排不善造成停工待料，引起时间的浪费。

由于装饰工程施工是一个十分复杂的过程，受许多因素的影响和约束，如气候、资金、材料供应、设备周转等；因此，在编制施工进度计划时，既要强调各施工过程之间紧密配合，又要适当留有余地，以应付各种难以预测的情况，避免陷于被动的局面。

▶ 4.5.1 施工进度计划的作用及分类

1. 施工进度计划的作用

建筑装饰工程施工进度计划的作用表现在：

1）是控制工程施工进程和工程竣工期限等各项装饰工程施工活动的依据。

2）确定装饰工程各个工序的施工顺序及施工持续时间。

3）组织协调各个工序之间的衔接、穿插、平行搭接、协作配合等。

4）指导现场施工安排，控制施工进度并确保施工任务按期完成。

5）为制订各项资源需用量计划和编制施工准备工作计划提供依据。

6）是施工企业计划部门编制月、季、旬计划的基础。

7）反映了安装工程与装饰工程的配合关系。

因此，装饰工程施工进度计划的编制有助于装饰装修企业抓住关键问题，统筹全局，合理地布置人力、物力，正确地指导施工生产顺利进行；有利于职工明确工作任务和责任，更好地发挥创造精神，有利于各专业及时配合、协调组织施工。若装饰工程为新建工程，其施工进度计划应在建筑工程施工进度计划规定的工期控制范围内编制；若为改造项目时，应在合同规定的工期内进行编制，以确保装饰工程在施工进度计划范围内组织施工。

2. 施工进度计划的分类

单位工程施工进度计划根据施工项目划分的粗细程度可分为控制性施工进度计划和指导性施工进度计划两类。

（1）控制性施工进度计划

控制性施工进度计划是以分部工程作为施工项目的划分对象，控制各分部工程的施工时间及它们之间的相互配合、搭接关系。它主要适用于结构较复杂、规模较大、工期较长需跨年度施工的工程，同时还适用于工程规模不大、结构不算复杂，但各种资源（劳动力、材料、机械）没有落实的工程，或者装饰设计的部位、材料等可能发生变化的工程。

（2）指导性施工进度计划

指导性施工进度计划按分项工程或施工过程来划分施工项目，用于具体确定各施工过程的施工时间及其相互搭接、相互配合的关系。它适用于任务具体明确、施工条件基本落实、各项资源供应正常、施工工期不太长的工程。

编制控制性施工进度计划的工程，当各分部工程的施工条件基本落实之后，在施工之前还应编制各分部工程的指导性施工进度计划。

4.5.2 施工进度计划的表达形式

施工进度计划的表达形式有多种，常用的有横道图和网络计划两种形式。

1. 横道图

横道图通常按照一定的格式编制，表格部分分为两部分，左边是各分部分项工程的名称、工程量、劳动量、机械需要量等施工参数，右边是时间图表，即画横道图的部位。有时需要绘制资源消耗动态图，可将其绘在图表下方，并可附以简要说明。

2. 网络计划

网络计划的形式有两种：一种是双代号网络计划，另一种是单代号网络计划。目前，国内工程施工中所采用的网络计划大部分是双代号网络计划，且多为时标网络计划。

4.5.3 施工进度计划的编制依据

1）为了编制高质量的装饰工程施工组织设计，设计出科学的施工进度计划，必须具备下面的原始资料：经过审批的建筑主体工程验收资料、装饰工程全套施工图，以及工艺设计图、设备施工图、采用的各种标准等技术资料。

2）单位工程施工组织设计中对本装饰工程的进度要求。

3）施工工期要求及开工、竣工日期。

4）当地的气象资料。

5）确定的装饰工程施工方案，包括主要施工机械、施工顺序、施工段划分、施工流向、施工方法、质量要求和安全措施等。

6）施工条件，劳动力、材料、施工机械、预制构件等的供应情况，交通运输情况，分包单位的情况等。

7）本装饰工程所采用的预算文件，现行的劳动材料消耗定额、机械台班定额、施工预算定额等。

8）其他有关要求和资料，如工程承包合同、分包及协作单位对施工进度计划的意见和要求等。

4.5.4 施工进度计划的编制步骤

编制装饰工程施工进度计划的步骤为：收集原始资料、划分施工过程、审核计算工程量、确定劳动量和机械台班数量、确定各施工过程的施工天数、编制施工进度计划的初始方案、进行施工进度计划的检查、调整与优化、编制正式施工进度计划等，如图 4-5 所示。

➤ 4.5.5 施工进度计划的编制方法

1. 施工项目的划分

施工项目是包括一定工作内容的施工过程，是进度计划的基本组成单元。在编制施工进度计划时，首先应根据图样和施工顺序将拟建装饰工程的各个施工过程列出，并结合施工方法、施工条件、劳动力组织等因素加以适当调整，使之成为编制施工进度计划所需的施工项目。项目划分的一般要求和方法如下：

（1）明确施工项目划分的内容

应根据施工图样、施工方案和施工方法，确定拟建工程可划分成哪些分部分项工程，明确其划分的范围和内容。应将一个比较完整的工艺过程划分成一个施工过程，如涂装工程、墙面装饰工程等。

（2）掌握施工项目划分的粗细程度

施工项目划分的粗细程度应根据进度计划的需要来决定。一般对于控制性施工进度计划，其施工项目可以粗一些，通常只列出施工阶段及各施工阶段的分部工程名称，如群体工程进度计划的项目可划分到单位工程，单位工程进度计划的项目应明确到分项工程或工序；对于指导性施工进度计划，其施工项目的划分可细一些，特别是其中的主导工程和主要分部工程，应尽量做到详细、具体、不漏项，以便于掌握施工进度，起到指导施工的作用。

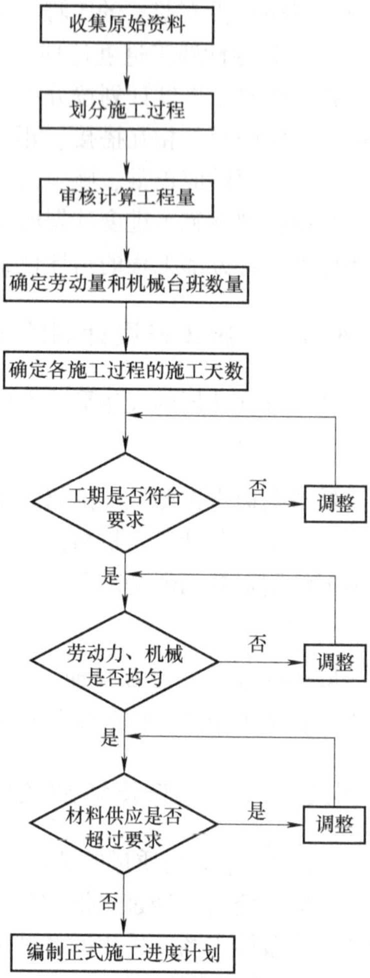

（3）划分施工过程要考虑施工方案和施工机械的要求

由于装饰工程施工方案和施工机械不同，施工过程的名称、数量、内容也不相同，而且也会影响施工顺序的安排，所以在划分施工过程时要考虑施工方案和施工机械的要求。

（4）将施工项目适当合并

为了使计划简明清晰、突出重点，一些次要的施工过程应合并到主要的施工过程中去，如门窗工程可以合并到墙面装饰工程中；而对于在同一时间内由同一施工班组施工的过程则可以合并，如门窗涂装、家具涂装、墙面涂装等均可并为一项。

（5）水、电、暖、卫和设备安装等专业工程的划分

水、电、暖、卫和设备安装等专业工程不必细分具体内容，由各个专业施工队自行编制计划并负责组织施工，而在建筑装饰工程施工进度计划中只要反映出这些工程与装饰工程的配合关系即可。

（6）抹灰工程应满足分合结合的要求

图 4-5 装饰工程施工进度
计划编制步骤

86

多层建筑的内外抹灰应分别根据情况列出施工项目，应内外有别、分合结合。外墙抹灰工程可能有若干种装饰抹灰的做法，但一般情况下合并为一项，如有石材干挂等装饰作业，可分别列项；室内的各种抹灰，一般来说要分别列项，如楼地面（包括踢脚板）抹灰、顶棚及地面抹灰、楼梯间及踏步抹灰等，以便组织安排施工的先后顺序。

（7）区分直接施工与间接施工

直接在拟建装饰工程的工作面上施工的项目，经过适当合并后均应列出；不在现场施工而在拟建装饰工程工作面之外完成的项目，如各种构件在场外预制及其运输过程，一般可不必列项，只要在使用前运入施工现场即可。

2. 确定施工顺序

在合理划分施工项目后，还需确定各装饰工程施工项目的施工顺序，主要考虑施工工艺的要求、施工组织的要求、施工方案和施工机械的要求、施工工期的要求、施工质量的要求、气候条件的影响、安全技术的要求，使装饰工程施工的工期在理想的工期内，并且质量达到标准要求。

1）施工工艺的要求。各种施工过程在客观上存在着工艺顺序关系，这种关系是在技术规律约束下的各划分项目之间的先后顺序，只有充分尊重这种关系，才能保证工程质量和安全。

2）施工组织的要求。根据施工组织的要求来考虑各项目之间的相互关系，这种关系是可变的，也可进行优化，以提高经济效益。

3）施工方案和施工机械的要求。装饰工程施工方案和施工机械的不同，不仅影响施工过程的名称、数量和内容，而且也会影响施工顺序的安排。

4）施工工期的要求。合理地安排施工顺序将带来理想的施工工期。

5）施工质量的要求。不同的施工顺序对施工质量的影响不同，因此确定施工顺序时要充分考虑，保证施工质量。

6）气候条件的影响。不同的地理环境和气候条件对施工顺序和施工质量有不同影响，如南方地区施工时主要考虑雨季影响，而北方地区则主要考虑冬季寒冷气候对施工的影响。

7）安全技术的要求。合理的施工顺序应保证施工过程的安全搭接。

3. 计算工程量

工程量的计算应根据有关资料、图样、计算规则及相应的施工方法进行确定，若编制计划时已经有预算文件，则可以直接利用预算文件中的有关工程量数据进行计算。计算工程量应注意如下问题：

1）各分部分项工程量的计量单位应与现行装饰工程施工定额的计量单位一致，以便计算劳动量和机械台班量时直接套用定额。

2）工程量计算应结合选定的施工方法和安全技术要求，使计算所得工程量与施工实际情况相符合。

3）结合施工组织的要求，分区、分段、分层计算工程量，以便组织流水作业层，每个施工段上的工程量相等或相差不大时，可根据工程量总数分别除以层数、段数，可得每层、每个施工段上的工程量。因为进度计划中的工程量仅是用来计算各种资源需用量的，不作为计算工资或工程结算的依据，故不必进行精确计算。

4）正确采用预算文件中的工程量。如已编制预算文件，则施工进度计划中的施工项目大多可直接采用预算文件中的工程量，可按施工过程的划分情况将预算文件中有关项目的工程量汇总。如"墙面工程"一项的工程量，可先分析它包括哪些内容，再把这些内容从预算的工程量中查出并汇总求得。如有些施工项目与预算文件中的项目不完全相同或局部有出入（计算规则、计量单位、采用定额不同），则应根据施工中的实际情况加以调整、修改或重新进行计算。

4. 施工定额的套用

根据已划分的施工过程、工程量和施工方法即可套用施工定额，以确定劳动量和机械台班量。施工定额一般有两种形式，即时间定额和产量定额。时间定额是指某种专业、某种技术等级工人在合理的技术组织条件下，完成单位合格产品所必需的工作时间。它是以劳动工日数为单位，便于综合计算，故在劳动量统计中用得比较普遍。产量定额是指在合理的技术组织条件下，某种专业、某种技术等级工人在单位时间内所完成的合格产品的数量。它以产品数量来表示，具有形象化的特点，故在分配任务时用得比较普遍。时间定额和产量定额互为倒数关系，即

$$H_i = \frac{1}{S_i} \quad 或 \quad S_i = \frac{1}{H_i} \tag{4-1}$$

式中　S_i——某施工过程采用的产量定额；

H_i——某施工过程采用的时间定额。

套用国家或地方定额时，必须结合本单位工人的技术等级、实际施工技术操作水平、施工机械情况和施工现场条件等因素，确定完成定额的实际水平，使计算出来的劳动量、台班量符合实际需要，为准确编制施工进度计划打下基础。有些采用新技术、新工艺、新材料或特殊施工方法的项目，定额中尚未编入，则可以参考类似项目的定额、经验资料，按实际情况确定。

5. 计算劳动量与机械台班量

劳动量和机械台班量的确定，应当根据各分部分项工程的工程量、施工方法、机械类型和现行施工定额等资料，并结合当时当地的实际情况进行计算。人工作业时，计算所需的工作日数量；机械作业时，计算所需的机械台班量。一般可按下式计算：

$$P = Q/S \quad 或 \quad P = QH \tag{4-2}$$

式中　P——完成某施工过程所需的劳动量（工日）或机械台班量（台班）；

Q——完成某施工过程所需的工程量；

S——某施工过程采用的人工或机械的产量定额；

H——某施工过程采用的人工或机械的时间定额。

工日量计算出来后，往往出现小数位，取数时可取为整数。

在使用定额时，如出现定额所列项目的工作内容与编制施工进度计划时所列项目不一致的情况，可根据实际按下述方法处理：

1）计划中的某个项目包括了定额中同一性质不同类型的几个分项工程时，可用其所包括的各分项工程的工程量与其产量定额（或时间定额）分别计算出各自的劳动量，然后求和，即为计划中项目的劳动量，可用下式计算：

$$P = \frac{Q_1}{S_1} + \frac{Q_2}{S_2} + \frac{Q_3}{S_3} + \cdots + \frac{Q_n}{S_n} = \sum_{i=1}^{n} \frac{Q_i}{S_i} \tag{4-3}$$

式中　　　　　P——计划中某一工程项目的劳动量；

Q_1，Q_2，…，Q_n——同一性质各个不同类型分项工程的工程量；

S_1，S_2，…，S_n——同一性质各个不同类型分项工程的产量定额。

2）当某一分项工程由若干个具有同一性质不同类型的分项工程合并而成时，按合并前后总劳动量不变的原则计算合并后的综合劳动定额，计算式为：

$$S = \frac{\sum\limits_{i=1}^{n} Q_i}{\dfrac{Q_1}{S_1} + \dfrac{Q_2}{S_2} + \cdots + \dfrac{Q_n}{S_n}} = \frac{\sum\limits_{i=1}^{n} Q_i}{\sum\limits_{i=1}^{n} \dfrac{Q_i}{S_i}} \qquad (4\text{-}4)$$

式中　　　　　S——综合产量定额；

Q_1，Q_2，…，Q_n——合并前各分项工程的工程量；

S_1，S_2，…，S_n——合并前各分项工程的产量定额。

在实际工作中，应特别注意合并前各分项工程的工作内容和工程量单位。当合并前各分项工程的工作内容和工程量的计量单位完全一致时，计算式中的$\sum Q_i$应等于各分项工程的工程量之和；反之，应取与综合产量定额单位一致且工作内容也基本一致的各分项工程的工程量之和。

3）工程施工中有时遇到采用新技术或特殊施工方法的分项工程，因缺乏足够的经验和可靠资料，定额手册中尚未列入，计算时可参考类似项目的定额或经过实际测算确定临时定额。

4）对于施工进度计划中的"其他工程"项目所需的劳动量，不必详细计算，可根据其内容和数量，并结合工地具体情况，取总劳动量的10%～20%列入。

5）水、电、暖、卫和设备安装工程项目，一般不必计算劳动量和机械台班需要量，仅安排其与装饰工程进度的配合关系即可。

6. 确定各分部分项工程的持续时间

确定各分部分项工程的持续时间的方法有三种，分别是经验估算法、定额计算法和倒排计划法。

（1）经验估算法

在施工过程中，当遇到新技术、新材料、新工艺等无定额可循的工种时，可采用经验估算法确定各分部分项工程的持续时间，即根据过去的施工经验并按照实际的施工条件来估算项目的施工持续时间。在经验估算法中，为了提高其准确程度，往往采用"三时估计法"分别完成该项目的乐观持续时间、悲观持续时间和最可能持续时间三种施工时间的计算，然后利用三种时间根据下式计算出该施工过程的工作持续时间：

$$m = \frac{a + 4c + b}{6} \qquad (4\text{-}5)$$

式中　m——该项目的施工持续时间；

a——工作的乐观（最短）持续时间估计值；

b——工作的悲观（最长）持续时间估计值；

c——工作的最可能持续时间估计值。

（2）定额计算法

定额计算法根据劳动资源的配备情况计算施工天数。首先确定配备在该分部分项工程施工的人数或机械台数，然后根据劳动量计算出施工天数。计算式如下：

$$t = \frac{P}{Rb} \tag{4-6}$$

式中　t——完成某分部分项工程的施工天数；

　　　P——完成某分部分项工程所需完成的劳动量或机械台班量；

　　　R——每班安排在某分部分项工程上的工人人数或机械台数；

　　　b——每日的工作班数。

例如，某抹灰工程，需要总劳动量为 160 个工日，每天出勤人数 18 人（其中技工 8 人、普工 10 人），则其施工天数为

$$t = \frac{P}{Rb} = \frac{160}{18 \times 1} = 9 \text{（天）}$$

每天的作业班数应根据现场施工条件、进度要求和施工需要而定。一般情况下采用一班制，因其能利用自然光照，适宜于露天和空中交叉作业，利于保证施工安全和施工质量。但在工期紧或其他特殊情况下可采用两班制甚至三班制。

在安排每班工人人数或机械台数时，应综合考虑各分项工程工人班组的每个工人都有足够的工作面，以充分发挥工人的劳动生产率，并保证施工安全；应综合考虑各分项工程在进行正常施工时，所必须满足的最低限度的工人队组人数及其合理组合（不能小于最小劳动组合），以达到最高的劳动生产率。

（3）倒排计划法

倒排计划法根据工期要求计算施工天数。首先根据规定的总工期和施工经验，确定各分部分项工程的施工时间；然后再按各分部分项工程需要的劳动量或机械台班量，确定每一分部分项工程每个工作班所需的工人人数或机械台数，计算式如下：

$$R = \frac{P}{tb} \tag{4-7}$$

例如，某装饰工程的涂料工程采用机械施工，经计算共需要 31 个台班完成，当工期限定为 8 天，每日采用一班制时，则所需的喷涂机械台数为：

$$R = \frac{P}{tb} = \frac{31}{8 \times 1} = 4 \text{（台）}$$

通常计算时一般先按每日一班制考虑，如果所需的工人人数或机械台数已超过施工单位现有人力、物力或工作面限制时，则应根据具体情况和条件，从技术和施工组织上采取积极的措施。如增加工作班次，最大限度地组织立体交叉平行流水施工等。

在实际工作中，可根据工作面所能容纳的最多人数（即最小工作面）和现有的劳动组织来确定每天的工作人数。在安排施工工人人数和机械数量时，必须考虑以下条件：

1）最小劳动组合。建筑装饰工程中的许多施工工序不是一个人所能完成的，而必须有多人相互配合、密切合作进行。如抹灰工程、吊顶工程、搭设脚手架等，必须具有一定的劳动组合时才能顺利完成，才能产生较高的生产效率。如果人数过少或比例不当，都将引起劳动生产率的下降。最小劳动组合是指某一个施工过程要进行正常施工所必需的最少人数及其合理组合。

2）最小工作面。工作面是指工作对象上可能安排工人和布置机械的地段，用以反映施工过程在空间布置的可能性。每一个工人或一个班组施工时，都需要足够的工作面才能开展施工活动，确保施工质量和施工安全。因此，在安排施工人数和施工机械时，不能为了

缩短施工工期而无限制地增加工人人数和施工机械，这种做法势必造成工作面不足而产生窝工现象，甚至发生工程安全事故。保证正常施工、安全作业所必需的最小空间，称为最小工作面。最小工作面决定了安排施工人数和机械数量的最大限度。如果按最小工作面安排施工人数和施工机械后，施工工期仍不能满足最短工期要求，可通过组织两班制、三班制施工来解决。

3）最佳劳动组合。根据某分部分项工程的实际和劳动组合的要求，在最少必需人数和最多可能人数的范围内安排工人人数，使之达到最大的劳动生产率，这种劳动组合称为最佳劳动组合。最佳劳动组合一定要考虑工程特点、企业施工力量、管理水平及原劳动组合对此的适应性。

7. 施工进度计划初步方案的编制

在上述各项内容完成以后，可以进行施工进度计划初步方案的编制。在考虑各施工过程的合理施工顺序的前提下，先安排主导施工过程的施工进度，并尽可能组织流水施工，力求主要工种的施工班组连续施工，其余施工过程尽可能配合主导施工过程，使各施工过程在工艺和工作面允许的条件下，最大限度地合理搭配、配合、穿插、平行施工。如U型轻钢龙骨吊顶工程，一般由固定吊挂件、安装调整龙骨、安放面板、饰面处理等施工过程组成，其中安装调整龙骨是主导施工过程。在安排施工进度计划时，应先考虑安装调整龙骨的施工进度；而固定吊挂件、安放面板、饰面处理等施工过程的进度均应在保证安装调整龙骨的进度和连续性的前提下进行安排。

8. 施工进度计划的检查和调整

在编制施工进度计划的初始方案后，还需根据合同规定、经济效益及施工条件等对施工进度计划进行检查、调整和优化。首先检查工期是否符合要求，资源供应是否均衡，工作队是否连续作业，施工顺序是否合理，各施工过程之间搭接以及技术间歇、组织间歇是否符合实际情况；然后进行调整，直至满足要求；最后编制正式的施工进度计划。

（1）施工工期的检查与调整

施工进度计划安排的施工工期首先应满足施工合同的要求，其次应具有较好的经济效果，即安排工期要合理，并非越短越好。当工期不符合要求时应进行必要的调整。

（2）施工顺序的检查与调整

施工进度计划安排的顺序应符合建筑装饰工程施工的客观规律，应从技术上、工艺上、组织上检查各个施工过程的安排是否合理，如有不当之处，应予修改或调整。

（3）资源均衡性的检查与调整

施工进度计划的劳动力、机械、材料等的供应与使用，应避免过分集中，尽量做到均衡。这里主要讨论劳动力消耗的均衡问题。

劳动力消耗的均衡与否，可以通过劳动力消耗动态图来分析。如图4-6a中出现短时间的高峰，即短时间内施工人数剧增，相应需增加各项临时设施为工人服务，说明劳动力消耗不均衡。图4-6b中出现劳动力长时间的低谷，如果工人不调出，将发生窝工现象；如果工人调出，则临时设施不能充分利用，同样也会导致劳动力消耗不均衡。图4-6c中出现短时期的低谷，即使是很大的低谷，也是允许的，只需把少数工人的工作重新安排一下，窝工情况就能消除。

劳动力消耗的均衡性可以用均衡系数来表示，其计算式如下：

$$K = \frac{R_{\max}}{R}$$

式中　K——劳动力均衡系数；

　　　$R_{\max}$——施工期间工人的最大需要量；

　　　R——施工期间工人的平均需要量，即为总工期所需人数除以施工总工日数。

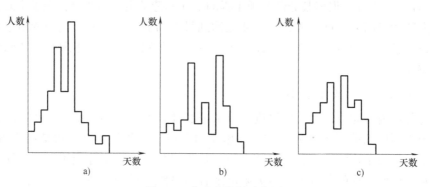

图4-6　劳动力消耗动态图

　　劳动力均衡系数 K 一般应控制在 2 以下，超过 2 则不正常。K 越接近 1，说明劳动力安排越合理。如果出现劳动力不均衡的现象，可通过调整次要施工过程的施工人数、施工过程的起止时间以及重新安排搭接等方法来实现均衡。

　　应当指出，建筑装饰工程施工过程是一个很复杂的过程，会受各种条件和因素的影响，每个施工过程的安排都不是孤立的，它们必然相互联系、相互依赖、相互影响。在编制施工进度计划时，虽然作了周密的考虑、充分的预测、全面的安排、精心的计划，但在实际的装饰工程施工中受客观条件的影响较大，受环境变化的制约因素也很多，故在编制施工进度计划时应留有余地。在施工进度计划的执行过程中，当进度与计划发生偏差时，对施工过程应不断地进行计划→执行→检查→调整→重新计划的操作，真正达到指导施工的目的，增加计划的实用性。

4.6　施工准备工作计划及各项资源需要量计划

➤ 4.6.1　施工准备工作计划

　　施工准备工作计划是完成施工任务的重要保证。全场性施工准备工作计划应根据已拟订的工程开展程序和主要项目的施工方案来编制，其主要内容有：安排好场地平整方案、全场性排水及防洪、场内外运输、水电来源及引入方案，安排好生产和生活基础设施建设，安排好建筑装饰材料、构件等的货源、运输方式、储存地点及储存方式，安排好现场区域内的测量工作、永久性标志的设置，安排好新技术、新工艺、新材料、新结构的试制试验计划，安排好各项季节性施工的准备工作，安排好施工人员的培训工作等。

　　在制订施工准备工作计划时，应确定各项工作的要求、完成时间及有关的责任人，使施工准备工作有计划、有步骤、分阶段地进行，其样式见表4-2。

表 4-2 施工准备工作计划

表 4-2 施工准备工作计划

序号	施工准备项目	简要内容	负责单位	负责人	开始日期	完成日期	备注
1	人员准备						
2	材料准备						
…	…						

4.6.2 资源需要量计划

装饰工程施工进度计划编制完成后，可以着手编制各项资源需要量计划，这是确定施工现场的临时设施、按计划供应材料、配备劳动力、调动施工机械，保证施工按计划顺利进行的主要依据。

1. 劳动力需要量计划

劳动力需要量计划主要是作为平衡、调配劳动力，衡量劳动力耗用指标，安排生活和福利设施的依据。其编制方法是将装饰工程施工进度计划表内所列的各施工过程、每天（或旬、月）所需工人人数按工种汇总而得，其表格形式见表4-3。

表 4-3 劳动力需要量计划

序号	工程名称	工种名称	需要量/工日	×月份						
				1	2	3	4	5	6	…

2. 主要材料需要量计划

主要材料需要量计划是材料备料、计划供料，以及确定仓库、堆场面积和组织运输的依据。其编制方法是根据施工预算的工料分析表、施工进度计划表、材料的储备量和消耗定额，将施工中所需材料按品种、规格、数量、使用时间计算汇总而得，其表格形式见表4-4。

表 4-4 主要材料需要量计划

序号	材料名称	规格	需要量		供应时间	备注
			单位	数量		

当分部分项工程是由多种材料组成时，应对各种不同材料分类计算。如幕墙工程应变换成幕墙面板、龙骨和连接密封材料的数量分别列入表格。

3. 构件和半成品需要量计划

构件和半成品需要量计划主要用于落实加工订货单位，并按照所需规格、数量、时间做好加工、运输和确定仓库或堆场等工作，可根据施工图和施工进度计划编制，其表格形式见表4-5。

表4-5 构件和半成品需要量计划

序号	品名	规格	图号	需要量		使用部位	加工单位	供应日期	备注
				单位	数量				

4. 施工机械需要量计划

施工机械需要量计划主要用于确定施工机械的类型、数量、进场时间，并可据此落实施工机械的来源，以便及时组织进场。其编制方法是将装饰工程施工进度计划表中的每一个施工过程，每天施工所需的机械类型、数量和施工时间进行汇总而得，其表格形式见表4-6。

表4-6 施工机械需要量计划

序号	机械名称	型号	需要量		货源	使用起止时间	备注
			单位	数量			

4.7 施工平面图设计

装饰工程施工平面图设计是根据工程规模、特点和施工现场的条件，按照一定的设计原则，在建筑总平面上布置各种为施工服务的临时设施的现场布置图，用于处理施工期间各项工程之间和暂设设施之间的合理关系。它是对建筑物或构筑物施工现场的平面规划和空间布置，是施工方案在施工现场空间上的体现，是在施工现场布置仓库、施工机械、临时设施、交通道路、构件材料堆场等的依据，是实现文明施工的先决条件，是施工组织设计中的重要组成部分；同时，反映了已建工程和拟建工程之间，以及各种临时建筑、临时设施相互之间的空间关系。工程实践证明，施工现场的合理布置和科学管理，会使施工现场井然有序，施工顺利进行，对加快施工速度，提高生产效率，降低工程成本，提高工程质量，保证施工安全都有极其重要的意义。因此，每个装饰工程在施工之前都要进行施工现场的布置和规划，在施工组织设计中，均要进行施工平面图设计。

施工平面图布置

▶ 4.7.1 施工平面图的设计内容

装饰工程施工平面图的绘制比例一般为1:200～1:500。一般在图上应标明以下内容：

1）建筑总平面上已建和拟建的地上、地下的一切建筑物、构筑物以及其他设施（道路和各种管线等）的位置和尺寸。

2）垂直运输设备的位置、数量。

3）测量基准线标志、测量永久水准点位置等。

4）一切临时设施的布置，主要有：

① 材料、半成品、构件及机具等的仓库和堆场。

② 生产用临时设施，如石材加工厂、搅拌场地、木工房、工具房、修理站等。

③ 生活用临时设施，如现场办公用房、休息室、宿舍、食堂、门卫室、围墙等。

④ 临时道路、可利用的永久道路。

⑤ 临时水、电、气管网，变电站，加压泵房，消防设施，临时排水管沟。

5）场内外交通布置。包括施工场地内道路的布置、场内外交通联系方式。

6）施工现场周围的环境。如施工现场临近的建筑、道路、河流等情况。

7）一切安全及防火设施的位置。

▶ 4.7.2　施工平面图的设计依据

在进行施工平面图设计前，首先应认真研究施工方案，并对施工现场做深入细致的调查研究，然后对施工平面图设计所需要的原始资料加以认真收集、周密分析，使设计与施工现场的实际情况相符，从而起到指导施工现场空间布置的作用。装饰工程施工平面图设计所依据的主要材料有：

1. 设计和施工所依据的有关原始资料

自然条件资料：如气象、地形、水文及工程地质资料，主要用于确定临时设施的位置，布置施工排水系统，确定易燃、易爆及妨碍人体健康设施的位置，安排冬、雨期施工期间所需设施的地点。

技术、经济条件资料：如交通运输、水源、电源、物质资源、生产和生活基础设施情况等。这些技术、经济资料，对布置水、电管线，道路，仓库及其他临时设施等，具有十分重要的作用。

2. 建筑装饰设计资料

建筑装饰设计资料一般是建筑装饰平面图，图上包括室内外装饰工程做法和拟装饰建筑周边的房屋和构筑物情况，据此可以确定临时房屋和其他设施的位置，并布置工地交通运输道路和水、电等临时设施。

3. 施工技术资料

施工技术资料包括以下三种：

1）装饰工程施工进度计划，从中详细了解各个施工阶段的划分情况，以便分阶段布置施工现场。

2）装饰工程施工方案，据此确定起重机械的位置，其他施工机械的位置，起重机械、施工机械运输方案，以及构件预制、堆场的布置等，以便进行施工现场的总体规划。

3）各种构件和半成品需要量计划，用以确定仓库和堆场的面积、尺寸和位置。

▶ 4.7.3　施工平面图的设计原则

装饰工程施工平面图设计应遵循以下原则：

1）在保证施工顺利进行的前提下，现场平面布置力求紧凑，尽可能少占施工用地。少占施工用地可以解决城市施工用地紧张的难题，还可以减少场内运输距离和缩短管线长度，既有利于现场施工管理，又可减少施工材料的损耗。通常可采用一些技术措施来减少施工用地，如尽可能利用室内空间存放、加工部分装饰材料等。

2）在满足施工要求的条件下，尽量减少临时设施，合理安排生产流程，减少施工用管线，尽可能地利用原有的建筑物或构筑物，降低临时设施的费用。

3）最大限度缩短场内运输距离，减少场内二次搬运。各种材料和构（配）件堆场、仓库，以及各类加工厂和各种机械的位置尽量靠近使用地点，从而减少或避免二次搬运。

4）各种临时设施的布置，应有利于施工管理和工人的生产与生活。如办公用房应靠近施工现场；福利设施应与施工区分开，设在施工现场附近的安静处，避免人流交叉。

5）平面布置要符合劳动保护、环境保护、施工安全和消防的要求。如木工棚、石油沥青卷材仓库应远离生活区，现浇石灰池、沥青锅应布置在生活区的下风处，主要消防设施、易燃易爆物品场所旁应有必要的警示标志。

进行装饰工程施工平面图设计时，除考虑上述基本原则外，还必须结合施工方法、施工进度设计几个施工平面布置方案，通过对施工用地面积、临时道路和临时管线长度、临时设施面积和费用等技术、经济指标进行比较，择优选择。

➤ 4.7.4 施工平面图的设计步骤

装饰工程施工平面图设计的一般步骤如图4-7所示。

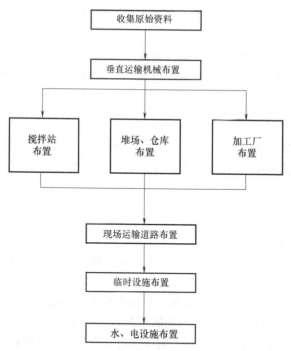

图 4-7 装饰工程施工平面图设计的一般步骤

➤ 4.7.5 搅拌站、堆场、仓库、加工厂布置

搅拌站的位置要根据房屋类型、现场施工条件、起重运输机械和运输道路的位置等来确定。搅拌站应尽量靠近使用地点或在起重机的服务范围以内，使水平运输距离最短，并考虑到运输和装卸料的方便；加工场、堆场、仓库的布置，应根据施工现场的条件、

工期、施工方法、施工阶段、运输道路、垂直运输机械和搅拌站的位置及材料储备量综合考虑。

堆场、仓库的面积可按下式计算：

$$F = q/P \tag{4-8}$$

式中 F——堆场、仓库面积（m^2），包括通道面积；

  P——每平方米堆场、仓库面积上可存放的材料数量；

  q——材料储备量，可按下式计算：

$$q = \frac{nQ}{T} \tag{4-9}$$

式中 n——储备天数；

  Q——计划期内的材料需要量；

  T——需用该材料的施工天数，应大于 n。

根据起重机械的类型，搅拌站、堆场、仓库、加工厂布置有以下几种形式：

1）当起重机的位置确定后，再确定搅拌站、堆场、仓库、加工厂的位置。材料、构件的堆放，应在固定式起重机械的服务范围内，避免产生二次搬运。

2）当采用固定式垂直运输机械时，首层所用的材料，宜沿建筑物四周布置；二层以上的材料、构件，应布置在垂直运输机械的附近。

3）当多种材料和构件同时布置时，对大量的、重量大的和先期使用的材料，应尽可能靠近使用地点或起重机械附近布置；而少量的、重量小的和后期使用的材料，可布置得稍远一些。

4）材料和构件堆场位置及搅拌站的出料口位置，应布置在起重机械的有效服务范围内。

5）在任何情况下，搅拌机应有后台上料的场地，所有搅拌机所用的水泥、砂等材料，都应布置在搅拌机后台附近，以减少运输距离。

6）预制构件的堆放位置，要考虑其安装顺序，尽量做到送来即运输，减少二次搬运。

7）按不同的施工阶段使用不同的材料的情况，在同一位置上可先后布置不同的材料。

▶ 4.7.6 临时设施布置

临时设施分为生产性临时设施（如石材加工棚、木工棚、水泵房、维修站等）和生活性临时设施（如办公室、食堂、浴室、开水房、厕所等）两大类。临时设施的布置原则是使用方便、有利施工、合并搭建、安全防火，一般应按以下要求布置：

1）生产性临时设施（石材加工棚、木工棚等）的位置，宜布置在建筑物四周稍远的地方，且应有一定的材料、成品的堆放场地。

2）石灰仓库、淋灰池的位置，应靠近搅拌站，并应布置在下风向。

3）焊接加工场的位置，应远离易燃物品仓库或堆放场，并宜布置在下风向。

4）工地办公室应靠近施工现场，并宜设在工地入口处；工人休息室应设在工人作业区；宿舍应布置在安全、安静的上风向一侧；收发室宜布置在入口处等。

临时宿舍、文化福利、行政管理房屋面积参考定额，见表4-7。

表4-7 临时宿舍、文化福利、行政管理房屋面积参考定额

序号	临时设施名称	单位	面积参考定额
1	办公室	m²/人	3.5
2	单层宿舍(双层床)		2.6~2.8
3	食堂兼礼堂		0.9
4	医务室		0.06(≥30m²)
5	浴室		0.10
6	厕所		0.02~0.07
7	俱乐部		0.10
8	门卫室		6~8

▶ 4.7.7 水、电设施布置

1. 施工水网的布置

现场临时供水包括生产、生活、消防等供水，通常施工现场临时用水应尽量利用工程的永久性供水系统，以减少临时供水费用。因此，在做施工现场准备工作时，应先修建永久性供水系统的干线，至少把干线引至施工工地入口处。若施工对象为高层建筑，必要时可增加高压泵以保证施工对水压的要求。

1) 施工临时给水管一般由建设单位的干管或自行设置的干管接到用水地点，布置时力求管网的总长度最短。管线不应布置在将要修建的建筑物或室外管沟处，以免这些项目施工时因切断水源而影响施工用水。管径的大小和水龙头的数量，应根据工程规模和实际需要经计算确定。管道最好铺设于地下，防止施工车辆在其上行走时将其压坏。施工水网的布置形式有环形、枝形和混合式三种。

2) 供水管网应按防火要求布置室外消火栓，消火栓应沿道路设置，距路边不应大于2m；距建筑物外墙应不小于5m，也不得大于25m，消火栓的间距不得超过120m。工地消火栓应设有明显的标志，且周围2m以内不准堆放建筑材料和其他物品，室外消火栓管径不得小于100mm。

3) 为保持环境干燥，提高生产效率，缩短施工工期，应及时排除地面水和地下水，修通永久性下水道，并结合施工现场的地形情况，在建筑物的周围设置排泄地面水和地下水的沟渠。

4) 为防止用水的意外中断，可在建筑物附近设置简易蓄水池，储备一定数量的生产用水和消防用水。

2. 施工用电的布置

随着施工机械化程度的不断提高，施工中的用电量也在不断增加。因此，施工用电的布置关系到工程质量和施工安全，必须根据设计、规范和总体规划要求正确计算用电量，并合理选择电源。

1) 为了维修方便，施工现场一般应采用架空配电线路。架空配电线路与施工建筑物的水平距离不小于10m，与地面距离不小于5m，跨越建筑物或临时设施时，垂直距离不小

于 2.5m。

2）现场供电线路应尽量架设在道路的一侧，以便线路维修；架设的线路尽量保持水平，以避免电杆和电线受力不均；在低压线路中，电杆的间距一般为 25～40m；分支线及引入线均应由电杆处引出，不得在两杆之间接线。

3）装饰工程的施工用电，应在施工总平面图中进行布置。一般情况下，应计算出施工期间的用电总量提供给建设单位解决，不另设变压器。独立的单位工程施工时，应当根据计算出的施工总用电量选择适宜的变压器，其位置应远离交通要道口处，布置在施工现场边缘的高压线接入处，距地面大于 30cm，在四周 2m 外用高于 1.7m 的钢丝网围绕，以避免发生危险。

3. 装饰工程施工平面图实例

【工程背景】　某工程为 17 层板式住宅，正在进行装饰施工，其装饰施工现场平面布置图如图 4-8 所示。

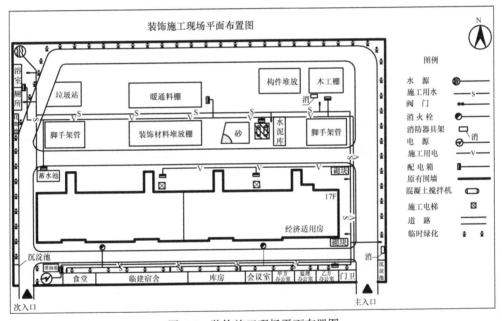

图 4-8　装饰施工现场平面布置图

施工平面图是对施工现场科学合理的布局，保证单位工程工期、质量、安全和降低成本的重要手段。施工平面图不但要设计好，更应管理好，忽视任何一方面，都会造成施工现场混乱，使工期、质量、安全受到严重影响。因此，加强施工现场管理对合理使用场地，保证现场运输道路、给水、排水、电路的通畅，建立连续均衡的施工顺序，都有很重要的意义。要做到严格按施工平面图布置施工道路，水、电管网，机具，堆场和临时设施；道路，水、电管网应有专人管理维护；各施工阶段和施工过程中应做到工完、料尽、场清；施工平面图必须随着施工的开展及时调整补充以适应变化情况。

必须指出，建筑装饰施工是一个复杂多变、动态的生产过程，各种施工机械、材料、构件等，随着工程的开展而逐渐进场，又随着工程的开展而不断消耗、变动，因此工地上的实际布置情况会随时改变；同时，不同的施工对象，施工平面图的布置也不尽相同。但是，对整个施工期间使用的一些主要道路、垂直运输机械、临时供水供电线路和临时房屋等，则不要轻易变动，以节省费用。设计施工平面图时，还应广泛征求各专业施工单位的意见，充分协商，以达到最佳布置要求。

4.8 制订主要施工管理计划

施工管理计划多以管理和技术措施编制在施工组织设计中，主要施工管理计划一般包括进度管理计划、质量管理计划、安全管理计划、环境管理计划、成本管理计划等内容。

施工管理计划是施工组织设计不可缺少的内容，但可根据工程的特点有所侧重或加以取舍。在编制施工组织设计时，各项管理计划一般单独成章。

➤ 4.8.1 进度管理计划

1. 工程进度管理的概念

工程进度管理是指在工程项目实施过程中，对各阶段的开展程度和工程项目最终完成的期限所进行的管理，其目的是保证工程项目在满足时间约束条件的前提下实现其总目标。

2. 工程进度管理的意义

1）保证工程项目在合同规定的期限内如期完成，按时交付使用，及时发挥投资效益。

2）维护国家良好的建设秩序和经济秩序。

3）可合理安排工程项目的资源供应，节约工程成本，提高建筑施工企业的经济效益。

3. 进度管理计划

进度管理计划是对进度计划的执行及偏差进行测量、分析，采取必要的控制手段和管理措施保证实现工程进度目标的管理计划。项目施工进度管理应遵循项目施工的技术规律和合理的施工顺序，保证各工序在时间上和空间上顺利衔接。

4. 进度管理计划的主要内容

1）对工程施工进度计划进行逐级分解，通过阶段性目标的实现保证最终工期目标的完成。

2）明确施工管理组织的进度控制职责，制定相应的管理制度。

3）针对不同施工阶段的特点，分别制定进度管理的施工组织措施、技术措施和合同管理措施等。

4）建立施工进度动态管理机制，及时纠正施工过程中的进度偏差，并制定特殊情况下的赶工措施。

5）根据项目周边环境特点，制定相应的协调措施，减少外部因素对施工进度的影响。

➤ 4.8.2 质量管理计划

1. 工程质量的概念

工程质量是国家现行的有关法律法规、技术标准和设计文件及工程合同中对工程的安全、使用、经济、美观等特性的综合要求，它通常体现在适用性、可靠性、经济性、外观质量与环境协调等方面。

2. 工程质量的内容

1）工程质量是按照工程建设程序，经过工程建设的项目可行性研究、项目决策、工程设计、工程施工、工程验收等各个阶段而逐步形成的，而不仅仅取决于施工阶段。

2）工程质量包含工序质量、分项工程质量、分部工程质量和单位工程质量。

3）工程质量不仅包括工程实物质量，也包含工作质量。

3. 质量管理计划

质量管理计划是保证实现项目施工目标的管理计划，包括确定、实施所需的组织机构、职责、程序以及采取的措施和资源配置等。在制订质量管理计划时，应按照《质量管理体系 要求》（GB/T 19001—2016）要求，建立项目质量管理体系文件，按照 PDCA 循环模式，加强过程控制，通过持续改进提高工程质量。

4. 项目质量管理计划的内容

1）制定项目质量目标，尽可能量化和分解，并建立阶段性目标。

2）建立项目质量管理体系，并明确岗位职责、落实资源配置。

3）采取各种有效措施，包括（但不限于）：原材料、构（配）件、机具的要求和检验，主要的施工工艺、质量标准和检验方法，季节性施工技术措施，关键过程、特殊过程、重点工序的质量保证措施，成品、半成品的保护措施，工作场所环境及劳动力和资金保障措施等，确保项目质量目标的实现。

4）按质量管理的要求，将各项活动和相关资源进行过程管理，建立质量过程检查、验收以及质量责任制等相关制度，对质量检查和验收标准做出规定，采取有效的纠正和预防措施，保障各工序和过程的质量。

▶ 4.8.3 安全管理计划

1. 安全管理的概念

安全管理是一门综合性的系统科学，包括安全法规、安全技术、工业卫生三个相互联系又相互独立的内容。

2. 安全管理的内容

1）安全法规，也叫劳动保护法规，侧重于以政策、规程、条例、制度等形式规范操作和管理行为，从而使劳动者的劳动安全与身体健康得到应有的法律保障。

2）安全技术，侧重于生产过程中对劳动手段和劳动对象的管理，包括为了预防伤亡事故和减轻劳动强度所采取的工程技术和安全技术规范、规定、标准、条例等。

3）工业卫生，也叫生产卫生、职业卫生，侧重于在生产过程中对高温、粉尘、振动、噪声、毒物的管理，包括为了防止其对劳动者身体造成危害所采取的防护、医疗、保健等措施。

3. 安全管理计划

安全管理计划是保证实现工程施工中职业健康、安全目标的管理计划，包括确定、实施所需的组织机构、职责、程序及采取的措施和资源配置等。安全管理计划应在企业安全管理体系的框架内,针对项目的实际情况,参照《职业健康安全管理体系 要求及使用指南》(GB/T 45001—2020)进行编制。

4. 安全管理计划的内容

1)制定项目职业健康安全管理目标。

2)建立项目安全管理组织机构并明确职责。

3)根据项目特点进行职业健康安全方面的资源配置。

4)制定安全生产管理制度和职工安全教育培训制度。

5)确定项目重要危险源,针对高处坠落、机械伤害、物体打击、坍塌倒塌、火灾爆炸、触电、窒息中毒七类建筑装饰施工易发事故制定相应的安全技术措施;对超过一定规模的危险性较大的分部分项工程的作业制定专项安全技术措施。

6)制定季节性施工的安全措施。

7)建立现场安全检查制度,对安全事故的处理做出规定。

➤ 4.8.4 环境管理计划

1. 环境管理计划的概念

环境管理计划是保证实现项目施工环境目标的管理计划,应在企业环境管理体系的框架内,针对项目的实际情况,参照《环境管理体系 要求及使用指南》(GB/T 24001—2016)进行编制。

2. 环境管理计划的内容

1)制定项目环境管理目标。

2)建立项目环境管理的组织机构并明确职责。

3)根据项目特点进行环境保护方面的资源配置。

4)确定项目重要环境因素,针对大气污染、建筑垃圾、噪声及振动、光污染、放射性污染、污水排放六类污染源进行识别、评价,制订相应的控制措施和应急预案。

5)建立现场环境检查制度,对环境事故的处理做出规定。

➤ 4.8.5 成本管理计划

1. 工程成本管理的概念

工程成本是指在工程项目上发生的全部费用的总和,包括直接成本和间接成本。其中,直接成本包括人工费、材料费、机械费和其他直接费;间接成本是指实施工程过程中发生的管理费和临时设施费等。工程成本管理是对工程项目建设中所发生的成本,有组织、有系统地进行预测、计划、控制、计算、分析和考核等一系列的科学管理工作。

2. 成本管理的内容

1)建立健全工程成本责任制。

2)建立健全工程成本管理制度。

3)认真做好工程成本管理的基础工作。

4)完善定额管理,做好材料物资计量、验收、保管工作。

5）建立健全各项原始记录。

3. 降低工程成本的途径

1）脚手架、模板、周转工具投入量越大，固定成本越高；反之，固定成本越低。因此，必须优化施工方案，选用先进的脚手架搭设方案，合理组织脚手架、模板、周转工具的进出场，减少现场存放时间，减少租赁费用。

2）合理选用机械设备，减少投入；合理组织机械进出场，减少租赁费用，以减少固定成本。

3）尽量减少临建设施的搭设，减少临建费用，以减少固定成本。

4）压缩管理人员与非生产人员的编制，以减少现场管理费用。

5）缩短工期，减少分摊固定费用的比例。

6）优化技术措施，合理确定进料数量，节约材料。

7）减少现场材料的浪费。

8）降低材料采购成本。

9）合理组织材料进场，减少二次搬运。

10）防止计划外用工、重复用工，防止返工费用发生。

11）适当降低劳务用工的取费。

4. 成本管理计划

成本管理计划是保证实现项目施工成本目标的管理计划，包括成本预测、实施、分析、采取的必要措施和计划变更等。成本管理计划应以项目施工预算和施工进度计划为依据编制。

5. 成本管理计划的内容

1）根据项目施工预算，制定施工成本目标。

2）根据施工进度计划，对施工成本目标进行分解。

3）建立成本管理的组织机构并明确职责，制定管理制度。

4）采取合理的技术、组织和合同管理等措施，控制施工成本。

5）确定科学的成本分析方法，制定必要的纠偏措施和风险控制措施。

正确处理成本与进度、质量、安全和环境等目标之间的关系。

▶ 4.8.6 其他管理计划

其他管理计划包括绿色施工管理计划、防火保卫管理计划、合同管理计划、组织协调管理计划、创优质工程管理计划、质量保修管理计划，以及对施工现场人力资源、施工机具、材料设备等生产要素的管理计划等。其他管理计划可根据项目的特点和复杂程度加以取舍。

各项管理计划的内容均应有目标、组织机构、资源配置、管理制度和技术、组织措施等。

4.9 建筑装饰工程施工组织设计实例

1. 编制依据

1）××省××学校提供的设计、施工图样。

2）国家现行施工及验收规程、操作规范、技术标准及质量验评标准。

2. 工程概况

1）工程名称：××学校教学楼装饰工程。

2）建设单位：××省××学校。

3）工程地点：××市××路与××大街交叉口向北200m。

4）质量要求：合格。

5）承包方式：包工包料。

6）计划开工日期：2022年8月1日；计划竣工日期：2022年8月31日；总工期：31日历天。

3. 施工准备及施工部署

3.1 施工准备

1）组建××学校教学楼改造装饰工程项目经理部，配备各种施工技术人员、管理人员和各工种施工作业队，建立以项目经理为主的现场施工管理系统和以项目工程师为主的现场技术管理系统。

2）由预算人员根据施工图样、相关图集和施工规范，参考施工组织设计编制施工预算，制订材料、成品、半成品采购计划，报公司材料采购人员组织采购、订货、进货。

3）接通施工用水、用电设施，将各种施工机械设备安装到位，施工用具提前进场。

4）做好各种原材料的准备，进场前须进行检验的应提前进行检验和试验，合格后方能进入场地。

5）编制详细的施工方案、质量计划及特殊关键工作施工过程作业指导书，并逐级交底落实。

3.2 施工部署

1）劳动力准备：公司将调集技术熟练的各专业施工队伍组成本工程的施工作业队伍。

2）物资准备：开工前做好物资准备工作，对工程材料的来源进行考察、落实，以便根据工程需要及时采购，准备好工程所需的机械、工具、材料和临时设施所需各类物资。

4. 施工方案及主要技术措施

4.1 外墙铝塑板工程

（1）施工程序

基层处理→防潮层→弹线→安装龙骨→安装基板→铝板加工→安装铝塑板→板面保护→板面打胶→清理护保。

（2）主要施工工艺

1）基层处理。将残存在墙面上的砂浆、灰尘、油污清理干净，基层刷防潮层两遍，干透。

2）吊垂直、套方、找规矩、弹线。根据设计图样的要求和几何尺寸，对镶贴金属饰面板的墙（顶）面进行吊垂直、套方、找规矩，并弹线，以确定饰面板的尺寸和数量。

3）固定骨架的连接件。骨架横竖杆件（如金属骨架）的连接与固定，可通过在结构基层上打膨胀螺栓或射钉来实现。螺栓位置应提前画线，按线开孔。木骨架可在结构墙上打木钉来固定木龙骨。

4）固定骨架。如采用木骨架，应在未接触基板的表面刷防火涂料。安装骨架位置要准确，结合要牢固。安装后应全面检查中心线、表面平整度等。高度超过 3m 时，为保证饰面板的安装精度，宜用经纬仪对横竖杆件进行贯通检查，遇有变形缝、沉降缝等应妥善处理。

5）金属饰面板安装。墙板的安装顺序是自下而上安装，安装时应随时吊线检查，以便及时消除误差。面板与骨架（如钢骨架）固定时，如采用拉铆钉，应注意安装前认真调整板面垂直度与平整度，板与板之间的缝隙一般为10～20mm，多用橡胶条或密封胶等弹性材料处理。

6）收口处理。遇有收口处时，两种不同材料的交接不仅关系到装饰效果，而且对使用功能也有较大的影响。因此，一般多用特制的与两种材料性质兼容的成形金属板进行处理。

7）板口封胶。面层板施工完后，经检查验收无误，方可进行板口封胶。封胶口半填圆形发泡嵌缝条，嵌缝条外硅胶根据设计选定使用。通常情况下，封胶口采用半圆形。

8）成品保护。板口封胶前应将板口处用胶带封贴，待胶打好，检查无误后拆除。打胶过程中剩余的胶应随时用胶桶封好，避免浪费和污染板面及环境。面板全部施工完后应及时做好成品保护工作，可挂警示板（牌），也可采用塑料布保护，铝塑板表面的保护膜可待交工前拆除。

4.2　玻璃幕墙工程

4.2.1　材料供应及质量要求

1）铝材。铝材选用 LD31-RCS 表面阳极氧化处理方式，要求符合《铝合金建筑型材 第 1 部分：基材》（GB/T 5237.1—2017）《铝及铝合金阳极氧化膜与有机聚合物膜 第 1 部分：阳极氧化膜》（GB/T 8013.1—2018）的规定。阳极氧化膜厚度不低于 AA15 级。铝材表面进行银灰色处理，永久性保证外表面不褪色、不脱落、不产生色差。铝材化学成分符合《变形铝及铝合金化学成分》（GB/T 3190—2020）的要求。

2）玻璃。幕墙单片镀膜玻璃和白色钢化玻璃应符合《建筑用安全玻璃 第 2 部分：钢化玻璃》（GB 15763.2—2005）的有关规定，镀膜玻璃采用真空磁控阴极溅射法镀膜。用于单片镀膜玻璃的浮法玻璃的外观质量和技术指标，应符合《建筑用安全玻璃 第 2 部分：钢化玻璃》（GB 15763.2—2005）的规定。安装使用时，严格检查表面质量，外观几何尺寸偏差须符合有关标准规定。钢化玻璃表面不得有伤痕。

3）硅酮结构胶和硅酮耐候胶为中性，在同类产品中具有较高的抗拉强度，较好的黏结力和相容性，能在复杂和恶劣环境中使用，保存期较长，性能稳定。使用该胶时，必须由供货厂家提供相容性试验报告、质量保证书和耐用年限质保书。

4）钢构件。所有预埋件、连接和固定用钢构件，除不锈钢外，均应进行表面热镀锌处理。钢构件与墙体连接均采用化学锚栓。

5）五金配件。不锈钢四连杆、支撑、窗锁均采用国产高级五金配件，所有螺栓、螺钉均用冷挤压不锈钢产品，具备质保书和维护操作说明。

6）密封保温材料、防火材料、幕墙胶条、泡沫棒、防火岩棉等均采用优质产品。

4.2.2　玻璃幕墙安装施工

（1）施工程序

预埋件埋设→预埋件修补及测量→立柱安装→横梁安装→防火、防雷节点安装→玻璃板块制作、安装→附属装置安装→收尾处理、清洁。

（2）主要施工工艺

1）预埋件修补及测量。预埋件是幕墙主要受力构件之一，其强度、埋设精度直接关系到幕墙的安全和质量。测量时用经纬仪和水准仪来确定尺寸和定位，要求标识清楚、基准统一，标高偏差不应大于10mm，埋件位置与设计位置的偏差不应大于20mm。焊接时通过分段对称施焊来减小残余应力。

2）立柱安装。竖向构件立柱安装的准确度和质量，影响到整个幕墙的安装质量，是幕墙安装施工的关键因素之一。玻璃幕墙立柱的安装以已确定的预埋件定位线为基准定位，将立柱先与钢角码连接，然后钢角码再与主体预埋件连接，并进行调整和固定，使同层立柱端头保持在一个水平面上。立柱安装标高偏差不应大于3mm，轴线前后偏差不应大于2mm，左右偏差不应大于3mm。相邻两根立柱安装标高偏差不应大于3mm，同层立柱的最大标高偏差不应大于5mm，相邻两根立柱的距离偏差不应大于2mm。

3）横梁安装。先用水准仪和卷尺测出横梁位置点，再统一用水准仪校对其误差。横梁用角铝固定于两立柱间，要求安装牢固、接缝严密，相邻两根横梁的水平标高偏差不应大于1mm。同层标高偏差：当一幅幕墙宽度小于或等于35m时，不应大于5mm；当一幅幕墙宽度大于35m时，不应大于7mm。同一层横梁安装应由下向上进行。当安装完一层高度时，应进行检查、调整、校正、固定，使其符合质量要求。

4）防火、防雷节点安装。框架安装完成后，应在幕墙与外圈梁的间隙处设立防火层和防雷节点。

5）玻璃板块制作、安装。在搭设的加工车间内，按图样要求加工好玻璃托，然后将丙酮倒在干洁布料上顺一个方向依次清洁，清洁干净后将玻璃与玻璃托用双面胶条固定，定位偏差控制在±0.5mm内，再用结构胶黏接成一体而成为玻璃板块。在打胶平台上注胶时必须是在干净无尘的条件下，应按顺序均匀打胶，排走空隙中空气，不许出现气泡。已注胶的板块7d后才能移动，14d后才能安装。注胶期间密切注意胶的固化情况，检查黏接性和相关参数。养护21d后，用剥离法检测黏接强度，检测合格后，方能投入使用。固化好的玻璃板块运至工地时，应妥善保护，避免损坏、划伤、变形。竖横缝用泡沫条填充并注耐候胶，注胶表面要平顺，线条要整齐一致，保持胶缝15mm宽。

6）附属装置安装，收尾处理、清洁。至此，幕墙已大部分安装完毕，但隔离层、地弹门、幕墙四周封边收口、表面金属板，以及装饰带、装饰条、格栅等均要认真处理，严格按施工图施工。清洗玻璃及金属板面，除去砂浆、多余的胶和灰尘，准备交验。交验前全面检查，发现不合格或不妥之处，立即调整、修改，直至达到标准规定的要求。

（3）玻璃幕墙质量控制

1）技术质量标准：玻璃幕墙工程技术规范及有关标准、工程图样、设计要求。

2）建立以项目经理为核心的质量责任制，层层把关。

3）质量保证措施：

① 施工技术交底。在工序施工前有书面技术交底，每班上工前有口头交底。目的是使操作人员、质量检查人员知晓各工序、各节点安装的详细要求和质量标准。技术交底应涉及各主要施工工艺。

② 施工过程控制：对进场原材料、胶质材料、构（配）件进行检查验收，对重要材

料、部位和没有把握的环节进行试验；对重要部位和影响质量的操作，质检人员、技术人员要旁站监控；严格进行工序检查，并对工序质量进行评定验收，每道工序验收合格后才能进行下道工序作业。

③ 原材料和辅助材料、构（配）件、半成品的检验和试验。对所有的原材料和辅助材料、构（配）件、半成品均应进行检验和试验，不合格的坚决不让投入生产和使用。按有关规定对重要材料（铝材、胶、玻璃、预埋件）及其他较重要的五金附件和密封材料进行全检或一定数量抽检，做好检验记录，查看质量证书和性能指标报告。

④ 生产施工过程中的检查和试验。工程施工时应具备如下资料和文件：原材料和辅助材料、半成品出厂质量证明书，检验报告，相容性试验报告，施工记录，隐蔽工程验收记录，各项工程安装记录，工程质量检查评定记录等。

隐框玻璃幕墙结构组件切开剥离试验是将已固化的结构装配组件的结构胶部位切开，在切开剥离后的玻璃和铝框上进行结构胶的剥离试验。方法是用力将胶切断并用手捏住，以大于90°的角度向后顺着长度方向撕扯结构胶，观察剥离情况：如结构胶与基材剥离，此组件为不合格；如沿胶体撕开则判为合格，同时可观察结构胶的宽度、厚度及固化情况。

⑤ 不合格品的控制措施。当发现原材料和辅助材料、半成品、成品不满足或可能不满足规定要求时，要隔离鉴定。确认为不合格时，必须退出施工过程和生产过程，明确进行识别标记，并做好记录，进行限期拆除、调整、返修或退货处理，同时采取适当的措施以防不合格品再次出现。

⑥ 工程竣工检验和测试。完成合同中规定的工程项目后，提交竣工报告，由业主组织验收。主要竣工检验和试验的记录有分项工程质量评定记录、分部工程质量评定记录、工程观感质量评定记录、质保资料核查记录、工程质量竣工核定证书等。

⑦ 产品的维护和保养。本工程所用材料需二次搬运，才能到达作业面上，生产施工中的搬运、储存、临时防护包装、交付使用是重要环节。吊装、搬运材料时均应临时包装，绑扎牢固，防止其变形、划伤或破裂。流体材料和易燃材料应专门管理，定期检查，防止变质、污染或发生危险。在工程项目未竣工或在施工期间，对已完成的分项工程成品应进行保护，并制定合理的保护措施。保护标志应明确醒目，必要时设专人看护。一旦受到污染必须立即清洗，重新保护。

4.3 外墙面砖工程

（1）施工程序

基层处理→吊垂直、套方、找规矩→贴灰饼→20mm 厚 1:3 水泥砂浆找平→弹分格线→1:1 水泥砂浆粘贴墙砖→白水泥擦缝。

（2）施工方法

1）将原装饰层铲除，清理干净并浇水湿润。

2）沿墙面和四角、门窗口边弹线找规矩。

3）根据设计要求贴灰饼，找平抹灰墙面。

4）待找平层六七成干后，根据墙面尺寸准确计算所需整砖数，半砖尽量赶到不显眼的地方。根据地面标高要求，弹出首排砖的铺贴水平线和垂直控制线，再在墙上钉钉子，拉出贴面砖的水平和垂直控制线。

5）面砖铺贴前，首先要将其清理干净，在水中浸泡 2h 以上取出，待表面晾干或擦干后方可使用。

6）铺贴面砖自下而上施工，首排砖铺贴时，先在找好水平线的地方沿砖下边线固定一条水平的木条，在木条的衬托下铺首排砖。铺贴方法：在砖的粘贴面满刮2～4mm厚的瓷砖专用黏结剂，对正，用橡胶锤轻轻敲击，使之符合定位要求。

7）勾缝与擦缝应随抹随擦，用棉丝蘸白水泥进行擦缝作业。

（3）铺贴要求

1）墙砖颜色、质量、规格必须符合设计要求，同时应表面洁净、图案清晰、色泽一致，砖无裂纹、缺棱掉角现象。

2）面层与基层结合牢固，无空鼓。

3）接缝应平直、光滑，填嵌应连续、严密；宽度和深度应符合设计要求。

4）砖块挤靠紧密，表面平整洁净，无划痕，周边顺直方正。

（4）质量标准

外墙面砖施工质量标准见表4-8。

表4-8　外墙面砖施工质量标准

项次	项目	允许偏差/mm	检验方法
1	表面平整度	3	用2m靠尺和塞尺检查
2	立面垂直度	2	用2m靠尺和检测尺检查
3	接缝直线度	2	拉5m线，不足5m拉通线，用钢直尺检查
4	阴（阳）角方正	3	用直角检测尺检查
5	接缝高低差	0.5	用钢直尺和塞尺检查
6	接缝宽度	1	用钢直尺检查

4.4　主教学楼屋面挑檐立柱做法

根据施工图确定女儿墙中构造柱位置，将构造柱周围的女儿墙墙体剔除，使用四根3m长的80mm×80mm角钢包在构造柱四角，用螺栓固定，外围用20mm厚方钢焊接加固，构造柱处理后截面如图4-9所示。

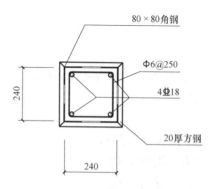

图4-9　构造柱处理后截面

高出女儿墙的80mm×80mm角钢，使用30mm×30mm角钢焊接连接成桁架形式，上端留出350mm距离以备横向连接用。将钢板打孔用膨胀螺栓固定于屋顶矮墙上（避开防水层），再使用槽钢斜拉将延伸出的角钢桁架固定于钢板上，如图4-10所示。

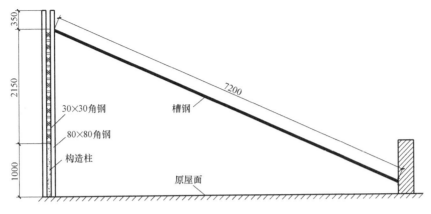

图 4-10　施工构造图

4.5　脚手架方案

针对本工程的施工特点，对于教学楼外立面铝塑板施工工作，采用双排脚手架，外墙砖施工采用吊篮进行施工。如果需要使用防尘网和安全网进行封闭施工的，必须封闭，以满足施工要求。

脚手架依据《建筑施工手册》《建筑安全手册》《施工脚手架通用规范》（GB 55023—2022）等有关规定编制搭设方案。

5. 进度管理计划

5.1　施工工期

计划施工工期 31 天，如图 4-11 所示。

分项工程名称	施工进度计划
	1 2 3 4 5 6 7 8 9 10 11 12 13 14 15 16 17 18 19 20 21 22 23 24 25 26 27 28 29 30 31
顶层屋面挑檐主体工程	
顶层屋面挑檐外装工程	
外墙铝塑板工程	
玻璃幕墙工程	
外墙面砖工程	
清理验收	

图 4-11　施工进度计划

5.2　进度保证措施

建立计划体系，以控制计划为龙头，支持性计划为补充，为有效控制提供保证。我公司利用科学的管理方法，采用新技术、新工艺等措施进行施工，配齐管理人员，投入足够的精干队伍，组织部署立体交叉、流水作业以缩短工期、保证工程进度。

（1）进度管理措施

1）组成以分公司生产经理、项目经理为主体的两级施工计划保证体系，分公司劳资科、分公司材料动力科做好劳动力、机具设备和材料的供应，工长安排好现场各班组的任务分配、协调、督促，以保证工期目标的实现（施工计划保证体系如图 4-12 所示）。

109

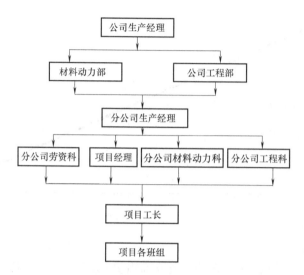

图 4-12　施工计划保证体系

110

2）推行"项目管理"，配齐管理人员，投入足够的精干队伍，从组织上保证工程进度的如期实现；采取有力措施，加强宣传教育，开展劳动竞赛，充分调动职工的积极性，提高劳动效率。

3）项目在总控制计划的控制下，制订月计划，合理安排旬、日计划。施工员根据月计划进一步细化成周计划，在每月 24 日前上报分公司、业主，并根据施工实际情况及时调整，保证计划的实现。

4）建立施工协调例会制度。例会每周一次，总结本周的计划落实情况，并制订下一周的作业计划，总结经验，查找原因，吸取教训，排除影响进度的障碍。项目部勤开碰头会，发现问题及时解决，以保证各项计划的顺利实现。

5）合理安排人力、物力，确保各流水段施工达到均衡。

6）在施工工艺上不断创新、改革，提高劳动效率，对施工进度实行阶段目标管理，以加快施工速度。

（2）进度保证技术措施

1）组织施工管理人员了解施工中的重点、难点，制定相应措施，认真识读图样，及时进行图样会审，认真领会工程内容和要求，并进行施工组织设计交底。

2）编制相应的特殊工序和关键工序作业指导书，并及时进行审批，严格按作业指导书施工。

3）项目工程师对主要分项工程施工人员进行培训和书面交底。

4）分段进行流水作业，合理安排施工工序，实现快节拍、均衡流水施工。

5）严把质量关、安全关，采取有效的成品保护措施，避免因损坏、污染等造成返工、修补。

（3）劳动力配备

1）按施工进度计划提前向劳资科汇报所需的工种人数，选择技术实力雄厚的班组。

2）特殊工种持证上岗，不准无证的非技术工人进行特殊工种作业，以保证施工质量和施工安全，杜绝返工和安全事故的出现。

（4）机械设备供应

1）机械设备的及时供应是保证项目工期目标实现的基础，施工中应及时申报项目设备需用量计划。

2）分公司材料动力科根据项目设备需用量计划提供装备先进、性能优越、状态良好、经济合理的施工机械，提前调试，保证机械正常运转。

3）操作人员培训。为提高操作人员的技术素质，保证按操作规程作业，避免机械事故，操作人员上岗前组织一次集中培训。

（5）材料供应

1）分公司材料动力科根据合格分供方名单择优选用供应商，提前联系好材料的供应渠道。

2）由材料员依据施工进度计划和施工预算提前向分公司材料动力科提供下月材料计划。材料能否准时进场往往受设计单位能否及时确定使用的材料和材料固有的加工周期所影响。为此，一旦开工，项目管理的首要工作是：①根据施工进度需要的缓急程度，排列一张需设计单位确认的材料确认计划表；②根据材料确认计划表，尽可能多地向设计单位提供材料小样，以便设计单位有更多的选择余地，避免因无法选中材料而造成反复多次送审，出现耽误时间的现象；③材料确定之后，马上着手材料的订购工作，材料订购工作一定要确保材料在材料进场计划中规定的时间内进场。

3）特殊材料提前5d报所需材料计划，以保证材料及时进场。

6. 质量管理计划

6.1　质量目标

质量目标为合格。

6.2　质量保证措施

6.2.1　质量保证体系

严格建立并执行各级人员的岗位责任制，要求全体施工人员牢固树立"质量第一，为用户服务"的思想，充分发挥各级质量保证体系的作用，质量保证体系如图4-13所示。

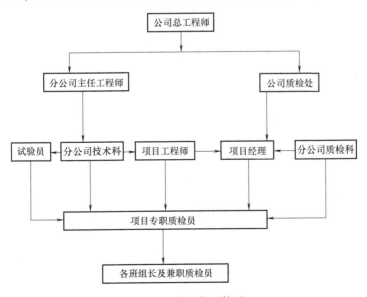

图4-13　质量保证体系

6.2.2　质量管理措施

（1）施工人员素质保证

本工程组织精明强干、纪律严明、素质好、觉悟高、具有多年施工经验的施工班组，从根本上保证项目所需劳动者的素质，从而为工程质量奠定坚实的基础。

（2）采购物资质量保证

分公司材料动力科负责物资统一采购、供应与管理，并根据质量标准及物资采购工作程序，对本工程所需采购和分供方供应的物资进行严格的质量检验和控制，主要采取的措施如下：

1）采购物资时，须在合格分供方名单中择优选用供应商，所采购的材料必须有出厂合格证、质量证明书和使用说明书。

2）实行动态管理，分公司材料动力科、项目经理部等主管部门定期对分供厂家的实际业绩进行评审、考核，并做记录，不合格的分供厂家从档案中除名。

3）加强计量检测，采购的物资根据规范要求进行抽样检验和试验，当对其质量有怀疑时，应加倍抽样或全数检验。

4）现场做好与其他专业的配合工作，以确保工程进度和质量。

6.2.3　施工过程中质量控制

（1）过程控制

1）认真抓好职工质量意识教育，使精品意识深入到每个岗位、每个员工。

2）认真进行图样会审、预检复核、施工操作材质检验、成品保护等关键工作，确保工程质量。严格执行设计采用的规范和经审批的施工方案，严格按设计要求及施工规范进行施工；若需修改原设计，应经设计单位、监理单位同意后，方可施工。

3）严格执行"样板引路"施工措施，以样板指导施工，创高标准的样板工程。

4）合理选择先进施工机械，搞好维护保养工作，确保机械设备处于良好状态。

5）各工序施工完后，施工班组要进行自检，并将自检数据填写在自检记录上，合格后才能进行下道工序施工。班组的每个成员，都要严格按施工图和标准、规范施工。

6）项目工程师针对本工程的重点分项工程编制作业指导书，作为施工操作的依据，其内容符合分公司编制的《特殊工序、关键工序作业指导书编制管理规定》要求。

7）项目部针对工程重点、难点成立专项 QC 小组，开展科技攻关活动。

8）对所有进入施工现场的施工材料要认真核对，看是否有出厂合格证、质量证明书等。如无上述文件，需对其进行验证和检验，凡发现不符合要求的应通知项目经理停止使用。

9）建立定期质量检查制度。

① 施工班组日检制。

② 各专业质量管理人员及专职质量员巡回检查制。

③ 分公司质量科旬检制。

10）发现问题和质量隐患立即采用质量整改通知单的形式通知项目负责人和施工班组，限期整改。

对各分部分项工程进行验评，做好重点部位质量预控工作，监督上道工序、服务下道工序。

（2）追溯过程的控制

隐蔽工程在隐蔽前应由专业技术负责人会同质检人员、甲方代表对所施工的工程进行中间验收并填写隐蔽工程记录，写明工程质量状况。

7. 资源供应计划

1）公司将调集技术熟练的各专业施工队伍组成本工程的施工作业队，确保工程质量和进度，劳动力计划见表4-9。

表4-9　劳动力计划　　　　　　　　　　　　　　　　（单位：人）

序号	工种	人数
1	木工	40
2	电工	8
3	涂料工	6
4	抹灰工	10
5	瓦工	35
6	电焊工	12
7	架子工	18
8	普工	25
合计		154

2）公司根据工程需要配备施工机械和设备，见表4-10。

表4-10　主要施工机械及设备

序号	机械或设备名称	数量	制造年份	额定功率/kW	生产能力	备注
1	气泵	2	2020	3.3		
2	手电钻	4	2019	—		
3	蚊钉枪	2	2020	—		
4	电焊机	2	2019	11		
5	电动式旋转锤钻	2	2020	0.8		
6	射钉枪	6	2020	0.8		
7	电锯	2	2019	1.1	良好	
8	水准仪	3	2020	—		
9	云石机	4	2020	—		
10	砂轮切割机	3	2020	—		
11	木工刨	4	2019	0.2		
12	钻孔机	6	2019	0.9		
13	角向磨光机	4	2021	0.2		
14	电动螺钉旋具	18	2020	0.2		

3）工程开工后的一周内提供主要装饰材料的样本、质量保证书和采购计划书，送交业主审定，材料采购工作流程如图4-14所示。

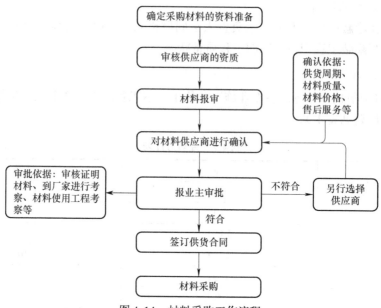

图 4-14　材料采购工作流程

8. 安全管理计划

8.1　安全生产目标

安全生产目标：安全生产无事故。

8.2　安全生产措施

1）成立项目安全生产领导小组，相关安全生产机构框图如图 4-15 所示。

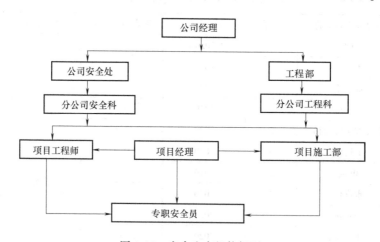

图 4-15　安全生产机构框图

2）现场设置醒目安全标语，加强对施工人员的安全教育，坚持每周开安全例会，强化全员的安全防护意识，杜绝现场的一切违章和隐患。

3）施工现场的临时用电装置要执行三相五线制，执行一机一闸保护制度，手持电动工具必须执行两极保护，全面执行《施工现场临时用电安全技术规范》（JGJ 46—2005）。

4）特殊工种工人必须持有上级主管单位核发的合格证，充分利用安全"三宝"（安全帽、安全带、安全网）。

5）临时设施及灭火器必须符合防火要求，现场用火需经保卫部门批准签发动火证。

6）涂料工作业时，在条件允许的情况下，施工现场要通风，以防中毒。

7）安排好职工生活，严防食物中毒，保证职工身体健康。

8）严格按安全生产管理规定进行检查、考核，按条例规定实行奖惩制度。

9）加强职工安全教育和安全培训工作。

8.3　文明施工措施

1）严格按照公司内部的环境、职业、健康、安全体系标准组织文明施工，遵守环卫、场容管理的有关规定，加强现场用水、排污的管理，保证排水畅通无积水，场地整洁无垃圾，搞好现场清洁卫生。

2）物件、机具、大宗材料要按指定的位置堆放，临时设施要求搭设整齐，小型工具应分类码放整齐。

3）坚决杜绝浪费现场，禁止乱丢材料和工具，现场设施要求做到整洁有序。

4）做到活完脚底清、工完场地清，工具要及时清理，整齐堆放在平面布置规定的范围内。

5）加强劳动保护，合理安排作息时间，配备施工补充预备力量，保证职工有充分的休息时间，尽可能控制施工现场的噪声，减少对周围环境的干扰。

8.4　协调措施

1）根据工程施工项目内容，明确相应的各专业施工队及分项负责人联系办法、综合要求和职责。

2）提出总体形象进度计划和各专业具体详细实施计划，提出相应的质量要求并组织实施。

3）定期召开有各专业负责人参加的联系会议，提出施工中存在的质量问题和需要协调的问题，并落实解决措施，限期完成。

4）组织由各专业人员组成的检查组，坚持定期检查制度，督促分项施工项目按期完成，确保工程总体形象进度。

9. 环境管理计划

9.1　消防措施

1）现场成立消防领导小组，负责日常监督检查，并做好入场职工的消防教育及消防器材使用的培训工作。

2）现场设消防办公室，设消防器材陈列架及各种工具、灭火器等。

3）现场易燃、易爆品隔离存放，有专用仓库，做好醒目标识，严禁烟火。

4）现场重要部位，如材料库、办公室等均配备足够的消防器材，并设专人管理。

5）明火作业施工人员必须持证上岗，并做好周围的防护工作，防止火灾发生。

9.2　环保措施

1）施工现场应经常保持整洁卫生，并设专人负责打扫。

2）木工电锯设置分隔区和隔声屏障，减少粉尘和噪声污染。

3）现场建立垃圾点，严禁随意凌空抛撒，及时清运垃圾；适量洒水，减少扬尘。

4）现场搞好文明施工，设工地文明施工宣传栏，并每周对工人进行一次文明施工教育，强化文明施工意识。

5）划分卫生责任区，确定责任人，并保持场区的清洁，饮水要有开水供应，饮水器具应洁净卫生、定期消毒。

9.3 减少扰民措施

1）现场应遵照《建筑施工场界环境噪声排放标准》（GB 12523—2011）施工，制定降低噪声的制度和措施。

2）凡进行强噪声作业时必须严格控制作业时间；必须昼夜连续作业时，尽量安排噪声小的工序在夜间进行施工，必要时使用消声设备或隔声屏障，并采取隔噪措施以防扰民。

3）长时间使用的机械应采取隔声降噪措施。

4）作业时避免大声喧哗，禁止乱敲工具。

5）所有垃圾清运均装垃圾袋运到临时堆放点，并按环保部门规定的时间运至指定地点。

6）拆除及清运垃圾过程中做好防尘处理，适当洒水湿润。

小　结

装饰工程施工组织设计是以一个单位工程为编制对象，用以指导整个装饰工程施工全过程的各项施工活动的技术、经济和管理的综合性文件。其内容包括：工程概况及特点分析，施工部署和主要工程项目施工方案，施工进度计划，施工资源需要量计划，施工准备工作计划，施工总平面图，主要技术、经济指标等。

施工部署是对整个工程项目进行的统筹规划和全面安排，是编制施工进度计划的前提。其内容主要包括：确定工程施工目标、确定合理的工程组织机构、确定施工组织安排等。

施工进度计划是以拟装饰工程项目交付使用的时间为目标而确定的控制性施工进度计划，既是施工组织设计的中心工作，也是施工部署在时间上的体现，对资源需要量计划的编制、施工总平面图的设计和大型临时设施的搭设具有重要的决定作用。

施工平面布置图是装饰工程施工组织设计的一个重要组成部分，既是具体指导现场施工部署的平面布置图，也是施工部署在空间上的反映，对于有组织、有计划地进行文明施工和安全施工，节约施工用地，减少场内二次运输，避免相互干扰，降低工程费用具有重大的意义。

思 考 题

4-1 简述编制装饰工程施工组织设计的依据。

4-2 装饰工程的工程概况包括哪些内容？

4-3 简述建筑装饰工程总的施工程序。

4-4 简述选择施工方案的基本要求。

4-5 确定建筑装饰工程的施工流向时，需考虑哪些因素？

4-6 选择施工机械应着重考虑哪些问题？

4-7 如何选择建筑装饰工程的施工方法？

4-8 装饰工程施工进度计划的作用有哪些？可分为哪两类？

4-9 简述装饰工程施工进度计划的编制依据。

4-10 进行施工项目划分时应注意哪些问题？

4-11 如何确定一个施工项目的劳动量、机械台班量？

4-12 简述施工平面图的设计步骤和依据。

实训练习题

4-1 【背景材料】某装饰公司承接了某酒店的装饰工程，需 3 个月完工，1 个月以后当地将进入雨季，在其编制的施工组织设计中确定了以下内容：

1. 施工展开程序

①先准备后开工；②先围护后装饰；③先室内后室外；④先湿后干；⑤先面后隐；⑥先设备管线，后面层装饰。

2. 会议室装饰工程的施工顺序

清理、放线→安装门框→墙面软包→水、电管线安装→地面铺设地毯→安装吊顶龙骨→安装纸面石膏板→安装灯具、喷淋头→安装踢脚板、饰面板、门→局部涂装作业→清理验收

【问题】

（1）上述施工展开程序中错误的是哪几项？写出正确程序。

（2）上述室内装饰工程施工顺序中有何错误？写出正确的顺序。

4-2 【背景材料】某会议室采用轻钢龙骨吊顶，其施工顺序为：施工准备→弹线→安装主龙骨→安装吊筋→固定边龙骨→安装中龙骨→安装面板→安装横撑龙骨→裱糊壁纸→清理验收。

【问题】 上述室内吊顶工程施工顺序中有何错误？写出正确的顺序。

4-3 【背景材料】某装饰工程施工现场平面区域如图 4-16 所示。

【问题】

（1）平面图设计的基本原则是什么？

（2）平面图设计的主要内容是什么？

（3）该工程主要施工项目有：外墙面砖工程，局部玻璃幕墙工程，室内抹灰、涂料、吊顶工程，水磨石地面工程等，试补充完成该装饰工程施工平面布置图。

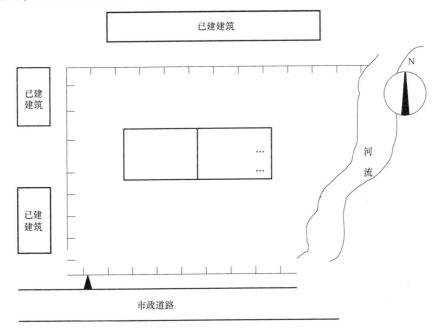

图 4-16

单元5

建筑装饰工程施工方案

学习目标

通过本单元的学习，学生了解建筑装饰工程施工方案的主要内容，掌握工程概况、施工安排、施工进度计划、施工准备与资源配置计划、施工方法及工艺要求的内容组成；能正确地设计并编制建筑装饰工程施工方案。

本单元实践教学环节，学生通过模拟训练，了解专项工程施工方案的内容与作用，熟悉专项工程施工方案的组成、编制技巧与方法，以及专项工程施工方案在建筑装饰工程中的综合运用。

施工方案是以分部分项工程或专项工程为主要对象编制的施工技术与组织方案，用以具体指导施工过程。施工方案包括下列三种情况：

1）专业承包公司独立承包（分包）项目中的分部分项工程或专项工程所编制的施工方案。

2）作为单位工程施工组织设计的补充，由总承包单位编制的分部分项工程或专项工程施工方案。

3）按规范要求单独编制的强制性专项方案。

在《建设工程安全生产管理条例》（国务院令第 393 号）中规定：对下列达到一定规模的危险性较大的分部分项工程编制专项施工方案，并附具安全验算结果，经施工单位技术负责人、总监理工程师签字后实施：

1）基坑支护与降水工程。

2）土方开挖工程。

3）模板工程。

4）起重吊装工程。

5）脚手架工程。

6）拆除、爆破工程。

7）国务院建设行政主管部门或者其他有关部门规定的其他危险性较大的工程。

对前款所列工程中涉及高层脚手架、起重吊装工程的专项施工方案，装饰施工单位应当组织专家进行论证、审查。除上述《建设工程安全生产管理条例》中规定的分部分项工程外，施工单位还应根据项目特点和地方政府部门有关规定，对具有一定规模的重点、难点分部分项工程进行相关论证。

在装饰施工阶段，有些分部分项工程或专项工程如超高层的外装饰工程，其幕墙分部规模很大且在整个工程中占有重要的地位，需另行分包，遇有这种情况的分部分项工程或专项工程，其施工方案应按施工组织设计进行编制和审批。

装饰施工阶段需编制专项施工方案的项目一般包括：脚手架工程、幕墙工程、楼地面工程、门窗工程、吊顶工程、设备安装工程以及使用"四新"技术的专项工程等。

建筑装饰工程施工方案一般由工程概况、施工安排、施工进度计划、施工准备与资源配置计划、施工方法及工艺要求等内容组成。

5.1　工程概况

工程概况应包括工程主要情况、设计简介和工程施工条件等。

▶ 5.1.1　工程主要情况

工程主要情况应包括分部分项工程或专项工程名称，工程参建单位的相关情况，工程的施工范围，施工合同、招标文件或总承包单位对工程施工的重点要求等。

▶ 5.1.2　设计简介

设计简介应主要介绍施工范围内的工程设计内容和相关要求。

▶ 5.1.3　工程施工条件

工程施工条件应重点说明与分部分项工程或专项工程相关的内容。

由总承包单位编制的分部分项工程或专项工程施工方案，其工程概况说明可参照本节内容执行，单位工程施工组织设计中已包含的内容可省略。

> **示例**
> 某工程位于×××地段，精装修内容包括：轻钢龙骨石膏板吊顶、铝质顶棚吊顶；墙面石材、瓷砖镶贴、麦哥利木板墙面、19mm厚强化玻璃墙、各种板材门及玻璃门（包括门套、实木线条）；地面为西班牙米黄花岗石、西施红花岗石、啡网纹花岗石等铺贴材料；另有电气照明设施的敷设及家具的制作与布置。
> 施工条件：该工程土建及外窗已施工完毕，现场水、电供应齐备，加工场地充足。

5.2　施工安排

▶ 5.2.1　工程施工目标

工程施工目标包括进度、质量、安全、环境和成本等目标，各项目标应满足施工合同、招标文件和总承包单位对工程施工的要求。

1. 进度目标

1) 按照项目合同要求制定进度目标并编制项目进度计划，进度目标应明确。

2) 建立项目进度管理的组织机构并明确职责。

3) 制定符合项目特点的组织保障、资源保障和技术保障措施，通过可靠的进度控制措施，保证进度目标的实现。

2. 质量目标

1) 按照项目具体要求确定质量目标并进行目标分解，质量目标应具有可测量性。

2) 建立项目质量管理组织机构并明确职责。

3) 制定符合项目特点的技术保障和资源保障措施，通过可靠的预防控制措施，保证质量目标的实现。

3. 安全目标

1) 确定项目重要危险源，制定项目职业健康安全管理目标。

2) 建立有管理层次的项目安全管理组织机构并明确职责。

3) 根据项目特点，进行职业健康安全方面的资源配置。

> **示例**
>
> 某装饰工程安全目标：
>
> ①无重大人员伤亡事故和重大机械设备事故，轻伤频率控制在0.15%以内。
>
> ②消除现场消防隐患，无火灾事故，无违法犯罪案件。
>
> ③防止食物中毒，积极预防传染病。

4. 环境目标

1) 确定项目重要环境因素，制定项目环境管理目标。

2) 建立项目环境管理组织机构并明确职责。

3) 根据项目特点进行环境保护方面的资源配置。

5. 成本目标

1) 根据项目施工预算，制定项目施工成本目标。

2) 根据施工进度计划，对项目施工成本目标进行阶段分解。

3) 建立施工成本管理组织机构并明确职责，制定相应管理制度。

➤ 5.2.2 工程施工顺序

工程施工顺序及施工流水段应在施工安排中确定。

为保证专项工程的施工质量，采取"样板先行"制度，在专项工程大面积施工前，先做出样板，装修材料、装修风格、颜色搭配、施工做法无误，质量达到优良后，对各种做法进行总结，形成标准后，再开始大面积施工。

专项装饰工程施工顺序主要是确定施工工艺流程。

> **示例**
>
> 明框玻璃幕墙安装的工艺流程为：检验、分类堆放幕墙部件→测量放线→主、次龙骨装配→楼层紧固件安装→安装主龙骨（竖杆）并找平、调整→安装次龙骨（横杆）→安装保温镀锌钢板→在镀锌钢板上焊接螺钉→安装层间保温矿棉→安装楼层封闭镀锌板→安装单层玻璃窗密封条（卡）→安装单层玻璃→安装双层中空玻璃密封条（卡）→安装双层中空玻璃→安装侧压力板→镶嵌密封条→安装玻璃幕墙铝盖条→清扫→验收、交工。
>
> 单元式玻璃幕墙现场安装的工艺流程为：测量放线→检查预埋 T 形槽位置→穿入螺钉→固定牛腿→牛腿找正→牛腿精确找正→焊接牛腿→将 V 形和 W 形胶带大致挂好→起吊幕墙并垫减振胶垫→紧固螺钉→调整幕墙平直度→塞入并热压接防风带→安设室内窗台板、内扣板→填塞与梁、柱之间的防火、保温材料。

▶5.2.3　工程的重点和难点分析

针对工程的重点和难点进行施工安排，并简述主要管理和技术措施。工程的重点和难点设置的原则，是根据工程的重要程度（即质量特征值）对整个工程质量的影响程度来确定的。设置工程的重点和难点时，首先要对施工的工程对象进行全面分析、比较，以明确工程的重点和难点，然后进一步分析所设置的重点和难点在施工中可能出现的问题或造成质量安全隐患的原因，针对隐患的原因相应地提出对策用以预防。

专项施工方案的技术重点和难点应该有设计、有计算、有详图、有文字说明。

> **示例**
>
> 某装饰工程施工应在以下环节进行重点控制：
>
> 1）施工前各种放线图、测量记录。
>
> 2）原材料的材质证明、合格证及复试报告。
>
> 3）各工序质量标准。
>
> 由于该工程属于精装修，装修做法复杂、种类较多，且大部分做法难度较大，因此施工中一定要注意图样及洽商等技术文件的要求。该工程室内做法较多，如楼地面、墙面、隔断、顶棚、设备基础、水电专业配件等，在正式施工前应做好墙砖排版、地砖排版、石材排版、吊顶排版、外装幕墙铝板排版、隔断安装排版、管道井管道排版、设备基础排版、电气设备及配件排版、屋面坡度排水及平面布置排版等工作。排版后要求整砖、整板、对称、取中、成线等，以达到外观效果美观、观感质量合格的要求。
>
> 走廊和卫生间排砖要从二次结构砌筑、抹灰开始，考虑预留做法尺寸、门窗洞口对称、墙地砖对缝。

▶5.2.4　工程管理的组织机构及岗位职责

工程管理的组织机构及岗位职责应在施工安排中确定，并应符合总承包单位的要求。应根据分部分项工程或专项工程的规模、特点、复杂程度、目标控制和总承包单位的要求设置项目管理机构，该机构各种专业人员配备齐全，有完善的项目管理网络，建立健全岗位责任制。

1. 项目部经理岗位职责

项目部经理是工程质量第一责任人，负责项目施工管理的全面工作，制定工程的质量目标，并组织实施；认真贯彻执行国家和上级部门颁发的有关质量的政策、法规和制度。

1）实施项目经理负责制，统一领导项目施工并对工程质量负全面责任。

2）组建、保持工程项目质量保证体系并对其有效运行负责。

3）按施工组织设计组织施工，对施工全过程进行有效控制，确保工程质量、进度、安全符合规定要求。

4）合理调配人、财、物等资源，决策施工生产中出现的问题，满足施工生产需要。

5）组织进行工程试运转及交付工作，确保工程质量符合设计规定和合同内容，满足顾客要求。

2. 项目部副经理岗位职责

1）负责施工管理，合理组织施工，对施工全过程进行有效控制。

2）协助项目经理调配人、财、物等资源，解决施工生产中存在的问题，满足施工生产需要。

3）组织进行工程试运转及交付工作，确保工程质量符合设计规定和合同要求。

3. 项目部总工程师（技术负责人）

1）负责项目技术工作，对施工质量、安全生产技术负责。

2）组织编制项目施工组织设计，并对其实施效果负责。

3）组织编制并审核交工技术资料，对其真实性、完整性负责。

4）组织技术攻关，处理重大技术问题，具有质量否决权。

4. 施工员、技术员

1）严格按规定组织开展施工技术工作，并对其过程控制和施工质量负责；认真学习图样和设计说明，熟悉设计要求，参加图样会审并在施工中严格遵照执行；组织各工种工人严格按图、按有关施工规范进行施工。

2）编制有关施工技术文件，进行技术交底，办理设计变更文件。

3）负责确定施工过程控制点的控制时机和方法，负责产品的记录与追溯工作，以及工程防护工作；随时检查施工方案和施工质量是否符合图样及施工验收规范的要求，坚持质量"三检"制度，做到文明施工。

4）发现不合格品或有违章操作时，有权停止施工并采取措施进行纠正，有权进行不合格品的记录、隔离和处置，并对纠正（预防）措施的实施效果负责。

5）合理安排各施工班组之间工序搭接和工种之间的交叉配合，组织进行隐蔽工程验收及分部分项工程质量验评等各种检验、试验工作。

6）做好施工日志和各项技术资料，做到内容完整、真实，数据准确并按时上交，及时办理现场经济签证，并参加工程竣工验收工作。

5. 质量员

1）对工程项目实施全过程进行监督并抽查，具有质量否决权。

2）发现不合格品或有违章操作时，有权暂停施工并责令进行纠正。

3）跟踪监督、检查不合格品处置及纠正作业，以及预防措施的实施结果。

4）参加隐蔽工程验收及其他检验、试验工作，把好质量关。

5）参加工程验评（即竣工验收工作），检验工程质量结果。

6）做好专检记录，及时反馈质量信息。

6. 安全员

1）认真落实国家、地方、企业有关安全生产工作规程、安全施工管理规定和有关安全生产的批示要求，做好本职工作。

2）负责监督、检查所管辖施工现场的安全施工、文明施工，对查出的事故隐患，应立即督促班组整改。

3）制止违章违纪行为，有权对违章违纪人员进行经济处罚。对于严重隐患、冒险施工，有权先行停工，并报告上级研究处理。

4）参加现场各项目开工前的安全交底，检查现场开工前安全施工条件，监督安全措施的落实情况。参加检查周、安全日活动，督促班组进行每天班前安全讲话。

5）参加现场生产调度会和安全会议，协助上级布置安全工作；参加现场安全检查，对发现的问题按"三定"原则督促整改。

6）按"四不放过"的原则，协助现场人员组织事故的调查、处理、记录工作。

123

7. 材料员

1）根据施工进度计划，编制甲供产品和自行采购材料分批、分期进场计划。

2）负责对送检物资的报送工作。

3）根据批准的采购范围所确定的零星物资采购计划，开展采购工作。

4）负责甲供产品的调拨和外观验证。

5）负责仓储物资管理和记录。

6）负责施工生产用料的发放和回收管理。

7）负责物资质量证明文件的记录和保管工作。

8）参加不合格物资的评审处置。

8. 资料员

1）负责图样、设计变更、规范、标准的管理。

2）负责收集、整理、汇总、装订工程竣工资料。

3）负责和施工单位、监理单位、建设单位、设计单位联系，及时传递文件。

5.3 施工进度计划

➤5.3.1 专项工程施工进度计划的编制

分部分项工程或专项工程施工进度计划应按照施工安排，并结合总承包单位的施工进度计划进行编制。

　　进度计划的实施与落实，不仅是施工单位一家所能控制和实现的，而是由总承包单位与分包单位、施工单位与建设单位、施工单位与设计单位紧密协调配合，共同努力才能得以实施。为此，施工方案中将以施工总进度计划为推算依据，并请建设单位和施工单位按时做好装饰施工进场前必要的施工手续，为装饰工程施工创造必要的条件。

　　施工进度计划的编制应内容全面、安排合理、科学实用，在进度计划中应反映出各施工区段或各工序之间的搭接关系，施工期限和开始、结束时间。同时，施工进度计划应能体现和落实总体进度计划的目标控制要求；通过编制分部分项工程或专项工程进度计划，进而体现总进度计划的合理性。

➤ 5.3.2　施工进度计划的表现形式

　　施工进度计划可采用网络图或横道图表示，并附必要说明，具体格式见单元3。

5.4　施工准备与资源配置计划

➤ 5.4.1　施工准备的主要内容

1. 技术准备

　　技术准备包括施工所需技术资料的准备、图样深化和技术交底的要求、试验检验和测试工作计划、样板制作计划以及与相关单位的技术交接计划等。

　　专项工程技术负责人认真查阅设计交底文件、图样会审记录、变更洽商文件、备忘录、设计工作联系单、甲方工作联系单、监理通知等是否与已施工的项目有出入的地方，发现问题立即处理。

　　组织管理人员进行有关装修方面的规范、规程、标准的学习，及时掌握装修规范要求。

　　施工方案针对的是分部分项工程或专项工程，在施工准备阶段，除了要完成本项工程的施工准备外，还需注重与后序工作的相互衔接。

2. 现场准备

　　现场准备包括生产、生活等临时设施的准备以及与相关单位进行现场交接的计划等。

3. 资金准备

　　编制资金使用计划等。

➤ 5.4.2　资源配置计划的主要内容

1. 劳动力配置计划

　　根据工程施工计划要求确定工程用工量并编制专业工种劳动力计划表（表5-1）。

表 5-1　某装饰工程劳动力计划表

序号	工种	A 段	B 段	C 段
1	架子工	7	7	10
2	机械工	6	6	6
3	信号工	2	2	2
4	电焊工	4	4	6
5	电 工	4	4	6
6	涂料工	4	4	4
7	幕墙工人	15	15	20
8	弱电工人	10	10	15
9	消防工人	10	10	15
10	其他工人	30	30	40

2. 物资配置计划

物资配置计划包括工程材料和设备配置计划、周转材料配置计划、施工机械配置计划（表5-2），以及计量、测量和检验仪器配置计划等。

表 5-2　某装饰工程施工机械配置计划

序号	机械名称	型号	数量
1	电焊机	AX-320	3 台
2	木工圆锯	MJ114	3 台
3	木工平刨床	MB504A	3 台
4	双面木工刨	MB106A	2 台
5	无齿锯	J3G-400	2 台
6	室外电梯	SCD200	1 部
7	提升架	JK-150	2 台

125

5.5　施工方法及工艺要求

➤ 5.5.1　施工方法

施工方法是工程施工期间所采用的技术方案、工艺流程、组织措施、检验手段等，它直接影响施工进度、质量、安全以及工程成本。

专项工程施工方案应明确施工方法并进行必要的技术核算，对主要分项工程（工序）明确施工工艺要求。

专项工程施工方案的施工方法应比施工组织总设计和单位工程施工组织设计的相关内容更细化。

▶ 5.5.2 工艺要求

专项工程施工方案对易发生质量通病、易出现安全问题、施工难度大、技术含量高的分项工程（工序）等应说明工艺要求。

示例

某吊顶工程施工工艺要求：

1）应与安装工程进行良好的配合，吊顶内设备定位正确、牢固、美观合理。

2）不同的吊顶材料要进行翻样，吊顶要整齐、美观。

3）根据设计标高在四周墙上弹线，弹线应清晰、位置准确，便于查找，其水平允许偏差为 ±5mm。

4）主龙骨吊点间距应按设计要求选择，中间部分稍起拱，起拱高度不小于房间纵向跨度的 1/300～1/200。大面积吊顶应适当起拱，从而确保整体平面水平，保证平顶的整体美观。

5）吊杆距主龙骨端部距离不得超过 300mm，否则应增加吊杆；当吊杆与设备相遇时，应适当调整吊点构造或增设吊杆，必要时加设角钢。当主龙骨与主龙骨贯通，且位于吊杆附近时，这时也应当增加吊杆，以保证吊顶的平整度。

6）连接件要错位安装，明龙骨系列应校正纵向龙骨的直线度，直线度应目测或两端拉线到无明显弯曲，偏差值控制在允许值以内。

7）所有连接件和吊杆系列都要经过防锈处理。

8）对装配式吊顶，其每个方格尺寸都要符合图样及规范要求。主龙骨与次龙骨安装必须两端拉线进行操作。方格尺寸大小要均匀，易于安装面板，且固定牢靠。对不上人吊顶，施工过程必须在隐蔽项目完成后进行，不得随意踩踏主（次）龙骨，以防龙骨变形造成返工及延误工期。

9）安装石膏板前，先将石膏板倒缝，弹自攻螺钉线，以便螺钉准而快地固定在龙骨上；封面板板缝要均匀，面板板缝宽度要控制在 3mm 以内，以便嵌腻子和粘贴玻璃纤维接缝带，再用腻子刮平整。

▶ 5.5.3 新技术应用

对使用的新技术、新工艺以及采用的新材料、新设备应通过必要的试验或论证，并制定相关计划。

对于工程中推广应用的新技术、新工艺、新材料和新设备，既可以采用国家和地方推广的，也可以根据工程具体情况由企业创新采用；对于企业创新采用的技术和工艺，要制订理论和试验研究实施方案，并组织鉴定评价。

▶ 5.5.4 季节性施工措施

对季节性施工应提出具体要求。根据施工地点的实际气候特点，提出具有针对性的施工措施。在施工过程中，还应根据气象部门的预报资料，对具体措施进行细化。

> **示例**
>
> 某装饰工程冬期施工安全措施：
>
> 1) 入冬前组织项目部职工和施工队伍进行冬期施工安全教育。
>
> 2) 冬季脚手架必须采取防滑措施，搭设上下斜道，钉防滑条，设防护栏杆，雪天脚手架走道要及时打扫干净。
>
> 3) 切实做好防火工作，架设的火炉必须设专人看护，禁止随便点火取暖，现场的乙炔瓶、氧气瓶等易燃物品要分类堆放、集中管理，在仓库、木工车间、易燃物品等处设置灭火器、水源等灭火物品或资源。
>
> 4) 对于各种线路、电器要重新检查、维修，按安全用电的标准进行线路布置，严禁乱拉、乱接；大风、雪天后，必须检查线路，防止电线短路发生火灾。
>
> 5) 机械设备所用的润滑油、柴油、机油、液压油、水应按冬季使用规定掺加防冻剂或使用冬季特种产品。机器中没有掺加防冻液的冷却水在机械使用完后立即放空。

5.6 专项工程施工方案实例

某幕墙工程专项施工方案

一、工程概况

1. 工程基本情况

工程名称：××大学第三医院教学科研楼幕墙及外墙铝合金窗工程

工程地点：××市××街

工程性质：公建

建设单位：××大学

设计单位：××工程设计研究院

结构型式：框架结构

抗震设防烈度：8 度

计划工期：90 个日历天

工程质量目标：合格

工程内容：玻璃幕墙

2. 本幕墙工程主要项目

1) 玻璃幕墙：2560m²，隐框式。

2) 玻璃：采用 6mm 钢化 Low-E 镀膜玻璃 +9A +6mm 钢化透明浮法玻璃。

3) 铝型材：采用断桥铝材，表面氟碳喷涂处理。

3. 工程主要特点

本工程位于××市××街，抗震设防烈度为 8 度。建筑结构类型为框架剪力墙结构，设计使用年限为 50 年。市区基本风压 $W_0 = 0.45 kN/m^2$（50 年一遇），本次设计建筑地区粗糙度为 C 类。

4. 工程采用新技术、新材料、新工艺

1）框架玻璃幕墙采用定距压块安装，具有连接可靠、板块受力合理、安装简便、安全可靠的优点；同时，具有可更换性，即板块破损后更换非常容易。

2）玻璃幕墙采用三元乙丙橡胶条密封，提高了幕墙水密性和气密性。

3）所有型材接合部位均设有弹性胶垫。横（竖）框连接采用浮动式伸缩结构，可以从根本上消除因冷热变形导致的伸缩噪声，同时可容纳一定的横（竖）框安装误差，抗震能力强。

二、施工安排

1. 质量目标

按照合格验收标准严格要求，确保本工程按标准一次验收合格。

2. 工期目标

根据总包的计划开工日期，外装施工周期控制在 90 个日历天内。

3. 资金成本目标

"人、机、料、法、环"全方面、全过程实行工程预算目标宏观控制与施工过程微观调节相结合的管理方式，确保工程总成本达到预期目标。

严格按总进度计划合理调配资金，确保工程按期优质完成。

4. 环境保护目标

施工过程符合国家及××市对环境保护的各种规定，施工噪声满足《建筑施工场界环境噪声排放标准》（GB 12523—2011）要求。

5. 文明施工目标

贯彻公司文明施工战略要求，强化现场文明、场容管理，确保施工现场达到市级文明施工工地标准，创建"××市文明施工"标杆样板工地。

6. 安全目标

施工过程符合国家及××市有关安全施工的规定，并严格按《职业健康安全管理体系要求及使用指南》（GB/T 45001—2020）及公司职业健康安全管理程序进行施工作业，确保无重大工伤事故，杜绝死亡事故，轻伤频率控制在 0.2% 以内。

三、施工进度计划

1. 一级进度控制计划

一级进度控制计划表述分项工程的阶段目标，是提示业主、设计、监理及总包单位管理人员进行工程总体部署的表达方式。其主要作用是对分项工程计划进行实时监控、动态关联。本装饰工程计划总工期90d，进场时间为进场施工之日起。

2. 二级进度控制计划

以分项工程的阶段目标为指导，分解形成具体的实施步骤，满足一级进度控制计划的要求，便于业主、监理与总包单位管理人员对该分项工程进度进行总体控制及施工现场进度控制。本装饰工程的二级进度控制计划主要有预埋件安装计划、龙骨安装计划、装饰面材安装计划等。

3. 三级进度控制计划（即周、日作业计划）

周、日作业计划是当周（当日）操作计划，我公司随工程例会发布并总结，采取日保周、周保月、月保阶段的控制手段，使计划阶段目标分解至每一周、每一日。

四、施工准备与资源配置计划

1. 人力资源使用计划

根据该工程的工期要求和工作量，提前落实人力资源的来源，做好人力资源的统筹安排（表5-3），选用素质高、技术水平好并与我公司多年合作的施工队伍，做到既保证人力资源充足，又不窝工。人力资源使用高峰期为65人。

表5-3　人力资源专业工种配备情况

序号	工种	配置人数	备注
1	施工队长	3	
2	电工	1	
3	电焊工	8	
4	玻璃板安装工	12	1. 特殊工种工人具有专业工种上岗证书
5	铝合金安装工	16	2. 现场施工劳动力组织按进度计划进行动态管理
6	其他安装工	8	
7	龙骨安装工	10	
8	测量工	2	
9	打胶工	5	
合计		65	

2. 机械、设备计划

（1）垂直运输设备

总承包商负责提供垂直升降梯。

（2）施工用小型设备

按照相关文件提出的施工内容，配备足够数量的装饰施工用小型机械。考虑到工期、工程质量、施工现场场地紧张及本工程施工现场周围环境，施工时间控制及施工噪声管理将成为施工的重点，能够在加工厂完成的加工任务全部安排在加工厂内，施工现场只安排极少量的修补及组装工作，组装工作在安装工作面完成。

现场主要配备一些临时修补、钢构件加工和一些打孔、连接等用途的小型机械，并做到：

1）进场后各种机械必须经检验合格，履行验收手续后方可使用。

2）小型机械由专业人员按操作规程使用，并负责维护保养。

3）建立机械、设备安全操作制度，并将安全操作制度牌挂在机械明显位置处，做到有标识、有制度、有专人负责。

4）机械、设备的安全防护装置必须按规定要求配备，且齐全、完好、安全有效，并达到环保要求。

5）户外设置的机械、设备应有防雨、防撞等防护措施。

6）机械、设备应定期进行检查，并在每日上班前进行检查，保证施工时不会出现故障或安全问题。

（3）拟投入的施工现场机械、设备

本工程的加工及施工安装设备由铝合金型材加工流水线和石材加工流水线组成，具有加工玻璃幕墙、铝板幕墙、铝合金门窗的生产能力。

3. 工程主要材料计划

（1）铝合金型材

铝合金型材选用 6063 – T5 型材，符合《铝合金建筑型材》（GB/T 5237 系列）要求，为优质高级铝合金型材。

本工程铝合金型材推荐选用×××公司生产的优质高精级铝合金型材。

本工程铝合金型材经过氟碳喷涂处理，涂层厚度为 45～60μm，型材符合《铝合金建筑型材》（GB/T 5237 系列）、《一般工业用铝及铝合金挤压型材》（GB/T 6892—2015）的规定。

（2）玻璃

本工程玻璃推荐选用×××玻璃，产品符合相关规范要求。

1）玻璃种类：

玻璃幕墙：6mm 钢化 Low – E 玻璃 +9A +6mm 净白钢化中空玻璃。

外窗：5mm 钢化 Low – E 玻璃 +9A +5mm 净白钢化中空玻璃。

2）本工程对玻璃加工的要求：

① 玻璃尺寸偏差不大于 2mm。

② 钢化玻璃应经过二次热处理。

③ Low – E 玻璃不应有变色、脱落、褪色、孔洞、色差等缺陷。

④ 中空玻璃不应出现内部雾化、水汽、结露、结冰等现象。

⑤ 钢化玻璃不应有"彩虹"现象。

（3）密封胶与结构胶

密封胶应符合《硅酮和改性硅酮建筑密封胶》（GB/T 14683—2017）的规定，结构胶应符合《建筑用硅酮结构密封胶》（GB 16776—2005）的规定。幕墙防火层与楼板接缝处使用阻燃密封胶。

硅酮结构密封胶

（4）附件

本工程五金附件采用国产优质不锈钢制品；所有螺栓、螺母、螺钉、垫圈等选用不锈钢件，且采用的不锈钢件符合规范要求。

五、施工方法及工艺要求

1. 施工要点

（1）放线

放线是指将骨架的位置弹到主体结构上。放线工作根据图样所提供的中心线及标高进行，实际放线时应对中心线及标高控制点予以复核。主体结构与玻璃幕墙之间，一般还应留出一定的间隔，以保证安装工作顺利进行。

对于由横（竖）杆组成的幕墙骨架，一般先弹出竖向杆位置，再确定竖向杆件的锚固点。横向杆件一般固定在竖向杆件上，等竖向杆件通长布置完毕，横向杆件的放线则可弹到竖向杆件上。

（2）骨架安装

骨架的安装按放线的具体位置进行。骨架是通过连结件与主体结构相连的，而连结件与主体结构的固定，一般多采用连结件与主体结构上预埋件焊接或在主体结构上钻孔并通过膨胀螺栓将连结件与主体结构固定的办法。后一种方法较为机动灵活，但钻孔工作量很大，如有可能，应尽量采用预埋件焊接。全部连结件应确保焊接或锚固的质量，切实固定在结实的位置。

连结件安装完毕，即可安装骨架，一般竖向杆件先行安装，竖向杆件就位后，再安装横向杆件。竖向杆件与主体结构之间的连接，可用角钢固定，角钢的一肢与主体结构相连，另一肢与竖向杆件相连，连接的螺栓宜用不锈钢螺栓。安装的骨架如是钢骨架，应涂刷防锈漆；如是铝合金骨架，还须注意在其与混凝土直接接触部位对氧化膜进行防腐处理。

骨架中的空腹薄壁铝合金竖向杆件的接长，应采用稍小于竖向杆件截面的空腹方钢连结件，分别穿入上下杆件端部，然后用不锈钢螺栓穿孔拧紧。型钢杆件接长较易处理，此处不予赘述。

横向杆件安装既可与竖向杆件焊接，也可用螺栓连接，鉴于焊接易导致骨架受热不均而变形，应特别注意焊接的顺序及操作工艺，或者尽量减少现场焊接工作。

骨架安装完后，应对横（竖）杆件中心线进行校验，对高度较高的竖向杆件，还应用经纬仪进行中心线校正。

（3）玻璃安装

对于钢结构骨架，因型钢没有镶嵌玻璃的凹槽，故多用铝合金窗框过渡，一个骨架网格内既可以是单独窗框，也可并连几樘窗框。玻璃可先安装在窗框上，然后再将窗框与骨架连接。

铝合金型材骨架的玻璃安装，可分为安装玻璃、嵌橡胶压条、注封缝料三个步骤。在横向杆件上安装玻璃时应注意在玻璃下方加设定位垫块。凹槽两侧的填缝材料，一般用通长的橡胶压条，然后在压条上面注一道防水密封胶，注入深度约5mm。

幕墙玻璃一般较大，较大面积玻璃的吊装须借助吊装机并配以专门的起吊环。较小面积的玻璃也可用人力搬运。实际工程中，多用提升机作垂直搬运，用轻便小车作楼层的水平方向搬运。玻璃的移动、就位要借助吸盘，手工搬运用的手工吸盘有单脚、双腿、三腿等形式。

玻璃安装过程中，应充分注意利用外墙脚手架，玻璃就位后应及时用填缝材料固定和密封，切不可明摆浮搁。玻璃安装完毕后要注意保护，在易碰撞的部位应有木栏杆或护板等保护措施。在玻璃附近电焊时，应将玻璃加以覆盖，防止火花溅落引起烧痕。

沉降缝处的玻璃幕墙，一般做成两个独立的幕墙骨架体系，防水处理可以是内外两道防水做法，铝板相交处用密封胶封闭处理。

玻璃幕墙的安装是一项高技术性工作，因而施工之前应制订稳妥的施工方案，在操作中应有专人负责指挥。

2. 玻璃幕墙施工工艺要求

1）明框幕墙框料应横平竖直；单元式幕墙的单元拼缝或隐框幕墙的分格玻璃拼缝应横平竖直，缝宽应均匀，并符合设计要求。

2）玻璃的品种、规格与色彩应与设计相符，整幅幕墙玻璃的色泽应均匀；不应有析碱、发霉和镀膜脱落等现象。

3）玻璃的安装方向应正确。

4）幕墙材料的色彩应与设计相符，并应均匀，铝合金材料不应有脱膜现象。

5）装饰压板表面应平整，不应有肉眼可察觉的变形、波纹或局部压砸等缺陷。

131

6）幕墙的上下边及侧边封口、沉降缝、伸缩缝、防震缝的处理及防雷体系应符合设计要求。

7）幕墙隐蔽节点的遮封装饰应整齐美观。

8）幕墙不得渗漏。

9）玻璃幕墙工程抽样检验应符合下列要求：

① 铝合金材料及玻璃表面不应有铝屑、毛刺、油斑和其他污垢。

② 玻璃应安装或黏结牢固，橡胶条和密封胶应镶嵌密实、填充平整。

③ 钢化玻璃表面不得有伤痕；擦伤面积不大于 $500\mathrm{mm}^2$。

10）铝合金型材表面质量，需达到以下要求：

① 所有铝合金型材及铝板的室外可视表面采用氟碳喷涂或仿木纹喷涂，不可视表面采用阳极氧化处理。

② 氟碳喷涂要求：采用三涂两烤处理方式，平均膜厚度不小于 $40\mu m$，局部膜厚度不小于 $35\mu m$。

③ 仿木纹喷涂要求：最小干膜厚度为 $60\mu m$。

④ 阳极氧化处理要求：平均膜厚度不小于 $25\mu m$，局部膜厚度不小于 $20\mu m$。

施工单位必须提供铝合金型材及铝板制造商给出的为期15年的产品质量保证书。

11）对于隐框幕墙安装位置的质量要求，基本上与明框幕墙相同，仅区别在隐框幕墙框架不外露。

① 由于隐框幕墙玻璃外露，可检查幕墙面平面度，为防止墙面各玻璃拼在一起时不在一个平面使映在墙面上的影像畸变，要求检查时抽检竖缝相邻两侧玻璃表面的平面度，并从严要求，用2m靠尺检查，允许偏差为2.5mm。

② 隐框幕墙各玻璃整齐与否与幕墙的美观程度关系极大，除了检查垂直度、水平度和直线度之外，为防止拼缝出现宽窄不一的质量通病，还要进行拼缝宽度与设计值相比较的偏差检查，以保证整幅隐框幕墙各玻璃拼缝整齐美观。

12）隐框玻璃幕墙安装注意事项：

① 放线及固定支座安装：幕墙施工前放线检查主体结构的垂直度与平整度，同时检查预埋件的位置、标高，然后再安装固定支座。

② 立梃骨架和横梁安装：立梃骨架安装从下向上进行，立梃骨架接长时用插芯穿入立梃骨架中连接；立梃骨架用钢角码连接件与主体结构预埋件先点焊连接，每一道立梃骨架安装好后用经纬仪校正，然后满焊做最后固定。横梁与立梃骨架采用角铝连接件连接。

③ 玻璃装配组件安装：玻璃装配组件安装由上往下进行，组件应相互平齐、间隔一致。

④ 装配组件的密封：先对密封部位进行表面清洁处理，组件间表面应干净、无油污存在；放置泡沫杆时不应过深或过浅；注入密封胶的厚度取两板间胶缝宽度的一半；密封耐候胶与玻璃、铝材应黏结牢固，胶面平整、光滑；最后撕去玻璃上的保护胶纸。

小　结

施工方案是以分部分项工程或专项工程为主要对象编制的施工技术与组织方案，用以具体指导施工过程。其内容包括：工程概况、施工安排、施工进度计划、施工准备与资源配置计划、施工方法及工艺要求等。

工程概况包括工程主要情况、设计简介和工程施工条件等。

工程施工目标包括进度、质量、安全、环境和成本等目标，各项目标应满足施工合同、招标文件和总承包单位对工程施工的要求。

施工准备工作包括技术准备、现场准备、资金准备等。

施工方法是工程施工期间所采用的技术方案、工艺流程、组织措施、检验手段等，它直接影响施工进度、质量、安全及工程成本。

专项工程施工方案应明确施工方法并进行必要的技术核算，对主要分项工程（工序）明确施工工艺要求。

专项工程施工方案的施工方法应比施工组织总设计和单位工程施工组织设计的相关内容更细化。

思　考　题

5-1　简述编制专项工程施工方案的依据。

5-2　专项工程施工方案的工程概况包括哪些内容？

5-3　简述专项工程施工方案的施工安排。

5-4　专项工程施工方案的施工准备工作有哪些？

5-5　选择施工机械应着重考虑哪些问题？

5-6　如何选择专项工程施工方案的施工方法？

实训练习题

编制建筑装饰工程专项施工方案。

1）目的：了解建筑装饰工程专项施工方案的类型与作用，熟悉建筑装饰工程专项施工方案的内容与编制技巧。

2）资料要求：建筑装饰工程施工图样、预算书、现场状况说明、资源配置情况说明等。

3）能力标准及要求：了解建筑装饰工程施工方案的应用；熟悉建筑装饰工程施工方案的内容；掌握建筑装饰工程施工方案的编制技巧。

4）步骤提示：提供建筑装饰工程施工图样、预算书、现场状况说明、资源配置情况说明等→提出工程的合同要求→编制建筑装饰工程施工方案→进行综合评定。

5）注意事项：预算书、资源配置情况说明可不同；编制前组织同学进行讨论，以施工技术、进度计划、质量要求等内容为核心论点，充分发挥学生的积极性、主动性与创造性。

6）讨论与训练：建筑装饰工程专项施工方案的核心内容有哪些？如何进行编制？

单元6

建筑装饰工程招（投）标与合同管理

学习目标

通过本单元的学习，学生了解建筑装饰市场的基本情况、建筑装饰工程承（发）包方式；掌握建筑装饰工程招标的条件和一般程序，招标文件的主要内容，能够进行装饰工程招标标底的计算与确定。掌握投标的策略与技巧，熟练进行投标报价及投标文件的编制，能够利用招标投标法指导实际工程招（投）标活动。学生了解建筑装饰工程承包合同的类型，熟悉各类工程承包合同的内容；了解建筑装饰工程承包合同的签订；掌握工程承包合同的履行；掌握施工索赔的程序及索赔额的计算。

6.1 建筑装饰市场

6.1.1 建筑装饰市场的概念

建筑装饰市场是指以建筑装饰工程承（发）包交易活动为主要内容的市场，一般是指有形建筑装饰市场，有固定的交易场所。另外，与装饰工程建设有关的技术、租赁、劳务等各种要素市场；为装饰工程建设提供专业服务的中介活动，靠广告、通信、中介机构或经纪人等媒介沟通买卖双方或通过招标投标等多种方式成交的各种交易活动也属于建筑装饰市场的范畴。此外，还包括建筑装饰产品生产过程及流通过程中的经济联系和经济关系。

6.1.2 建筑装饰市场的主体和客体

建筑装饰市场的主体是指参与建筑装饰生产交易过程的各方，主要有业主（建设单位或发包人）、承包商、装饰工程咨询服务机构等。建筑装饰市场的客体则为有形的建筑装饰产品

（建筑物、构筑物的装饰工程）和无形的建筑装饰产品（设计、咨询、监理等智力型服务）。

1. 建筑装饰市场主体

（1）业主

业主是指既有某项工程装饰需求，又具有该项工程的装饰资金和各种准建手续，在建筑装饰市场中发包工程项目建设的设计、施工、监理任务，并最终得到达到其经营使用目的的建筑装饰产品的政府部门、企事业单位和个人。

（2）承包商

承包商是指拥有一定数量的建筑装饰装备、流动资金、工程技术人员、工程管理人员及一定数量的工人，取得建筑装饰行业相应资质证书和营业执照，能够按照业主的要求提供不同形态的建筑装饰产品并最终得到相应工程价款的建筑装饰企业。

相对于业主，承包商作为建筑装饰市场主体，是长期和持续存在的。因此，对承包商一般要实行从业资格管理。承包商从事建设生产，一般需具备四个方面的条件：

1）拥有符合国家规定的注册资本。

2）拥有与其资质等级相适应且具有注册执业资格的专业技术人员和管理人员。

3）拥有从事相应建筑活动所应有的技术装备。

4）经资格审查合格，已取得资质证书和营业执照。

（3）装饰工程咨询服务机构

装饰工程咨询服务机构是指具有一定注册资金，具有一定数量的工程技术人员、工程管理人员，取得建筑装饰咨询证书和营业执照，能为建筑装饰工程提供估算测量、管理咨询、建设监理等智力型服务并获取相应费用的企业。

装饰工程咨询服务机构包括装饰设计企业、装饰工程造价（测量）咨询单位、招标代理机构、装饰工程监理公司、装饰工程管理公司等。装饰工程咨询服务机构虽然不是装饰工程承（发）包的当事人，但其受业主委托或聘用，与业主订有协议书或合同，因而对装饰项目的实施负有相当重要的责任。

2. 建筑装饰市场的客体

建筑装饰市场的客体，一般称作建筑装饰产品，是建筑装饰市场的交易对象，既包括有形建筑装饰产品，也包括无形产品——各类智力型服务。

建筑装饰产品不同于一般工业产品，因为建筑装饰产品本身及其生产过程，具有不同于其他工业产品的特点。在不同的生产交易阶段，建筑装饰产品表现为不同的形态，它可以是咨询公司提供的咨询报告、咨询意见或其他服务；可以是装饰设计单位提供的设计方案、施工图样；可以是生产厂家提供的装饰构件，当然也包括承包商承建的各类建筑装饰项目。

（1）建筑装饰产品的商品属性

改革开放以来，我国建筑装饰企业成为独立的生产单位，建设投资由国家拨款改为多种渠道筹措，市场竞争代替行政分配任务，建筑装饰产品价格也逐步走向以市场形成价格的价格机制。建筑装饰产品的商品属性已为大家所认识，这成为建筑装饰市场发展的基础，并推动了建筑装饰市场的价格机制、竞争机制和供求机制的形成，使实力强、素质高、经营好的企业在市场上更具竞争力，能够更快地发展，实现资源的优化配置，提高了全社会的生产力水平。

（2）建筑装饰标准的法定性

建筑装饰产品的质量不仅关系承（发）包双方的利益，也关系到国家和社会的公共利益，正是由于建筑装饰产品的这种特殊性，其质量标准是以国家标准、国家规范等形式体现的。从事建筑装饰产品生产必须遵守这些标准、规范的规定，违反这些标准、规范的企事业单位将受到国家法律的制裁。

在具体形式上，建筑装饰标准包括了标准、规范、规程等。建筑装饰标准的独特作用就在于，一方面通过有关标准、规范为相应的专业技术人员提供了需要遵循的技术要求和方法；另一方面，由于标准的法律属性和权威属性，保证了建筑装饰行业从业人员按照标准作业，从而为保证工程质量打下了基础。

➤ 6.1.3 建筑装饰工程承（发）包

1. 建筑装饰工程承（发）包的概念

承（发）包是一种经营方式，是指交易的一方负责为交易的另一方完成某项工作或供应一批货物，并按一定的价格取得相应报酬的一种交易行为。装饰工程承（发）包是根据协议，作为交易一方的建筑装饰企业，负责为交易另一方的建设单位完成某一项工程的全部或其中的一部分工作，并按一定的价格取得相应的报酬。委托任务并负责支付报酬的一方称为发包人（建设单位），接受任务负责按时保质保量完成而取得报酬的一方称为承包人（建筑装饰企业）。

2. 建筑装饰工程承（发）包的内容

建筑装饰工程承（发）包的内容非常广泛，既可以对建筑装饰工程项目建设的全过程进行总承（发）包，也可以分阶段对工程项目的装饰设计、材料及设备采购供应、建筑装饰施工等阶段进行阶段性承（发）包。

（1）装饰设计

装饰设计是工程建设的重要环节，它是从技术上和经济上对拟建工程进行全面规划的工作。大中型项目一般采用两阶段设计，即方案设计和施工图设计。重大项目和特殊项目采用三阶段设计，即方案设计、技术设计和施工图设计。

（2）材料和设备的采购供应

建筑装饰项目所需的设备和材料，涉及面广、品种多、数量大，设备和材料采购供应是建筑装饰过程中的重要环节。建筑装饰材料的采购供应方式有：公开招标、询价报价、直接采购等。设备供应方式有：委托承包、设备包干、招标投标等。

（3）建筑装饰施工

建筑装饰施工是建筑装饰工程建设过程中的一个重要环节，是把设计图样付诸实施的决定性阶段。其任务是把设计图样变成物质产品，使预期的装饰效果或使用功能得以实现。建筑装饰施工内容包括施工现场的准备工作、建筑装饰施工、设备安装等。此阶段采用招标投标的方式进行工程的承（发）包。

（4）装饰工程监理

装饰工程监理单位的服务对象是建设单位，并接受建设主管部门的委托，对装饰项目的可行性研究、设计、设备及材料采购供应、工程施工直至竣工验收，实行全过程监督管理或阶段性监督管理。装饰工程监理单位代表建设单位与装饰工程施工各参与方打交道，在设计阶段选择设计单位，提出设计要求，估算和控制投资额，安排和控制设计进度等；在施工阶段组织招标，选择施工单位，协助建设单位签订施工合同并监督检查合同的执行，直至竣工验收。

3. 装饰工程承（发）包方式

装饰工程承（发）包方式是指发包人与承包人双方之间的经济关系形式。从承（发）包的范围、承包人所处的地位、合同计价方式、获得任务的途径等不同的角度，可以对装饰工程承（发）包方式进行不同的分类，其主要分类如图6-1所示。

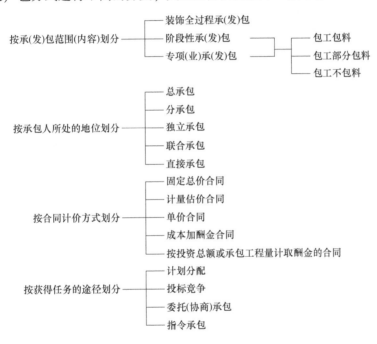

图6-1　装饰工程承（发）包方式分类

6.2 建筑装饰工程招标与投标

➤6.2.1　建筑装饰工程招标与投标的概念

招标与投标是经济合作中习惯采用的一种买卖双方成交的方式。

招标是指招标人（又称"发包商""发包方"或"甲方"）根据拟建工程项目的规模、内容、条件和要求等编制招标文件，通过招标公告或邀请几家承包商（即施工单位）来参加该工程的投标竞争，利用投标单位之间的竞争，从中择优选定能保证工程质量、工期及报价合理的承包商的活动。

投标是指投标人（又称"承包商""承包方"或"乙方"）获得招标信息后，根据招标文件所提出的各项条件和要求，并结合本企业的有关具体情况，开列出工程造价、施工方案等，致函招标人，请求承包该项工程，并通过投标竞争而获得承包工程资格的活动。投标人在中标后，也可以按规定条件对部分工程进行二次招标，即分包。

➤ 6.2.2 建筑装饰工程招标与投标的作用

招标和投标适应社会主义市场经济的需要，是市场竞争的必然结果。建筑装饰工程项目实行招标投标制度，对改进施工企业的经营管理和施工技术水平，保证建筑装饰市场的健康发展，具有重要的作用。具体而言，主要表现在以下几个方面：

1）提高施工企业的经营管理水平。
2）提高施工企业的施工技术水平，保证工程质量。
3）缩短工期，加快建设速度。
4）降低工程造价，节约建设资金。
5）简化了结算手续，减少了甲、乙双方之间的"扯皮"现象。

➤ 6.2.3 建筑装饰工程招标与投标的程序

建筑装饰工程招（投）标是一个连续的过程，必须按照一定的程序来进行。建筑装饰工程招（投）标的程序如图 6-2 所示。

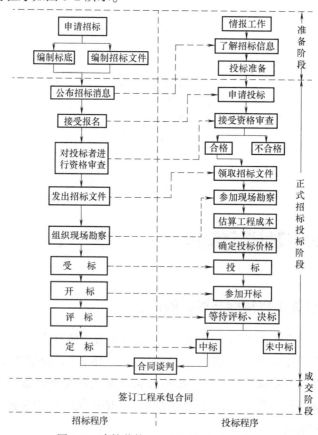

图 6-2 建筑装饰工程招（投）标的程序

➤ 6.2.4　建筑装饰工程招标

1. 招标的条件

实行招标的工程，必须具备下列条件方可申请招标：

1）招标单位具有法人资格。

2）招标工程项目已列入国家或地方计划。

3）工程资金已落实。

4）具备施工条件，装修施工图样已完成。

5）有当地建设行政主管部门颁发的有关证件。

以上条件，由招标单位负责进行落实，报建设行政主管部门批准后，即进行招标工作。

2. 招标文件

招标单位在进行招标前，必须编制招标文件。它是招标单位介绍工程概况和说明工程要求的标准书面文件，既是工程招标的核心，也是投标报价的依据。

招标文件由招标单位负责编制，要求尽量详尽、完善，文字简明。其主要内容包括以下几个方面：

1）工程综合说明。包括工程名称、地址，招标项目，占地范围，建筑面积和技术要求，质量标准以及现场条件，招标方式，要求开、竣工时间，对投标企业的资质等级要求等。

2）必要的设计图样和技术资料。

3）工程量清单。

4）由银行出具的建设资金证明和工程款的支付方式及预付款的支付比例。

5）主要材料与设备的供应方式，加工订货情况和材料、设备价差处理方法。

6）特殊工程的施工要求以及采用的技术规范。

7）投标书的编制要求及评标、定标原则。

8）投标、开标、评标、定标等活动的日程安排。

9）《建筑装饰工程施工合同条件》及调整要求。

10）要求交纳的投标保证金额度。

11）其他需要说明的事项。

3. 招标方式

（1）公开招标

由招标单位通过报刊、电视、广播、指定网站等媒体发布招标公告，凡获悉招标信息的施工企业均可参加招标工程的投标。由于参加投标报名的施工企业无限制，故公开招标是一种充分体现"公平交易、平等竞争"的招标方式，但由于投标单位多，给后期开标、议标、评标及定标工作增加了很多工作量。

（2）邀请招标

由招标单位向三个以上有工程承包能力的建筑装饰施工企业发出招标通知书，邀请他们参加工程投标。由于参加投标报名的只是获得邀请的施工企业，所以是一种"不完全竞争"的招标方式，但这种方式可大大减少后期工作量。

139

4. 招标公告

招标公告或招标通知书，应包括以下内容：

1）招标单位的名称、地址，联系人姓名、电话。

2）招标工程项目、地点、规模。

3）工程质量标准。

4）施工工期要求。

5）参加投标报名的地点、起讫日期。

6）投标报名的施工企业应具备的条件。

7）工程承包方式。

8）招标文件发送的地址、日期及发送手续等。

5. 建筑装饰工程招标标底

工程标底，又称"招标价"，标底由招标单位自行编制或委托经建设行政主管部门认定的具有编制标底能力的咨询单位、监理单位编制，并经招标办公室审定。标底是进行招标和评标工作的主要依据之一。

标底根据不同工程的特点，主要有以下几种：按建筑装饰工程量的单位造价包干的标底；按建筑装饰施工图预算包干的标底；按建筑装饰施工图预算加系数一次性包干的标底；按扩大初步设计图样及说明书等资料实行总概算交钥匙包干的标底。

标底是建设单位确定工程总造价的依据，是衡量投标单位工程报价的标准，也是保证工程质量的经济基础。

工程标底应由成本、利润、税金等组成，应考虑人工、材料、机械台班等价格变动因素，还应包括施工不可预见费、包干费和措施费等，并充分体现当地建筑装饰市场的实际情况，要有利于竞争和保证工程质量。因此，标底编制的依据主要包括以下几方面：设计部门提供的施工图样及有关资料；国家和地方现行的装饰定额、参考定额和费用定额；地区材料、设备的预算价格、价差和超价差等；现场施工条件、交通运输条件；招标文件等。

6. 建筑装饰工程招标控制价

招标控制价是招标人根据各级建设主管部门颁发的有关计价依据和办法，以及拟定的招标文件和招标工程量清单，结合工程具体情况编制的招标工程的最高投标限价。国有资金投资的工程建设项目应实行工程量清单招标，并应编制招标控制价。

对设置招标控制价的招标工程，招标控制价是招标人的最高投标限价，对工程招标阶段的工作具有以下作用：

1）招标人可有效控制项目投资，防止恶性投标带来的投资风险。

2）增强招标过程的透明度，有利于正常评标。

3）利于引导投标方投标报价，避免投标方在无标底情况下的无序竞争。

4）招标控制价反映的是社会平均水平，为招标人判断最低投标报价是否低于成本提供参考依据。

5）可为工程变更新增项目确定单价提供计算依据。

6）作为评标的参考依据，避免出现较大偏离。

7）投标人根据自己的企业实力、施工方案等报价，不必揣测招标人的标底，提高了市场交易效率。

8）减少了投标人的交易成本，使投标人不必花费人力、财力去套取招标人的标底。

9）招标人把工程投资控制在招标控制价范围内，提高了交易成功的可能性。

因此，招标控制价必须以严肃认真的态度和科学的方法进行编制，应当实事求是，综合考虑和体现发包方和承包方的利益。编制切实可行的招标控制价，真正发挥招标控制价的作用，严格衡量和审定投标人的投标报价，是工程招标工作能否达到预期目标的关键。

▶6.2.5　建筑装饰工程投标

1. 投标的条件

根据《工程建设项目施工招标投标办法》，招标人可以根据招标项目本身的特点和需要，要求潜在投标人或者投标人提供满足其资格要求的文件，对潜在投标人或者投标人进行资格审查；国家对潜在投标人或者投标人的资格条件有规定的，依照其规定。

资格审查应主要审查潜在投标人或者投标人是否符合下列条件：

1）具有独立订立合同的权利。

2）具有履行合同的能力，包括专业、技术资格和能力，资金、设备和其他物质设施状况，管理能力，经验、信誉和相应的从业人员。

3）没有处于被责令停业，投标资格被取消，财产被接管、冻结，破产状态。

4）在最近三年内没有骗取中标和严重违约及重大工程质量问题。

5）国家规定的其他资格条件。

资格审查时，招标人不得以不合理的条件限制、排斥潜在投标人或者投标人，不得对潜在投标人或者投标人实行歧视待遇。任何单位和个人不得以行政手段或者其他不合理方式限制投标人的数量。

2. 投标文件的编制

当投标单位领取招标文件后，即可进行投标文件的编制工作，以确定投标报价。投标文件的编制一般分为以下几个步骤：

1）熟悉标书、图样、资料，对图样和资料有不清楚、不理解的地方，可以用口头或书面方式向招标单位询问和澄清。

2）参加招标单位召集的施工现场情况介绍和答疑会。

3）调查研究，收集有关资料，如交通运输、材料供应和价格情况等。

4）复查和计算图样工程量。

5）编制和套用投标单价。

6）计算取费标准或确定采用取费标准。

7）计算投标报价。

8）核对和调整投标报价。

9）决策投标报价。

投标文件应按统一的投标书要求和条件填写，按规定的投标日期送交招标单位，等待开标。

3. 投标的竞争策略

凡是参加投标的单位都希望自己能够中标，以取得工程承包权。为了中标，投标单位就要使自己的报价尽量接近标底，而又略低于竞争对手的报价。

投标的竞争策略主要是解决企业在投标过程中的重要决策问题。投标的竞争策略主要体现在报价上，投标单位应根据掌握的有关信息，确定自己的报价策略。报价策略一般有以下几种：

1）减少风险，提高报价。对于工程情况复杂、技术难度较大、没有把握的工程，可采取提高报价来减少风险，但这种做法的中标机会很少。

2）活口报价。在工程报价中留有一些"活口"，表面上看好像报价较低，但在投标报价中附加多项备注或说明，留在施工过程中处理，其结果不是低报价，而是高报价。

3）多方案报价。针对招标文件不明确或本身存在多个可选方案的情况，投标单位可作多方案报价，最后与招标单位协商处理。

4）薄利保本报价。对于招标条件优越，同时本单位做过类似的工程，而且在企业施工任务不饱满的情况下，为了争取中标，可采取薄利保本策略，按较低的报价水平报价。

5）亏损报价。企业在某种特殊情况下，可以采取亏损报价策略。例如，企业无施工任务，为了减少更大的损失，争取中标；企业为了创立口碑，采取先亏后盈的经营方式；企业实力雄厚，出于长远考虑，为了占领某一地区市场，采取以东补西的经营方式等。

142

➤ 6.2.6 建筑装饰工程开标、评标和定标

1. 开标

开标应当在招标文件确定的提交投标文件截止时间的同一时间公开进行；开标地点应当为招标文件中预先确定的地点。开标由招标人主持，邀请所有投标人参加。开标时，由投标人或者其推选的代表检查投标文件的密封情况，也可以由招标人委托的公证机构检查并公证；经确认无误后，由工作人员当众拆封，宣读投标人名称、投标价格和投标文件的其他主要内容。招标人在招标文件要求提交投标文件的截止时间前收到的所有投标文件，开标时都应当当众予以拆封、宣读。开标过程应当记录，并存档备查。投标文件有下列情况之一者，视为废标，不予受理：

1）标函未密封。

2）未按规定格式填写或字迹模糊辨认不清、内容不全等。

3）未加盖单位公章和负责人印章。

4）逾期送达的。

5）投标企业未参加开标会议。

开标会议程序可按下述步骤进行：

1）主持人宣布开标会开始。

2）介绍与会的各方代表。

3）招标、投标双方出示并宣读法人代表委托书。

4）宣读投标方的资格预审表。

5）招标单位负责人讲话。

6）招标单位重申招标文件。

7）各投标方对招标文件确认的表态。

8）宣布评标小组成员。

9）抽签决定报价顺序。

10）评标小组成员验证标函。

11）投标方报价（每家限时 20~25 分钟）。

12）报价记录员收回标函并核对主要指标。

13）投标方退场。

14）评标小组评标。

15）招标单位决标。

2. 评标

评标是指招标单位将开标后整理的投标资料逐个进行内部评议、审查，初步评出中标单位的过程。

（1）评标原则

1）实事求是，公正平等。

2）经济合理，技术先进。

3）报价不能超过标底所规定的幅度范围，一般为 5%。

4）综合考虑投标单位所提出的保证工程质量措施、施工工期、报价以及企业的社会信誉等因素，择优确定。

（2）评标方法

1）条件对比法：列出若干条件，然后对应这些条件对各投标单位逐个进行比较，选择综合条件最优的作为中标单位。

2）打分评标法：对各投标单位的标函按照报价、工期、质量、材料供应、社会信誉等评分条件分别进行定量打分，择其总分最高者为中标单位。各项评分条件的权重和增减分数细节应事先讨论确定，并同标底一样注意保密。

3. 定标

定标，又称"决标"，是指招标单位对投标单位所报送的投标文件进行全面审查、分析评比，最后选定中标单位承包工程的过程。

定标时要充分体现报价、工期、质量和信誉的有机统一，防止片面性，既要克服压低标价、违背价值规律的倾向，又要提高投标单位的履约率，避免对投标单位的苛求。

中标单位确定后，应由招标单位填写中标通知书，经上级主管部门审核签发后，通知中标单位，并应在一个月内签订工程承包合同。如投标单位接到中标通知书后，不在规定的时间内与招标单位签订合同，除负责赔偿损失外，还有可能被取消中标资格，招标单位可另行招标。

▶ 6.2.7 电子招（投）标简介

1. 电子招（投）标的概念

电子招（投）标是指以数据电文形式，依托电子招（投）标系统完成

电子招（投）标
简介

的全部或者部分招（投）标交易、公共服务和行政监督活动。通俗地说，就是部分或者全部抛弃纸质文件，借助计算机和网络完成招（投）标活动。数据电文形式与纸质形式的招（投）标活动具有同等法律效力。

2. 电子招（投）标系统

电子招（投）标系统提供了电子标书、数字证书加（解）密、计算机辅助开（评）标等技术，全面实现了资格标、技术标和商务标的电子化和计算机辅助评标，支持电子签到、流标处理和中标锁定，支持电子评标报告和招（投）标数字档案，极大地提高了招（投）标的效率，节省了招（投）标的成本，可支持的类型包括工程、货物、服务类招（投）标。

3. 电子招（投）标的三大平台

电子招（投）标系统根据功能的不同，分为交易平台、公共服务平台和行政监督平台。

1）交易平台是以数据电文形式完成招（投）标交易活动的信息平台。

2）公共服务平台是满足交易平台之间信息交换、资源共享需要，并为市场主体、行政监督部门和社会公众提供信息服务的信息平台。

3）行政监督平台是行政监督部门和监察机关在线监督电子招（投）标活动的信息平台。

4. 全流程电子招（投）标

全流程电子招（投）标是指在计算机和网络上完成招（投）标的整个过程，即在线完成招标、投标、开标、评标、定标等活动。它与依托纸质文件开展的招（投）标活动并无本质上的区别。

全流程电子招（投）标主要从以下几个方面设计：

1）建立可信、安全的物理运行环境，保障各种实体的安全；系统配备相应的服务器证书产品和其他软（硬）件安全设施，以确保系统网络安全。

2）保障系统的应用服务器、数据库服务器等主机系统的安全；通过配置防火墙、其他检测等措施确保系统服务器的安全运行。

3）建立有效的计算机病毒防护体系。

4）对未经授权的访问和恶意的攻击进行实时响应。

5）采用密码（MD5 加密）和认证技术，支持 PKI、SSL、X. 509 等规范；信息传输设置完整、有效，支持权限设置和保密性规范，并有完善的身份认证机制、严密的权限控制体系、关键数据加密（MD5 加密）体系，以保证系统信息存放和传输的安全，保障系统交易的安全性。

6）实现系统业务操作权限管理和访问控制，建立本系统业务安全管理办法；招标、投标、评标和监督检察工作人员分别使用经过授权的用户名和密码（MD5 加密）才能进入系统，未经合法身份授权不能进行系统核心操作。招（投）标资料的发布、评标确认、监督检察都由特定人员执行，补充修改和增加资料内容及咨询问答，都由专人专职。任何资料信息一旦发布，即不可修改。

7）提供有效、详细的操作日志记录和审计功能。

6.3.1　建筑装饰工程承包合同的概念

合同是双方（或多方）为实现某个目的进行合作而签订的协议，它是一种契约。

建筑装饰工程承包合同是发包方与承包方为完成建筑装饰工程任务所签订的具有法律效力的经济合同，它旨在明确双方的责任、权利及经济利益的关系。

6.3.2　建筑装饰工程承包合同的作用

1）它明确了双方的责任、权利、利益，使合同双方的计划能得到有机的统一，使计划落实有所制约和保证，确保建筑装饰工程能按照预控目标顺利实施。

2）它为有关管理部门和签约双方提供了监督和检查的依据，能随时掌握施工生产的动态，全面监督检查各项工作的落实情况，及时发现问题和解决问题。

3）它有利于提高施工企业的经营水平和技术水平。

4）它有利于充分调动合同双方的积极性，共同在合同关系的相互制约下，有效地共同保证项目工程的顺利完成。

6.3.3　建筑装饰工程承包合同的类型

（1）总价不变合同

总价不变合同是指发包方与承包方按固定不变的工程投标报价进行结算，不因工程量、设备、材料价格、工资等变动而调整合同价格的合同。对承包商来说，有可能获得较高的利润，但是也要承担一定的风险。这种承包方式的优点是建筑装饰工程造价一次性包干，简单省事，但是承包商要承担工程量与单价的双重风险，这种方式多用于有把握的工程。

（2）单价合同

单价合同是指按照实际完成的工程量和承包商的投标单价结算，也就是量可变、单价不变的合同。这种合同形式目前在国际施工合同中采用较多。对承包商来说，工程量可以按实际完成的数量进行调整，但是单价不变，仍担风险，但比总价不变合同的风险相对要小。

（3）成本加酬金合同

成本加酬金合同是指工程成本实报实销，另加一定额度的酬金（利润）的合同。酬金的额度按照工程规模和施工难易程度确定，酬金的多少随工程成本的变化而变动。采用这种承包方式时，往往要在合同中规定一些快速、优质、低成本的附加条件，以督促承包商很好地执行。成本加酬金合同虽然酬金较少，但是承包商可以不担任何风险，保收酬金，比较安全。但其先决条件是发包方与承包商之间有高度的信任和交往，酬金是由双方协商确定的。

（4）统包合同

统包合同是指承包商从工程的方案选择、总体规划、可行性研究、勘察设计、施工直至工程竣工、验收合格后移交发包方使用为止的全部工程作业全部承包，即交钥匙合同。

➤ 6.3.4　建筑装饰工程承包合同的主要条款

根据《中华人民共和国民法典》《中华人民共和国建筑法》等法规，建筑装饰工程承包合同应具备以下主要条款：

（1）合同标的

合同标的要明确，如建筑装饰工程合同中，要明确工程项目、工程范围、工程量、工期和质量等。

（2）数量和质量

合同数量要明确计量单位，如 m、m²、m³、kg、t 等，在质量上要明确所采用的验收标准、质量等级和验收方法等。

（3）价款或酬金

价款或酬金是建筑装饰工程承包合同的主要部分之一，合同中要明确货币的名称、支付方式、单价、总价等，特别是国际工程承包合同。

（4）履约的期限、地点和方式

合同中应规定履约的期限、地点和方式。

（5）违约责任

当合同当事人违反承包合同或不按承包合同规定期限完成时，将受到违约罚款。违约罚款有违约金和赔偿金等形式。

1）违约金。违约金是指合同规定的对违约行为的一种经济制裁方法。违约金一般由合同当事人在法律规定的范围内双方协商确定，如事后发生争议，可由仲裁机构或司法机关依法裁决或判决。

2）赔偿金。赔偿金是指合同当事人一方违反合同约定，给对方造成经济损失的，给对方给予的一定数量的货币赔偿。赔偿金的数量既可根据直接损失计算，也可根据直接损失加上由此引起的其他损失一并计算，如双方发生争执，可由仲裁机构或司法机关依法裁决或判决。

➤ 6.3.5　建筑装饰工程承包合同的签订

工程承包合同分为按招标投标方式订立的承包合同和按概（预）算定额、单价订立的承包合同两类。前者按招标文件的要求报价，签订合同，后者则是由双方协商洽谈，统一意见后签订。

在订立建筑装饰工程承包合同时，应注意以下几个问题：

1）建筑装饰工程承包项目种类多、内容复杂，在签订合同时应根据具体情况，由当事人协商订立各项条款。订立合同时应注意执行《中华人民共和国建筑法》的有关规定。

2）签订合同应注意工程项目的合法性，一方面要了解该项目是否已列入年度计划，是否经有关部门批准；另一方面，要注意当事人的真实性，避免那些不具备法人资格、没有施工能力（技术力量）的单位充当施工方。此外，还要看资金、材料、设备是否落实，现场水、电、道路是否通畅，场地是否平整等。

3）合同必须按照国家颁发的计量定额、取费标准、工期定额、质量验收规范订立，双方当事人应该核定清楚后签约。如果是通过招标投标方式签订承包合同，双方可以不受国家颁发的计量定额、取费标准和工期定额的限制，但在招标投标文件中必须明确。

4）签订合同尽量不留"活口"，以免事后发生争议，影响合同的执行。

►6.3.6　建筑装饰工程承包合同的主要内容

建筑装饰工程承包合同应当宗旨明确，内容具体完整，文字简练，叙述清楚，含义明确。对于关键词或个别专有名词，应作必要的定义，以免因模棱两可、解释不一或责任不明确而埋下纠纷的隐患。合同条款中不应出现含糊不清或各方未完全统一意见的条文，以便于合同执行和检查。

建筑装饰工程承包合同的内容主要有以下方面：

1）简要说明。

2）签订工程施工合同的依据。如上级主管部门批准的有关文件、经批准的建设计划、施工许可证等。

3）工程的名称和地点。明确工程项目及施工地点，可为调整材料价差和计算相应的费用提供依据。

4）工程造价。应明确建设项目的总造价。

5）工程范围和内容。应按施工图列出工程项目内容一览表，表中分别注明工程量、计划投资、开（竣）工日期、工期及分期交付使用要求等。

6）施工准备工作分工。应明确建设单位与施工单位双方施工准备工作的分工、责任、完成时间等。

7）承包方式。应明确承包方式，以及施工期间出现政策性调整的处理方法等。

8）技术资料供应。应明确建设单位向施工单位供应技术资料的内容、份数、时间及其他有关事项。

9）物资供应。应明确物资供应的分工和办法、时间和管理，以及双方的职责。

10）工程质量要求和交工验收应明确的工程质量要求，检查验收的标准和依据，发生工程质量事故的处理原则和方法，保修条件及保修期限等。

11）工程拨款和结算方式。应明确工程预付款、工程进度款的拨付办法，设计变更、材料调价、现场签证等处理方法，延期付款计息方法和工程结算方法等。

12）奖罚。在合同双方自愿的原则下，商定奖罚条款，如工期提前或拖后的奖罚，奖罚的结算方式、奖罚率（或额度）、支付办法和支付时间等。

13）仲裁。应明确合同当事人如发生争执而不能达成一致意见时，由仲裁机构或司法机关进行仲裁或判决。

14）合同份数和生效方式。应明确合同正本和副本的份数，并明确何时合同生效。

15）其他条款。其他需要在合同中明确的权利、义务和责任等条款。

►6.3.7　建筑装饰工程承包合同的履行

合同一旦签订，即具有法律效力，双方当事人必须严格履行合同全部条款，并承担各自的义务。合同不得因承包人或法人代表的变动而变更或解除。

合同履行过程中，若因改变建设方案、变更计划、改变投资规模、较大地变更设计图样等增减了工程内容，打乱了原施工部署，则应另签补充合同。补充合同是原合同的组成部分。

若由于种种原因需解除合同，必须经双方共同协商同意，签订解除合同协议书。协议书未签署前，原合同仍然有效。

由于合同变更或解除所造成的经济损失，应本着公平合理的原则，由提出变更或解除合同一方负责，并及时办理签证手续。

在合同履行中发生争议或纠纷时，合同双方应主动协商，本着实事求是的原则，尽量求得合理解决。如协商不成，任何一方均可向合同约定的仲裁机构申请仲裁。若调解无效、不服仲裁，可向人民法院提起诉讼。

➤ 6.3.8　建筑装饰工程施工索赔

1. 概述

签订工程承包合同后，在施工过程中可能发生许多问题，如发包方修改设计，额外增加工程项目，要求加快施工速度，工程施工环境复杂多变，以及招标文件中难免出现的与实际不符的错误等因素，由于这些原因使施工单位在施工中付出了额外的费用，施工单位可通过合法的途径要求发包方偿还，这项工作叫作施工索赔。

参与索赔工作的人员，必须具有丰富的施工管理经验，熟悉施工中的各个环节，通晓各种建筑合同和建筑法规，并掌握一定的财会知识。

索赔工作的关键是证明承包企业提出的索赔要求是正确的，要求索赔的数额计算是准确的，并提供足够的依据来证明索赔数额是完全合理的，如此索赔才能有效。

2. 建筑装饰工程施工索赔的依据

为了保证索赔成功，承包方应指定专人负责收集和保管以下工程资料作为索赔依据：

1）施工进度计划表及其执行情况。

2）施工人员计划表和日报表。

3）施工备忘录和有关会议记录以及定期与甲方代表的谈话资料。

4）施工材料和设备进场、使用情况。

5）工程检查、试验报告。

6）工程照片、来往有关信件。

7）各项付款单据和工资薪金单据。

8）所有的合同文件，包括招标投标文件、施工图样和设计变更通知等。

3. 建筑装饰工程施工索赔的内容与范围

建筑装饰工程施工索赔的内容一般包括要求经济补偿和要求延长工期，下列费用均在索赔范围之内：

1）人工费。

2）材料及设备费。

3）分包费和管理费。

4）保险费和保证金。

5）工程贷款利息等。

4. 建筑装饰工程施工索赔的程序

承包方遇有索赔事项时，应在规定的期限内尽早向建设单位报送索赔通知，详细说明索赔的项目和具体要求，以免失掉索赔的机会。施工索赔程序如图6-3所示。

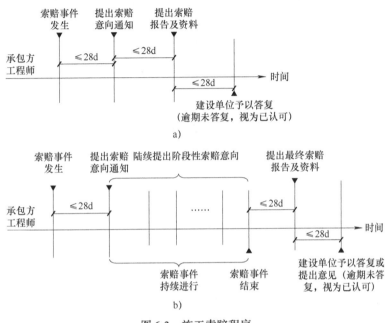

图 6-3　施工索赔程序

6.4　案例评析

►6.4.1　建筑装饰工程招（投）标案例评析

案例1:

【背景材料】　某化工集团办公楼装饰工程进行施工招标。在施工招标前，化工集团拟订了招标过程中可能涉及的各种有关文件：

1）装饰工程的综合说明。

2）设计图样和技术说明。

3）工程量清单。

4）装饰工程的施工方案。

5）主要设备及材料供应方式。

6）保证工程质量、进度、安全的主要技术组织措施。

7）特殊工程的施工要求。

8）施工项目管理机构。

149

9）合同条件。

该工程采取公开招标方式，并在招标公告中要求投标者应具有一级建筑装饰装修资质等级。参加投标的施工单位与施工联合体共6家。在开标会上，与会人员除参加投标的施工单位与施工联合体的有关人员外，还有市招标办公室、评标小组成员以及建设单位代表。

开标前，评标小组成员对各投标单位的资质进行审查。在开标中，对参与投标的A建筑公司的资质提出了质疑，虽然该公司材料齐全，并盖有公章和项目负责人的签字，但法律顾问认定该公司不符合投标资格要求。

另一参与投标的B施工联合体是由三家建筑公司联合组成的施工联合体，其中甲建筑公司为一级施工企业，乙、丙建筑公司为三级施工企业。该施工联合体也被认定为不符合投标资格要求。

【问题】

（1）在招标准备阶段应编制和准备好招标过程中可能涉及的各种文件，你认为这些文件主要包括哪些方面的问题？

（2）上述施工招标文件内容中哪些不正常？为什么？除所提施工招标文件中的正确内容外，还缺少哪些内容？

（3）开标会上能否列入"审查投标单位资质"这一程序？为什么？

（4）为什么A建筑公司被认定不符合投标资格？

（5）为什么B施工联合体也被认定不符合投标资格？

【评析】

问题1：招标过程中可能涉及的有关文件包括：招标公告/广告、资格预审文件、招标文件、合同协议书、资格预审和评标方法、编制标底的有关文件。

问题2：文中招标文件第4、第6、第8条内容不正确。因为第4条施工方案和第6条保证工程质量、进度、安全的主要技术组织措施，以及第8条施工项目管理机构均属于投标单位编制投标文件中的内容，而不是招标文件内容。除文中第1、第2、第3、第5、第7、第9条外，在招标文件中还应有：投标须知，技术规范和规程、标准，以及投标书（标函）格式及其附件，各种保函或保证书格式等内容。

问题3：投标单位的资质审查应放在发放招标文件之前进行，即资格预审，故在开标会议上一般不再进行此项议程。

问题4：因为A建筑公司的资质资料没有法人签字，所以该文件不具有法律效力。项目负责人签字没有法律效力。

问题5：根据《中华人民共和国建筑法》第二十七条规定，"两个以上不同资质等级的单位实行联合共同承包的，应当按照资质等级低的单位的业务许可范围承揽工程"，即该联合体应视为三级施工企业，不符合招标公告中要求的一级建筑装饰装修资质等级的规定。

案例2：

【背景材料】 某商品住宅小区建设的招标大会上，共有6家单位来进行投标。在开标大会上，最后评分环节中，某实力强大的A单位仅获得87.5分，而胜出并中标的B单位获得了96.8分。在分析原因时发现：在评分标准中，"信誉分"评分规定中，以同类工程获奖证书为依据，其中"省优"以上每项3分，限15分；"市优"以上每项2分，限10分；"优良"以上每项1分，限10分。而A单位经营人员认为"省优"是在"优良"的基础上评定的，为证实自己单位实力，在投标书中附上了"鲁班奖" 3 项，"省优" 15 项，"市优" 10 项，而未附上"优良"项目（实际上 A 单位有"优良"奖项上百件）。在评定时，评标委员会以其缺项为由，扣去其 10 分，从而失去了中标的机会。

【问题】

（1）工程评标一般包括哪些内容？

（2）A 单位因何原因被扣分？后果如何？

【评析】

问题 1：工程评标一般包括技术评估和商务评估。技术评估是为了确认和比较投标人完成本工程的技术能力，以及他们的施工组织设计和施工质量保证的可靠性。商务评估是通过分析投标报价来鉴别各投标人的报价的合理性、准确性和风险等情况，从而确定最合格的中标人选和避免评标的风险。

问题 2：A 单位因错误理解招标文件中的评标办法，盲目自大，无视投标中的风险，缺乏竞争意识，从而丧失了这次中标机会。

▶ 6.4.2　建筑装饰工程合同案例评析

案例 1：

【背景材料】　某建设单位通过招标方式与某装饰公司签订了某商场装饰施工合同，施工开始后，建设单位要求提前竣工，并与装饰公司签订了书面协议，写明了装饰公司为保证施工质量采取的措施和建设单位应支付的赶工费用。

在施工过程中装饰公司采购、使用不合格材料发生质量事故，导致直接经济损失 5 万元。事故发生后，建设单位以装饰公司不具备合同履行能力，又不可能保证提前竣工为由，提出终止合同。

装饰公司认为质量事故是因建设单位要求赶工引起的，不同意终止合同。建设单位按合同约定提请仲裁机构裁定终止合同，装饰公司不服，决定向具有管辖权的人民法院起诉。

【问题】

（1）合同争议的解决方式有哪几种？

（2）仲裁的原则是什么？

（3）具有管辖权的人民法院是否可以受理装饰公司的起诉请求？为什么？

【评析】

问题 1：合同争议的解决方法有：和解、调解、仲裁、诉讼。

问题 2：仲裁的原则：①自愿原则；②公平合理原则；③仲裁依法独立进行；④一裁终局原则。

问题 3：人民法院不予受理。根据《中华人民共和国民法典》有关规定，仲裁机构作出裁决后立即生效。合同双方当事人就同一纠纷再申请仲裁或向人民法院起诉，仲裁委员会或人民法院不予受理。

案例 2：

【背景材料】　某院校与某装饰公司签订了高等公寓的装饰工程合同，合同工期 6 个月。某装饰公司进入施工现场后，临建设施已搭设，材料、机具设备尚未进场。

在工程正式开工之前，施工单位按合同约定对原建筑物的结构进行检查时发现，该建筑物结构需进行加固。为此，除另约定其工程费外，施工单位提出以下索赔要求：

1）预计结构加固施工时间为 1 个月，故要求将原合同工期延长为 7 个月。

2）由于上述的工期延长，建设单位应给施工单位补偿额外增加的现场管理费（包括临时设施费和现场管理费），其索赔额按下式计算：

$$现场管理费索赔额 = 原现场管理费 \times 延长的工期 \div 合同工期$$

3）由于工期延长，建设单位应按银行贷款利率计算补偿施工单位流动资金积压的损失。

在该工程的施工过程中，由于设计变更，又使工期延长了 2 个月，并且延长的 2 个月正值冬期施工，比原施工计划增加了施工的难度。为此，在竣工结算时施工单位向建设单位提出补偿冬期施工增加费的索赔要求。

【问题】

（1）上述索赔要求是否合理？

（2）何种情况下，发包人会向承包人提出索赔？索赔的时限如何？

【评析】

问题 1：第 1 项结构加固施工时间延长 1 个月是非承包方原因造成的，属于工程延期，故承包方有权要求索赔，其要求合理。

第 2 项中，现场管理费一般与工期长短有关，故费用索赔要求合理；但临时设施费一般与工期长短无关，施工单位不宜要求索赔。

第 3 项的费用索赔不合理，因为材料、机具设备尚未进场，工程尚未动工，不存在资金积压问题，故施工单位不应提出索赔。

索赔冬期施工增加费不合理，因为：①在施工图预算中的其他直接费中已包括了冬、雨期施工增加费；②应在事件发生后 28 天内，向监理方发出索赔意向通知，竣工结算时承包方已无权再提出索赔要求。

问题 2：承包方未能按合同约定履行自己的各项义务或发生错误，给发包人造成经济损失的，发包人可在索赔事件发生后 28 天内向承包方提出索赔。

案例 3：

【背景材料】 某施工单位承担了某综合办公楼的施工任务，并与建设单位签订了该项目建设工程施工合同，合同价 4600 万元人民币，合同工期 10 个月。工程未投保。在工程施工过程中，遭受暴风雨袭击，造成了相应的损失。施工单位及时向建设单位提出索赔要求，并附索赔有关材料和证据。索赔报告中的基本要求如下：

1）遭暴风雨袭击系非施工单位造成的损失，故应由建设单位承担赔偿责任。

2）给已建部分工程造成破坏，损失 28 万元，应由建设单位承担赔偿责任。

3）因灾害使施工单位 6 人受伤，处理伤病医疗费用和补偿金总计 3 万元，建设单位应给予补偿。

4）施工单位进场后，在使用的机械、设备受到损坏，造成损失 4 万元。由于现场停工造成机械台班费损失 2 万元，工人窝工费 3.8 万元，建设单位应承担修复和停工的经济责任。

5）因灾害造成现场停工 6 天，要求合同工期顺延 6 天。

6）由于工程被破坏，清理现场需费用 3 万元，应由建设单位支付。

【问题】

（1）以上索赔是否合理？为什么？

（2）因不可抗力风险承担责任的原则是什么？

【评析】

问题1：

1）经济损失由双方分别承担，工作顺延。

2）工程修复、重建28万元工程款由建设单位支付。

3）3万元索赔不成立，由施工单位承担。

4）4万元、2万元、3.8万元索赔均不成立，由施工单位承担。

5）现场停工6天，顺延合同工期6天。

6）清理现场3万元索赔成立，由建设单位承建。

问题2：

因不可抗力风险承担责任的原则：

1）工程本身的损害由业主承担。

2）人员伤亡由其所在单位负责，并承担相应费用。

3）施工单位的机械设备损坏及停工损失，由施工单位承担。

4）工程所需清理、修复费用，由建设单位承担。

5）延误的工期相应顺延。

小　结

建筑装饰市场是指以建筑装饰工程承（发）包交易活动为主要内容的市场。建筑装饰市场的主体是指参与建筑装饰生产交易过程的各方，主要有业主、承包商、装饰工程咨询服务机构等。建筑装饰市场的客体，一般称作建筑装饰产品，是建筑装饰市场的交易对象，既包括有形建筑装饰产品，也包括无形产品——各类智力型服务。

招标与投标是经济合作中习惯采用的一种买卖双方成交的方式。

建筑装饰工程招标的方式包括公开招标和邀请招标。

招标单位在进行招标前，必须编制招标文件。它是招标单位介绍工程概况和说明工程要求的标准书面文件，既是工程招标的核心，也是投标报价的依据。

投标的竞争策略主要是解决企业在投标过程中的重要决策问题，特别是投标报价。

建筑装饰工程承包合同是以工程为核心的合同，是指工程承（发）包之间，为完成约定的工程任务而签订的明确双方权利和义务关系的协议，是一种双务、有偿合同。

建筑装饰工程承包合同履行的过程是一个工程从准备、施工、竣工、试运行直到维修期结束的全过程。合同履行必须遵循全面履行与实际履行的原则，认真执行合同中的每一项条款。

建筑装饰工程承包合同管理是指工程项目合同在订立和履行过程中所进行的计划、组织、指挥、监督和协调等各项工作。合同管理是项目管理的核心。

索赔是在合同实施过程中，合同当事人一方因对方违约或其他过错，或无法防止的外因而受到损失时，要求对方给予赔偿或补偿的要求，包括要求经济补偿和要求延长工期两种情况。索赔应当是双向的，即施工索赔和反索赔。

思 考 题

6-1 什么是建筑装饰市场?

6-2 简述承(发)包的方式。

6-3 建筑装饰工程招标与投标的作用是什么?

6-4 建筑装饰工程招标与投标的程序是什么?

6-5 建筑装饰工程招标文件的内容有哪些?

6-6 建筑装饰工程投标的条件有哪些?

6-7 建筑装饰工程投标文件的编制步骤是什么?

6-8 建筑装饰工程招(投)标开标会的程序是什么?

6-9 建筑装饰工程承包合同的作用有哪些?

6-10 建筑装饰工程承包合同包括哪些主要条款?

6-11 建筑装饰工程承包合同如何签订?

6-12 建筑装饰工程承包合同的主要内容有哪些?

实训练习题

6-1【背景材料】 某商业办公楼的招标大会上,共有8家单位进行投标。在开标大会上共有甲、乙两家单位被处以废标,甲单位因为交通堵塞迟到2分钟,禁止入场;乙单位因为投标书中的综合报表中缺少"质量等级"一栏,被评标委员会查出,当场退出开标大会现场。剩余6家经过激烈竞争,最后1家单位胜出中标。

【问题】

(1)投标文件中一般包括哪些内容?

(2)何为废标?甲、乙两家单位因何原因被废标?后果如何?

(3)剩余6家进行竞争,是否符合招标投标法的要求?

6-2【背景材料】 某建筑装饰工程施工合同中规定该工程的工期为1年,但吊顶工程的价格未作出明确规定。在施工期间材料价格上涨幅度较大,因施工方的原因工期延误10天。由于施工单位和建设单位不在同一地区,因此工程结算时施工单位认为应按施工单位所在地材料价格上涨后的价格结算,并扣除由于工期延误的罚款。而建设单位认为应按建设单位所在地材料未涨的价格结算,并扣除罚款。

【问题】 该工程的价款应如何结算?

6-3【背景材料】 某住宅装饰工程位于一楼,业主要求施工单位在承重外墙上开设较大的洞口,以便对外营业。业主为降低造价提供的部分材料为劣质材料。业主搬入新居后感到恶心、呕吐,经查为劣质材料散发的有毒气体所致。

【问题】 对此施工过程应如何评价?

建筑装饰工程施工项目管理

学习目标

通过本单元的学习，学生了解建筑装饰工程施工项目管理的基本知识，掌握建筑装饰工程施工项目现场管理、建筑装饰工程生产要素管理、建筑装饰工程施工项目进度控制、建筑装饰工程质量管理、建筑装饰工程施工安全管理、建筑装饰工程施工项目成本控制、建筑装饰工程施工项目绿色施工管理、建筑装饰工程施工项目资料管理、建筑装饰工程施工项目后期管理的基本知识。

本单元实践教学环节，学生通过实训练习，能够参与建筑装饰工程施工项目的管理过程，综合运用所学知识，达到学以致用的目的。

7.1 建筑装饰工程施工项目管理概述

▶ 7.1.1 建筑装饰工程施工项目管理的概念

1. 建筑装饰工程施工项目

建筑装饰工程施工项目是指建筑装饰企业自装饰工程施工投标开始到保修期限满为止的全过程中完成的项目。装饰工程施工项目除了具有一般项目的特征外，还具有以下特征：

1）它是建设项目或其中的单项工程、单位工程的施工活动过程。

2）以建筑装饰施工企业为管理主体。

3）项目的任务范围是由施工合同界定的。

4）产品具有施工附着性、多学科、多门类等特点。

2. 建筑装饰工程施工项目管理

建筑装饰工程施工项目管理是项目管理的一类，是建筑装饰工程施工企业为履行施工合同和落实企业生产经营目标，在采取项目经理责任制的条件下，对建筑装饰工程施工项目全过程运用系统的、科学的技术手段进行的规划、组织、监督、控制、协调等全过程的管理。

➤ 7.1.2　项目经理责任制

项目经理是指建筑装饰工程施工企业法定代表人在承包的建筑装饰工程施工项目上的委托代理人。

1. 建筑装饰工程施工项目经理的工作性质及地位

（1）建筑装饰工程施工企业项目经理的工作性质

1）建筑装饰工程施工企业项目经理是指受企业法定代表人委托对工程项目施工过程全面负责的项目管理者，是企业法定代表人在工程项目上的代表人。

2）建筑装饰工程施工企业的项目经理是一个工作岗位，不是一种职称或职务。

3）项目经理岗位是保证工程项目施工质量、成本、工期、安全的重要岗位。

（2）项目经理在项目管理中的地位

1）建筑装饰工程施工项目经理在施工项目管理中处于中心地位，是工程项目管理的关键人物，其地位表现为：在工程项目的对外关系上起到企业法定代表人在项目上的代理作用。因为施工企业法定代表人不直接对每个项目的业主处理日常事物，而是由项目经理在法定代表人受权范围内对工程项目业主负责。

2）项目经理是工程项目的责任主体，项目经理在工程施工项目上是最高责任者。他代表项目经理部与公司法定代表人签订责任书。

3）项目经理还是工程项目的权力主体。这种权力的大小是由企业法定代表人授权决定的，也是在承包责任书中用文字固定下来的。一旦签约，项目经理便有权行使其权力。比如有的授权内容包括在项目上的经营决策权、施工指挥权、人财物统一调配权、项目部内部奖惩权等。

4）施工项目经理还是项目利益的主体。这种利益同样体现在承包责任书内，以责、权、利统一的原则分配其经营利润。

2. 项目经理应具备的条件

项目经理必须取得"建设工程施工项目经理资格证书"。项目经理应根据企业法定代表人授权的范围、时间和内容对施工项目自开工准备至竣工验收实施全过程管理。

项目经理应接受企业法定代表人的领导，接受企业管理层、发包人和监理机构的检查与监督；施工项目从开工到竣工，企业不得随意撤换项目经理；施工项目发生重大安全、质量事故或项目经理违法、违纪时，企业可撤换项目经理。

项目经理应具备下列素质：

1）应具有良好的思想素质。建筑装饰工程施工项目经理是建筑装饰工程施工企业的重要管理人员，应具有爱岗敬业精神和高尚的道德品质，有高度的自律精神；能够自觉维护国家和企业利益，正确处理企业、项目经理部和员工三者之间的利益关系。

2）应具备符合施工项目管理要求的领导素质。项目经理是一名领导者，因此应具有较高的组织领导工作能力，应具有博学多识、通情达理的品质，具有现代管理、科学技术、心理学等基础知识，能很好地处理人际关系。

3）具有承担施工项目管理任务所需的专业技术、管理、经济和法律法规知识。项目经理应懂得施工技术知识、经营管理知识和法律知识，懂得施工项目管理的规律，具有较强的决策能力、组织能力、指挥能力、应变能力，也就是经营管理能力。能够带领项目经理部成员，团结广大群众一道工作。

4）具有相应的施工项目管理经验和业绩。每个项目经理都必须具有一定的施工实践经验，只有具备了实践经验，才有能力处理各种实际问题。

3. 项目经理的责、权、利

（1）项目经理应履行的职责

1）代表企业实施施工项目管理；贯彻执行国家法律法规、方针政策和强制性标准，执行企业的管理制度，维护企业的合法权益。

2）履行"项目管理目标责任书"规定的任务。

3）组织编制项目管理实施规划。

4）对进入现场的生产要素进行优化配置和动态管理。

5）建立质量管理体系和安全管理体系并组织实施。

6）在授权范围内负责与企业管理层、劳务作业层、各协作单位、发包人、分包人和监理工程师等的协调，解决项目中出现的问题。

7）按"项目管理目标责任书"处理项目经理部与企业、分包单位以及职工之间的利益分配。

8）进行现场文明施工管理，发现和处理突发事件。

9）参与工程竣工验收，准备结算资料并进行分析总结，接受审计。

10）处理项目经理部的善后工作。

11）协助企业进行项目的检查、鉴定和评奖申报。

（2）项目经理应具有的权限

1）参与企业进行的施工项目投标和签订施工合同。

2）经授权组建项目经理部，确定项目经理部的组织结构，选择、聘用管理人员，确定管理人员的职责，并定期进行考核、评价和奖惩。

3）在企业财务制度规定的范围内，根据企业法定代表人授权和施工项目管理的需要，决定资金的投入和使用，决定项目经理部的计酬办法。

4）在授权范围内，按物资采购程序性文件的规定行使采购权。

5）根据企业法定代表人授权或按照企业的规定选择、使用作业队伍。

6）主持项目经理部工作，组织制定施工项目的各项管理制度。

7）根据企业法定代表人授权，协调和处理与施工项目管理有关的内部与外部事项。

（3）项目经理应享有的利益

1）获得基本工资、岗位工资和绩效工资。

2）除按"项目管理目标责任书"的规定可获得物质奖励外，还可获得表彰、记功、优秀项目经理等荣誉。

3）经考核和审计，未完成"项目管理目标责任书"确定的项目管理责任目标或造成亏损的，应按其中有关条款承担责任，并接受经济或行政处罚。

➤ 7.1.3　项目经理部

1. 项目经理部的建立

（1）项目经理部是完整的管理机构

施工项目管理的主体是以项目经理为首的项目经理部，项目经理部是由项目经理在企业的支持下组建并领导进行项目管理的组织机构，它是由一些专业管理人员组成的一套完整而系统的管理机构。

（2）建立项目经理部的原则

1）目的性原则。目的性原则是指通过这套组织机构，产生组织功能，从而实现建筑装饰工程施工项目管理应该达到的目的。

2）精干高效原则。精干高效原则要求选配人员精干高效，一专多能。

3）职权和知识相结合的原则。该原则要求项目经理及相应岗位人员应具备相应的管理知识和从业资格。

4）弹性结构原则。弹性结构原则是指项目经理部人员的职责是可以变动的，可根据工程进展情况进行必要调整。

项目经理部的组织形式应根据施工项目的规模、结构复杂程度、专业特点、人员素质和地域范围确定。

2. 项目经理部规章制度的建立

1）项目管理人员岗位责任制度。

2）项目技术管理制度。

3）项目质量管理制度。

4）项目安全管理制度。

5）项目计划、统计与进度管理制度。

6）项目成本核算制度。

7）项目材料、机械设备管理制度。

8）项目现场管理制度。

9）项目分配与奖励制度。

10）项目例会及施工日志制度。

11）项目分包及劳务管理制度。

12）项目组织协调制度。

13）项目信息管理制度。

项目经理部自行制定的规章制度与企业现行的有关规定不一致时，应报送企业或其授权的职能部门批准。

7.1.4 项目管理的内容与程序

1. 建筑装饰工程施工项目管理的内容

在建筑装饰工程施工项目管理过程中，为了取得各阶段目标和最终目标的实现，必须围绕组织、规划、控制、生产要素的配置、合同、信息等要素进行有效管理，其主要内容如下：

（1）建立施工项目管理组织

项目经理部的建立是实现项目管理的关键，特别是要选好项目经理及其他管理和技术方面的骨干力量；根据装饰工程施工项目管理的需要，制定出施工项目管理的有关规章制度。

（2）做好施工项目管理规划

建筑装饰工程施工项目管理规划是对施工项目管理的组织、内容、重点步骤进行预测和决策，做出具体安排的纲领性文件。

（3）进行施工项目的目标控制

施工项目的目标有阶段性目标和最终目标。在实现目标的过程中必须坚持以控制理论为指导，对施工项目全过程实行科学的、系统的控制。此外，还需对施工中各种因素的干扰、风险因素的影响等进行分析与动态控制。

（4）施工项目生产要素的优化配置与动态管理

施工项目的生产要素是建筑装饰工程施工项目目标得以实现的保证，主要包括劳动力管理、材料管理、机具设备管理三大要素。在装饰工程施工过程中对各项生产要素要实行动态管理。

（5）施工项目合同管理

在市场经济条件下，建筑装饰工程施工活动是一项涉及面广、内容复杂的综合性经济活动，这种活动从投标报价开始贯穿于施工项目管理的全过程，必须依法签订合同。

（6）施工项目现场管理

施工项目现场是形成建筑装饰产品，进行建筑装饰工程施工项目组织与指挥施工生产的操作场地，应做好现场管理工作。

（7）施工项目的信息管理

现代化的管理要依靠信息的获取和运用，在施工项目管理中为了及时准确地掌握信息和有效地运用信息，必须建立一套科学的信息系统。

（8）组织协调

组织协调是指以一定的组织形式、手段和方法，对项目管理中产生的关系不畅进行疏通，对产生的干扰和障碍予以排除的活动。

2. 建筑装饰工程施工项目管理的程序

建筑装饰工程施工项目管理的程序包括：编制项目管理规划大纲，编制投标书并进行投标，签订施工合同，选定项目经理，项目经理接受企业法定代表人的委托组建项目经理部，企业法定代表人与项目经理签订"项目管理目标责任书"，项目经理部编制项目管理实施规划，进行项目开工前的准备，施工期间按项目管理实施规划进行管理，在项目竣工验收阶段进行竣工结算，清理各种债权债务，移交资料和工程，进行经济分析，编制项目管理总结报告并提交给企业管理层有关职能部门，企业管理层组织考核委员会对项目管理工作进行考核评价并兑现"项目管理目标责任书"中的奖惩承诺；项目经理部解体，在保修期满前企业管理层根据工程质量保修书的约定进行项目回访保修。

7.2 建筑装饰工程施工项目现场管理

▶ 7.2.1 建筑装饰工程施工项目现场管理及其内容

建筑装饰工程施工项目现场管理是指建筑装饰施工企业从接受施工任务开始到工程验

收交工为止，为完成建筑装饰工程施工任务，围绕施工现场和施工对象进行的全过程生产事务的组织管理工作。

建筑装饰工程施工项目现场管理是一项非常复杂的生产活动，它具有材料供应品种多，施工作业工种相互交叉衔接，施工工艺操作、技术、质量要求高等特点。因此，充分利用施工条件，发挥各施工要素的作用，保持各方面工作的协调，搞好施工现场的各项管理工作具有十分重要的意义。

建筑装饰工程施工项目现场管理的内容主要有：

1）进行开工前的现场施工条件的准备，促成工程开工。

2）进行施工中的经常性准备工作。

3）编制施工作业计划，按计划组织施工，进行施工过程的全面控制和全面协调。

4）合理利用空间，加强施工现场文明施工管理。

5）利用施工任务书进行施工队的施工管理。

6）组织工程的交工验收。

➤ 7.2.2 建筑装饰工程施工作业计划

建筑装饰工程施工作业计划是施工管理中的基本环节，是实现年度、季度施工进度计划的具体行动计划，是指导现场施工活动的重要依据。

1. 施工作业计划编制的原则

1）坚持实事求是、切合实际的原则。

2）坚持以完成最终建筑产品为目标的原则。

3）坚持合理、均衡、协调和连续的原则。

4）坚持讲求经济效益的原则。

2. 编制现场施工作业计划的依据

1）企业年度、季度施工进度计划。

2）企业承揽的工程任务及合同要求。

3）各种施工图样和有关技术资料、单位工程施工组织设计。

4）各种材料、设备的供应渠道、供应方式和供应进度。

5）工程承包单位的技术水平、生产能力、组织条件及历年达到的各项技术经济指标水平。

6）施工工程资金供应情况。

3. 施工作业计划的内容

施工作业计划一般是月度施工作业计划，其主要内容包括编制说明和施工作业计划表两部分。

1）编制说明的主要内容有编制依据、施工队的施工条件、工程对象条件、材料及物资供应情况、有何具体困难或需要解决的问题等。

2）施工作业计划表。由于各装饰施工企业所处的地区不同，管理方式各有差别，施工作业计划表的表格形式也不尽一致，内容也不一定相同，各企业可根据具体情况进行取舍，常见形式见表7-1～表7-6。

表 7-1　施工进度

_____年_____月

序号	分部分项工程名称	单位	工程量	单价	工作量	工程内容及形象进度

表 7-2　主要计划指标汇总

_____年_____月

指标名称	单位	合　计		
		上月实际完成	本月实际完成	本月比上月增长（%）

表 7-3　主要实物工程量汇总

_____年_____月

分项名称	吊顶/ m²	墙柱面/ m²	楼地面/ m²	门窗安装/ m²	涂料粉刷/ m²	装饰灯具/ 个	其他零星项目
一队							
二队							
……							
合计							

表 7-4　劳动力需用量及平衡

_____年_____月

工种	计划工日数	计划工作天	出勤率	计划人数	现有人数	余缺人数（+）（-）	备注

表 7-5　主要材料需用量

_____年_____月

序号	材料名称	型号、规格	需用量		供应时间	备注
			单位	数量		

表7-6 技术组织措施、降低成本计划

_____年_____月

措施项目名称	措施涉及的工程项目名称及工程量	措施执行单位及负责人	措施的经济效果									降低成本合计	备注
			降低材料费					降低人工费		降低其他直接费	降低管理费		
			水泥	木材	石材	涂料	……	小计	减少工日	金额			

4. 施工作业计划的编制方法

编制施工作业计划有多种方法，各装饰施工企业应根据自身的实际情况选用。

（1）定额控制法

这种方法是利用工期定额、材料消耗定额、机械台班定额和劳动力定额等测算各项计划指标的完成情况，然后编制各种计划表。

（2）经验估算法

这种方法是根据上年计划完成的情况及施工经验估算当期各项指标计划。

（3）重要指标控制法

装饰工程施工项目有明确的控制指标时，编制计划时应先按控制指标确定装饰工程施工中的重点指标计划，然后相应地编制其他指标计划。

➤ 7.2.3 建筑装饰工程施工准备工作

建筑装饰工程合同签订后，装饰施工单位应全面展开施工准备工作。施工准备包括开工前的计划准备和现场准备。

1. 开工前的计划准备

开工前的计划准备是确保装饰任务顺利进行的重要环节。要做好计划准备，首先应对所承接工程进行摸底，详细了解工程概况、规模、工程特点、工期要求及现场的施工条件，以便统筹安排。同时，要根据工程规模确定装饰队伍，组织技术力量，组建管理班子，编制切实可行的施工组织设计。

2. 开工前的现场准备

开工前的现场准备主要是为后面的全面施工做好准备，其内容很多也很繁杂，主要应做好以下工作：

（1）技术准备工作

建筑装饰工程施工的技术准备主要包括熟悉和审查施工图样、收集有关资料、编制施工组织设计、编制施工预算等。

1）熟悉和审查施工图样。施工单位在接到施工任务后，首先要组织人员熟悉施工图样，了解设计意图，掌握工程特点，进行设计交底；组织图样会审，提出设计与施工中的具体要求，对各专业图样中的错漏、缺页，可在会审时提出予以解决，并做好记录。

2）收集有关资料。施工单位根据装饰施工图样的要求，对施工现场进行调查，了解建筑物主体的施工质量、空间特点等，以制定切实可行的施工组织设计。

3）编制施工组织设计。施工组织设计是用于指导施工单位进行施工准备和组织施工的技术文件，是施工准备和组织施工的主要依据。施工单位在工程正式开工前，应根据工程的规模、特点、施工期限及工程所在区域的自然条件、技术经济条件等因素编制施工组织设计，并报有关单位批准。

4）编制施工预算。编制施工预算是指施工单位根据施工图样和国家或地方有关部门编制的装饰施工定额，进行施工预算的编制。施工预算是控制工程成本支出与工程消耗的依据。施工过程中，根据施工预算中分部分项工程量及定额工料用量，对各装饰班组下达施工任务，以便实行限额领料及班组核算，从而实现降低工程成本和提高管理水平的目的。

（2）施工条件及物资准备

1）施工条件准备。施工单位应为顺利施工做好必要的准备工作，如搭设临时设施（办公用房、仓库、加工棚、职工宿舍等），施工用水、施工用电等作业条件的准备，以及装饰工程施工的测量及定位放线、设置永久性坐标点与参照点等。

2）施工物资准备。装饰工程的施工涉及工种很多，所需的材料、机具品种也相应较多。因此，在工程开工前，要全面落实各种资源的供应，同时要根据工程量和工期合理安排劳动力和各种物资的供应计划，以确保装饰工程施工顺利进行。

3）施工场地清理。为保证装饰工程如期开工，施工前应清除场地内的障碍物，建筑物内的垃圾、粉尘等；设置污水排放沟（池），为文明施工、环保施工创造一个良好的条件。

4）组织施工力量。施工单位应调整和健全施工组织机构及各类分工，对于特殊工种还要做好技术培训和安全教育。

▶ 7.2.4　建筑装饰工程施工现场检查、调度及交工验收

1．施工现场的检查与督促

施工现场检查和督促的主要内容是对施工进度、平面布置、质量、安全、节约等方面进行检查和督促。

（1）施工进度

施工现场管理人员要定期检查施工进度情况，对施工进度拖后的施工队或班组，要督促其在保证质量与安全的前提下加快施工速度。否则，有可能使工期拖后而影响工程按期交付。

（2）平面布置

施工现场的平面布置是否合理是实现科学管理、文明施工的重要措施，施工现场管理人员应检查施工现场各项临时设施，确保大宗材料、成品、半成品及生产机械设备等按平面布置的规定摆放，掌握现场动态，定期召开总平面管理检查会议。

（3）质量

质量的检查和督促是施工中不可缺少的工作，是保证和提高工程质量的重要措施。质量检查与督促主要应做好两个方面的工作：施工作业的检查与督促和经常性的质量检查。施工企业各级人员都应明确树立"质量第一"的思想，认真搞好工程质量，一丝不苟地进

163

行质量检查与督促工作，严格把好质量关。

（4）安全

安全的检查和督促是为了防止工程施工中发生伤亡事故的重要措施。首先，要加强对工人的安全教育，克服麻痹思想，不断提高职工安全生产的意识；同时，还要经常性地对职工进行有针对性的安全生产教育，新工人上岗前要进行安全生产的基本知识教育，对容易发生事故的工种还要进行安全操作训练，确实掌握安全操作技术后才能独立操作。

（5）节约

节约的检查和督促涉及施工管理的各个方面，它与劳动生产率、材料消耗、施工方案、平面布置、施工进度、施工质量等都有关。施工中节约的检查与督促要以施工组织设计为依据，以计划为尺度，认真检查与督促施工现场人力、财力和物力的节约情况。

2. 施工调度工作

施工调度工作是实现施工指挥的重要手段，是组织施工各个环节、各专业、各工种协调作业的中心工作。施工调度工作的内容和任务是监督、检查施工计划和工程合同的执行情况，协调总、分包及各施工单位之间的协作配合；及时、全面地掌握施工进度；采取有效措施，处理施工中出现的矛盾，克服薄弱环节，促进人力、物资的综合平衡，保证施工任务保质保量按时完成。

3. 装饰工程交工验收

交工验收是工程施工的最后阶段。在交工验收前，施工单位内部应先进行预验收，检查各分部分项工程的施工质量，整理各项交工验收的技术、经济资料，由建设单位（业主）组织施工、设计、监理等有关单位进行竣工验收，经有关部门验收合格后，办理验收签证，即可交付使用。如验收不符合有关标准的规定，必须采取措施限期进行整改，达到标准的规定后，方可交付使用。

7.3 建筑装饰工程生产要素管理

建筑装饰工程施工和其他的工业生产一样，需要投入生产资源，即人——劳动的主体；材料及半成品——劳动对象；机具、设备、工具——劳动手段；技术、工艺——劳动方法；以及施工中所需要的资金、信息等。因此，应对上述生产要素进行合理配置、强化管理，用较小的投入，按要求完成好项目的工程施工任务，以取得良好的经济效益。

▶ 7.3.1 劳动管理与班组施工管理

1. 劳动管理

建筑装饰工程施工企业对生产要素的管理包括劳动力和劳动的计划、决策、组织、指挥、监督、协调等工作的总和，统称为劳动管理。

企业劳动管理的目的是不断提高劳动生产率，从而提高企业的经济效益和市场竞争力。

（1）劳动管理的基本任务

劳动管理的基本任务是根据企业生产的发展和技术进步的要求，组织劳动过程的分工与协作，不断完善企业内部的相互关系，合理地配备和使用劳动力，提高职工队伍的积极性，保证企业全面完成合同任务，保障职工的健康与安全，在不断提高劳动生产率的基础上逐步改善职工的福利并提高职工的收入。

（2）劳动管理的内容

劳动管理的主要内容包括企业定员工作，劳动定额的制定和贯彻，劳动的组织与调配，职工的招收、培训、考核和转退工作，工资与奖励，劳动保护以及组织劳动竞赛等。

（3）劳动组织的形式

施工企业劳动组织的任务之一在于合理使用劳动力，合理安排工时，恰当处理生产过程中的劳动分工、协作关系。企业基层劳动组织是根据工程特点、工种间和工序间的科学分工与协作的具体要求确定的，通常有以下组织形式：

1）专业施工队。专业施工队是指按施工工艺由同一工种（专业）的工人组成班组，再配备一定数量的辅助工。其特点是专业班组只完成其专业范围内的施工过程，生产任务专一，作业对象变化不大，有利于专业化施工，可提高工人的劳动熟练程度和劳动效率；但对工种之间的相互协调配合不利。

2）混合施工队。它由共同完成施工工程所需要的、互相密切联系的几个工种所组成，这种组织形式有利于工种间的配合协作，便于提高质量与工效；但不利于专业工人技能熟练程度的提高。

3）大包队。大包队是扩大的专业施工队和混合施工队，适用于单位工程和分项工程的综合作业承包，其优点是独立施工能力强，能单独承担并完成独立的装饰工程施工项目，有利于相互协作配合，简化了项目经理部的管理工作。

2. 班组施工管理

进行班组施工管理要抓好三个方面的工作，即计划下达的方式、计划贯彻中要充分调动职工的积极性、计划执行过程中要始终做好平衡和协调工作。

常用的计划下达方式有：召开周例会，总结和布置计划任务；以书面计划文件进行下达；班组施工计划以任务单的形式在任务执行前下达。

班组是施工企业生产经营活动的基层组织，是完成施工任务的直接承担者，班组工作效率的高低，对企业的生产经营有直接的影响。因此，要重视班组建设，加强班组管理，这是整个施工企业加强各项管理工作的基础。

班组施工管理工作的主要内容有：选好班组长；建立班组管理制度，即建立以班组岗位责任制为中心的各项制度，主要有考勤制度、质量三检（自检、互检和交接检查）制度、安全生产制度、材料定额管理制度等；搞好班组核算和原始记录。要保持班组成员的相对稳定，努力提高班组成员的技术、质量水平和操作能力，使班组更好地完成任务。

▶ 7.3.2　建筑装饰材料管理

在一般的建筑装饰工程中，建筑装饰材料占工程造价的70%左右，因此材料管理十分重要。

1. 建筑装饰材料采购管理

（1）建筑装饰材料采购的原则

建筑装饰材料采购是实现材料供应的首要环节。项目的材料主管部门必须根据工程项目计划的要求，将材料供应计划按品种、规格、型号、数量、质量和供应时间等逐项落实。这一工作习惯上称为组织货源。正确组织货源，对保证工程项目的材料供应，提高项目的经济效益具有重要的意义。

（2）建筑装饰材料采购管理的形式

1）企业集中采购供应。企业的材料供应部门对工程所需的主要材料、大宗材料要实行统一计划、统一采购、统一供应、统一调度和统一核算。这种管理形式可以有效解决多渠道多层次采购供料的低效高成本问题，同时还可以把材料管理工作贯穿于项目管理全过程（投标报价、落实施工方案、组织项目班子、编制供料计划、组织项目材料核算、实施奖惩等），有利于建立统一的企业内部材料供应的动态配置和平衡协调，有利于满足项目的施工需求。

项目经理部应及时向企业的材料供应部门提交材料需用量计划，对材料供应部门的采购拥有建议权。

2）项目经理部有部分的材料采购权。为满足施工过程中的特殊需要，调动项目经理部的工作积极性，项目经理部对特殊材料和零星材料有一定的采购权。随着建材市场的扩大和完善，项目经理部的材料采购权将越来越大。

2. 建筑装饰材料现场管理

项目所需各种材料，从进入现场至施工结束清理现场的管理全过程，均属于项目经理部的管理范围。

（1）建筑装饰材料现场管理的责任

项目经理在建筑装饰材料现场管理方面负有全面领导责任，项目经理部主管材料员是管理的直接负责人；班组材料员在主管材料员的业务指导下，协助班组长组织和监督本班组人员合理领料、用料、退料。建筑装饰材料现场管理人员须经过专业培训，持证上岗。项目经理部应建立材料管理岗位责任制。

（2）建筑装饰材料现场管理的内容

1）材料需用量计划。材料需用量计划应根据施工预算、生产进度及现场条件，按工程计划提出，有总计划、年计划、月计划、日计划。

2）材料进场验收。材料进场前，应根据平面布置图进行存料场地及设施的准备，材料进场时必须根据进料计划、送料凭证、质量保证书或产品合格证进行材料数量和质量的验收。验收工作要按照质量验收规范和计量检测规定进行，验收内容包括品种、规格、型号、质量、数量、证件等。验收时要做好记录，办理好验收手续，对不符合计划要求和质量不合格的材料应拒绝验收，并督促清出现场。

3）材料的储存与保管。进场的材料应建立台账，记录使用和节约超限情况；进库材料应验收入库，现场材料放置要按照平面布置图做到位置正确，满足堆放保管制度要求。材料保管时要保证其使用价值，确保安全、防火、防盗、防雨、防变质、防损坏，要做到日清、月结、定期盘点、账物相符。

4）材料的发放与领用。材料的发放与领用必须严格执行手续要求，明确责任。凡有定额的工程用料，都要实行限额领料。限额领料是指生产班组所使用的材料品种、数量与所承担的生产任务相符合。限额领料是现场材料管理的中心环节，是合理使用、减少损耗、避免浪费、降低成本的有效措施。对超限额的用料，领用前要办理手续，注明超耗原因，签发批准后才可实施。

5）材料的使用监督。材料管理人员要对材料的使用进行分工监督，检查结果要记录；出现问题要分析原因，明确职责，做好处理。

6）材料回收。班组施工余料必须回收，及时办理退料手续，在限额领料单中登记扣除。

7）周转材料的管理。周转材料包括模板、脚手架、卡具、附件等。对周转材料的管理要求是在保证施工生产的前提下，尽量减少占用，加快周转速度，延长使用寿命，防止损坏。项目经理部要按工程量、施工方案编报需用量计划，从企业或外部相关部门租赁周转材料；生产中应对班组实行实物损耗承包制度。周转材料的储存与保管要符合施工规范要求，使用结束后按退库验收标准回收，并建立维修制度，报废材料按报废规定进行报废处理。

▶ 7.3.3　建筑装饰工程施工机械设备管理

1. 建筑装饰工程施工机械设备管理的任务

建筑装饰工程施工机械设备管理是指按照机械设备特点在工程施工过程中协调人、机械设备和施工生产对象之间的关系，充分发挥机械设备的优势，争取获得最佳经济效益而做的组织、计划、指挥、监督和调节等工作。

2. 建筑装饰工程施工机械设备的合理使用

建筑装饰工程施工机械设备的合理使用，主要做好以下工作：

1）搞好机械设备的综合利用。机械设备的综合利用是指使现场的施工机械尽量做到一机多用，提高利用率。

2）组织好机械设备的流水施工。当施工项目有多个单位工程时，做到"人停机不停"，要使机械设备在单位工程之间流水施工，减少进出场时间和装卸费用。

3）做好施工和机械设备使用的协调，为机械设备施工创造条件。

4）实行人机固定和操作证制度。操作人员必须进行培训和统一考试，取得操作证后方可独立操作，严禁违章操作。

5）实行操作人员岗位责任制。操作人员应按规定的项目和要求对机械设备例行检查和保养，做好清洁、润滑、调整、紧固和防腐工作，保持机械处于良好状态，提高使用效率。

6）注意机械设备安全作业。项目经理部在机械作业前应向操作人员进行技术交底，使其清楚了解施工要求、场地环境、气候等要素，做到安全作业。

7）遵守机械磨合期使用规定。新机械设备或大修后的机械设备需要磨合，在此期间要遵守磨合期使用规定，以防止早期磨损，延长使用寿命和修理周期。

3. 建筑装饰工程施工机械设备的保养和修理

（1）机械设备的保养

机械设备保养的目的是为了保持机械设备良好的技术状态，提高运行的可靠性和安全性，减少零件磨损，延长使用寿命，降低消耗，提高施工的经济效益。保养分例行保养和强制保养。例行保养为正常使用管理，由操作人员在操作运转间隙进行，主要内容包括保持机械的清洁，检查运转情况，防止机械磨蚀，按要求润滑等。强制保养是按照一定周期，占用机械设备的运转时间进行的保养。

（2）机械设备的修理

机械设备的修理是对机械设备的自然损耗进行的修复，排除机械运行故障，对损坏的零（部）件进行更换、修复。对机械设备的预检和修理可以保证机械的使用效率，延长其使用寿命。

机械设备修理可分为大修、中修和零星小修。大修是对机械设备进行全面的解体检查修理，使其达到良好的技术状态，延长机械使用寿命。中修是对不能继续使用的部分进行大修，使整机状态达到良好以延长机械设备的大修周期。零星小修一般和保养相结合。大修和中修需列入修理计划，并按计划、预检修制度执行。

▶ 7.3.4 建筑装饰工程施工项目技术管理

建筑装饰工程施工项目技术管理，是指建筑装饰企业在生产经营活动中，对各项技术活动过程和技术工作的各技术要素进行科学管理的总称，是建筑装饰工程生产要素管理的重要组成部分。

1. 建筑装饰工程施工项目技术管理的内容

建筑装饰工程施工项目技术管理包括以下三个部分：

（1）基础工作

为了有效地进行技术管理，必须做好技术管理的基础工作，主要包括建立技术岗位责任制，搜集和整理技术标准与规程，做好原始记录、技术档案等。

（2）业务工作

技术管理的业务工作，是指技术管理中日常开展的各项业务活动，主要包括以下内容：

1）施工技术准备工作，如图样会审、编制施工组织设计、技术交底、技术检验等。

2）施工过程中的技术工作，如质量技术检查、技术核定、制定技术措施、技术处理等。

（3）技术开发工作

技术开发工作是提高施工企业技术水平和技术素质的重要措施，包括技术培训、技术革新、技术改造、合理化建议、技术开发创新等。

2. 建筑装饰工程施工项目技术管理制度

建筑装饰工程施工项目技术管理制度是技术管理工作经验、教训的总结，严格地贯彻各项技术管理制度是搞好技术管理工作的核心，是科学地组织企业各项技术工作的保证。建筑装饰工程施工项目技术管理制度要贯彻在单位工程施工的全过程中，主要有以下几项工作：

（1）图样会审管理制度

熟悉图样是为了了解和掌握图样中的内容和要求，能较好地完成施工任务。图样会审的目的是领会设计意图，明确技术要求，发现并更正图样中存在的问题和差错，对不明确的设计内容进行协商、更正。图样会审工作程序首先是由项目技术负责人组织内部会审，会审后要明确应提出的问题及解决方案。然后，通常由监理单位主持，由建设单位或其委托的监理单位、设计单位和施工单位三方对设计图样进行审查，通过三方的讨论与协商，解决存在的问题，写出会议纪要，设计人员将纪要中提出的问题通过书面形式解释或提交设计变更通知书。

对工程规模大、技术复杂或工期长的特殊工程，应分阶段、分专业、分部位进行设计交底工作。

（2）技术交底及工艺管理制度

技术交底是一项技术性很强的工作，对于贯彻设计意图，严格落实技术方案，按图施工，循规操作，保证施工质量和施工安全至关重要。技术交底是在工程正式施工以前，对参与施工的有关人员讲解工程对象的设计情况、建筑和结构的特点、技术要求、施工工艺等，以便有关人员（管理人员、技术人员和施工工人）详细地了解工程，做到心中有数，掌握工程的重点和施工关键要素，防止发生指导错误和操作错误。技术交底主要内容有以下几个方面：

1）施工图样交底。施工图样交底是保证工程施工顺利进行的关键，其目的在于使技术人员和施工人员了解工程的设计特点、构造、做法、要求、使用功能等，以便掌握和了解设计意图和设计重点，按图施工。

2）施工组织设计交底。施工组织设计交底的内容是向施工人员交代施工组织设计的全部内容，以便于其掌握工程特点、施工部署、任务划分、进度要求，以及主要工程的相互配合要求、施工方法，主要机械设备及各项管理措施等。

3）设计变更交底。设计变更交底的内容是将设计变更的结果向施工人员和管理人员做统一的说明，便于统一认识，避免出现差错。

4）分项工程技术交底。分项工程技术交底是各级技术交底的关键，其内容主要包括施工工艺、质量标准、技术措施、安全要求及新技术、新工艺和新材料的特殊要求等。

5）材料、成品、半成品检验与施工试验管理制度。该制度的目的是保证项目使用的材料、构件、设备等的质量，进而保证工程质量，执行过程中要建立健全试验、检验机构，把好质检关；用于工程上的所有材料、成品、半成品必须由供货方提供合格证明文件，没有合格证明或有必要复查的，均在使用前检验或复验，合格后才能使用。

6）工程质量检查及验收制度。在现场施工过程中，为了保证工程的施工质量，必须根据国家规定的质量标准逐项检查操作质量和中间产品质量，并根据建筑装饰工程的特点，建立工程预检制度、工程隐检制度、工程分阶段验收制度、单位工程竣工检查验收制度、分项工程交接检查验收制度等。

（3）技术交底的方法

技术交底应根据装饰工程的规模和技术复杂程度不同，采用不同的技术交底方法。对于重点工程或规模较大、技术复杂的工程，应由公司总工程师组织有关部门（如技术处、质检处、生产处等），向分公司和有关施工单位交底，交底的依据是公司编制的施工组织设计。对于中小型装饰工程，一般由分公司的主任工程师或项目部技术负责人向有关职能人员或施工队（或工长）交底，当工长接受交底后，应对关键性项目、部位及新技术推广项目，反复、细致地向操作班组进行交底；必要时，也要示范操作或做样板。班组长在接受交底后，应组织工人进行认真讨论，保证明确设计和施工的意图，按技术交底的要求进行施工。

技术交底分为口头交底、书面交底和样板交底等几种。如无特殊情况，各级技术交底工作应以书面交底为主、口头交底为辅。书面交底应由交接双方签字归档。对于重要的、

169

技术难度大的工程项目，应以样板交底、书面交底和口头交底相结合。样板交底包括施工分层做法、工序搭接、质量要求、成品保护等内容，等交底双方均认可样板操作并签字后，按样板做法施工。

3. 建筑装饰工程施工项目技术信息和技术资料管理

建筑装饰工程施工项目技术信息和技术资料由通用信息资料（法规、部门规章、标准、材料价格表）和本工程专项信息资料（施工记录、施工技术资料等）两大部分构成。前者对项目的施工起指导性、参考性作用；后者是工程的验收和归档资料，可以给用户在使用维护、改进扩建及本企业类似工程的施工做参考。工程的验收和归档资料的主要内容有：图样会审记录，设计变更，技术核定单，原材料、成品、半成品的合格证明及检验记录，工程质量检验记录，质量安全事故分析处理记录，隐蔽工程验收记录，施工管理实施规划，研究与开发资料，大型临时设施档案，施工日志，技术管理经验总结等。

建筑装饰工程施工项目技术信息和技术资料的形成和管理，要建立责任制，统一领导，分工负责，做到及时、准确、完整，要符合法规要求，无遗留问题。

7.4 建筑装饰工程施工项目进度控制

7.4.1 建筑装饰工程施工项目进度控制概述

建筑装饰工程施工项目进度控制是项目管理的重要组成部分，它既是一个不断进行的动态控制，也是一个不断循环进行的过程。它要求在合同规定的工期内，编制出最优秀的施工进度计划，在实施建筑装饰工程施工进度计划的过程中经常检查施工的实际进度情况，并将其与计划进度相比较，若出现偏差，分析其产生原因和对工期的影响程度，提出必要的调整措施，修改原计划，不断调整。其目的是确保实现建筑装饰工程施工项目合同规定的工期，或在保证施工质量、安全和不增加实际成本的条件下，按期或提前完成建筑装饰任务，防止因工期延误而造成损失。

7.4.2 建筑装饰工程施工项目进度控制的基本方法、措施和主要任务

1. 建筑装饰工程施工项目进度控制的基本方法

建筑装饰工程施工项目进度控制的基本方法主要是规划、实施、检查、调整等环节。

1）规划是指根据施工合同确定的开工日期、总工期和竣工日期确定建筑装饰工程施工项目总进度控制目标和分进度控制目标，并编制其进度计划。

2）实施是指按进度计划进行施工。

3）检查是指进行施工实际进度与施工计划进度的比较。

4）调整是指当出现进度偏差时，应及时进行调整，并不断预测进度状况。

2. 建筑装饰工程施工项目进度控制的措施

建筑装饰工程施工项目进度控制采取的主要措施有组织措施、技术措施、经济措施和信息管理措施等。

（1）组织措施

组织措施主要包括：建立进度管理体系，即按建筑装饰工程施工项目的规模大小、特点，确定其进度目标，并由建筑装饰施工单位的企业经理、项目经理、作业班组等组成进度管理体系，分工协作，形成一个纵横连接的建筑装饰工程施工项目进度控制组织系统；配备人员，即落实各个层次的建筑装饰工程施工项目进度控制人员以及他们的具体任务和工作责任；建立进度沟通渠道，对影响建筑装饰工程施工进度的干扰因素进行分析和预测，并将分析预测和实际进度情况的信息及时反馈至各部门；建立进度管理协调和检查的工作制度，如协调会议定期召开的时间、参加会议的人员，以及定期检查的项目等。

（2）技术措施

技术措施是指为了加快建筑装饰工程施工速度而选用先进的施工技术，它包括两个方面的内容，一方面是硬件技术，即工艺技术革新，施工机具配套齐全、性能先进、轻便可靠、生产效率高；另一方面是软件技术，即管理技术，如流水施工、网络计划以及计算机辅助管理等。

（3）经济措施

经济措施包括：实现建筑装饰工程施工进度计划的资金保证，它是控制进度目标的基础；建立严格的奖惩制度等。

（4）信息管理措施

信息管理措施是指不断地收集建筑装饰工程施工实际进度的有关资料进行整理、统计，并与计划进度比较分析，做出决策并调整进度，使其与预定的工期目标相符。

3. 建筑装饰工程施工项目进度控制的主要任务

建筑装饰工程施工项目进度控制的主要任务是编制施工准备工作计划；编制施工总进度计划；编制单位工程施工进度计划；编制年、季、月、旬作业计划并控制其执行。

7.4.3　建筑装饰工程施工项目进度控制的内容

建筑装饰工程施工项目进度控制的内容，包括以下方面：

1. 项目总进度计划

项目总进度计划是以建筑装饰工程施工项目从开始实施一直到竣工为止的各个主要环节作为控制对象，是项目工程师控制、协调总进度的主要目标，是工程项目设计、施工、安装、竣工验收等各阶段的日历进度。

2. 项目施工进度规划

项目施工进度规划是经监理工程师审核批准的施工阶段各个环节（工序）的总体安排，该计划以各种定额为准，根据每道工序所需耗用的工时以及计划投入的人力、工作班数、物资、设备供应情况，得出各分部分项工程及单位工程的施工周期，然后按施工顺序及有关要求，编制出施工总进度计划，通常用横道图或网络图来表示，是各阶段施工控制进度的主要依据。

3. 作业进度计划

作业进度计划是施工总进度计划的具体化，既可将一个分部分项的一个阶段作为控制对象，也可以把一项作业活动作为控制对象，用横道图或网络图来表示，是基层施工班组进行施工的指导性文件。

➤ 7.4.4 影响建筑装饰工程施工项目进度的因素

影响建筑装饰工程施工项目进度的主要因素有以下几个方面：

1. 有关单位的影响

建筑装饰工程施工项目的承包人对施工进度起决定性作用。但是，建设单位、监理单位、设计单位、材料设备供应单位、银行、材料运输单位以及水电供应部门等都可能给施工造成影响。因此，建筑装饰工程施工项目进度控制不能单靠承包人，还需要有其他相关单位的相互配合。

2. 施工工艺和技术的影响

建筑装饰工程施工承包人对设计意图和技术要求领会不透彻，施工工艺方法选择不当，盲目施工，在施工操作中没有严格执行技术标准、工艺规程，使用新技术、新材料、新工艺缺乏经验等，都会直接影响建筑装饰工程施工项目进度。

3. 不利施工条件的影响

在施工中遇到不利施工条件时会使施工难度增大，减慢施工速度甚至停工。如工作场地狭窄、自然灾害甚至不可抗力事件等都会影响建筑装饰工程施工项目进度。

4. 施工组织管理不当的影响

建筑装饰工程施工项目进度控制不力、决策失误、指挥不当、劳动力和机具调配不当、施工现场布置不合理等会影响建筑装饰工程施工项目进度。

5. 意外事件的发生

施工中如果出现意外的事件，如严重的自然灾害、火灾、重大工程事故、工人罢工等都会影响建筑装饰工程施工项目进度。

7.5 建筑装饰工程质量管理

➤ 7.5.1 全面质量管理概述

1. 全面质量管理的概念

全面质量管理是指施工企业为了保证和提高产品质量，综合运用一整套质量管理体系、手段和方法所进行的全面的、系统的管理活动，它是一种科学的现代质量管理方法。全面质量管理的基本观点包括以下方面：

（1）质量第一的观点

建筑装饰工程质量的好坏，不仅关系到国民经济的发展及人民生命财产的安全，而且直接关系到施工企业的信誉、经济效益及生存和发展。因此，应牢固树立"质量第一"的观点，这是全面质量管理的核心。

（2）用户至上的观点

"用户至上"是建筑装饰工程推行全面质量管理的精髓。这里的"用户"包括两个含义：一是直接或间接使用建筑装饰工程的单位或个人；二是施工企业内部，在施工过程中上一道工序应对下一道工序负责，下一道工序则为上一道工序的用户。

（3）预防为主的观点

工程质量是设计、制造出来的，而不是检验出来的，检验只能发现工程质量是否符合质量标准，但不能保证工程质量。在工程施工的过程中，全面质量管理强调将事后检验把关变成工序控制，从管质量结果变为管质量因素，防检结合，防患于未然。也就是说在施工全过程中，将影响质量的因素控制起来，发现质量波动就分析原因、制定对策，这就是预防为主的观点。

（4）全面管理的观点

全面管理突出一个"全"字，即实行全过程的管理、全企业的管理和全员的管理。

全过程的管理是指把工程质量管理贯穿于工程的规划、设计、施工、使用的全过程，尤其在施工过程中，要贯穿于每个单位工程、分部工程、分项工程、各施工工序。全企业的管理是指强调质量管理工作不只是质量管理部门的事情，施工企业的各个部门都要参加质量管理，都要履行自己的职能。全员的管理是指施工企业的全体人员，包括各级管理人员、技术人员、生产工人、后勤人员等都要参加到质量管理中来，人人关心产品质量，把提高产品质量和本职工作结合起来，使工程质量管理有扎实的群众基础。

（5）数据说话的观点

数据是实行科学管理的依据，没有数据或数据不准确，质量就无从谈起。全面质量管理强调"一切用数据说话"，是因为它是以数理统计的方法为基本手段，而数据是应用数理统计方法的基础，这是区别于传统管理方法的重要特征。全面质量管理是依靠实际的数据资料，运用数理统计的方法做出正确的判断，采取有力措施，进行质量管理。

（6）不断提高的观点

重视实践，坚持按照计划、实施、检查、处理的循环过程办事；经过一个循环后，对事物内在的客观规律就会有进一步的认识，从而制定出新的质量管理计划与措施，使质量管理工作及工程质量不断提高。

2. 工程质量及工程质量管理

提到建筑装饰工程质量，人们首先会联想到交付使用的工程实体的质量。

工程质量是指完工后的工程"产品"（工程实体）所具备的质量特性是否满足业主或建设单位要求，是否满足国家和行业的相应强制性标准的要求，以及满足上述要求和标准的程度。

工程质量管理是指确定质量方针、目标和职责，并在质量体系中通过质量策划、质量控制、质量保证和质量改进使质量方针、目标和职责得以实施的全部管理职能的所有活动。质量管理是有计划、有系统的活动，为实现质量管理需要建立质量体系，而质量体系又要通过质量策划、质量控制、质量保证和质量改进等活动发挥其职能，可以说这四项活动是质量管理工作的四大支柱。

173

➤ 7.5.2 建筑装饰企业质量管理体系的建立与认证

建筑装饰企业质量管理体系是指企业为实施质量管理而建立的管理体系，通过第三方质量认证机构的认证，为该企业的工程承包经营和质量管理奠定基础。企业质量管理体系应按照我国《质量管理体系 基础和术语》（GB/T 19000—2016）进行建立和认证。

1. 质量管理七项原则

质量管理七项原则是《质量管理体系 要求》（ISO 9001：2015）族标准的编制基础，是世界各国质量管理成功经验的科学总结，其中不少内容与我国全面质量管理的经验吻合。它的贯彻执行能促进企业管理水平的提高，提高顾客对其产品或服务的满意程度，帮助企业达到持续成功的目的。质量管理七项原则的具体内容如下：

（1）以顾客为关注焦点

满足顾客需求相当重要，因为组织的持续成功主要取决于顾客。首先，要全面识别和了解组织现在和未来顾客的期望；其次，要为超越顾客的期望做一切努力，也就是说要比顾客的期望做得更好。同时，还要考虑组织利益相关方的需要和期望。

（2）领导作用

领导作用是通过设定愿景、方针展开的；是通过确立统一的组织宗旨和方向指导员工，引导组织按正确的方向前进来实现的。领导的主要作用是率先发扬道德行为，维护好内部环境，鼓励员工在活动中承担义务以实现组织的目标。

（3）全员参与

懂得承担责任并有胜任能力的员工在为提升组织的全面绩效做贡献，他们构成了组织管理的基础。组织的绩效最终是由员工决定的，员工是一种特殊的资源，因为他们不仅不会被损耗掉，而且具有提升胜任能力的潜力。组织应懂得员工的这种重要性和独特性。为了有效和有效率地管理组织，使每个员工都懂得承担责任，提高员工的知识水平和技能水平，激励员工工作热情，尊重他们是至关重要的。

（4）过程方法

过程方法是指把组织的活动作为过程加以管理，以加强其提供过程结果的能力；对相互作用的过程和相应资源作为系统加以管理，以提高实现目标的能力。为了建立一个好的质量管理体系，组织将质量管理体系视为一个系统是相当重要的，这个体系有一个统一的目标，并且由一系列的过程所组成。要考虑整个体系与各组成部分之间以及各个组成部分之间的关系，要用焦点导向的方法设计、实施和改进质量管理体系，以便实现全面优化。

组织通过规定过程输入、过程输出、活动、资源、测量指标和组成体系的过程控制点，识别影响过程输出的因素，对一系列活动和资源进行管理，就能有效和有效率地实施质量管理体系。

建立和实施质量管理体系的工作内容一般包括：①确定顾客期望；②建立质量目标和方针；③确定实现目标的过程和职责；④确定必须提供的资源；⑤规定测量过程有效性的方法；⑥实施测量确定过程的有效性；⑦确定防止出现不合格事件并清除产生不合格事件的原因的措施；⑧建立和应用改进质量管理体系的过程。

（5）改变

任何类型的改变都为组织提供了宝贵的机会。基于对持续提高组织能力的理解，组织提倡为做得更好而改变。当面临经营环境发生变化时，若组织想要在为顾客提供价值方面取得持续成功，就必须维护好企业文化和价值观。这些文化和价值观注重组织的成长，积极倡导基于学习能力、自主和敏捷性的改进和创新。

（6）基于证据的决策

此原则是指根据证据对组织的活动进行管理。以证据为依据的管理是以识别关键指标、测量和监督、分析测量和监督数据，以及对结果进行分析为依据进行决策来实现的。

（7）关系管理

组织与供方是相互依存的，建立双方的互利关系可以增强双方创造价值的能力。供方提供的产品是企业提供产品的一个组成部分。处理好与供方的关系，涉及企业能否持续稳定地提供顾客满意产品的重要问题。因此，对供方不能只讲控制，不讲互利，特别是对重要的供方，更要建立互利关系，这对企业与供方都有利。

2. 企业质量管理体系文件构成

企业质量管理体系文件由下列内容构成，这些文件的详略程度无统一规定，以适合于企业使用，使过程受控为准则：

（1）质量方针和质量目标

质量方针和质量目标一般以简明的文字来表述，是企业质量管理的方向性目标，它反映用户及社会对工程质量的要求及企业相应的质量水平和服务承诺，也是企业质量经营理念的反映。

（2）质量手册

质量手册是规定企业组织质量管理体系的文件，质量手册对企业质量体系作系统、完整和概要的描述。其内容一般包括：企业的质量方针、质量目标；组织机构及质量职责；体系要素或基本控制程序；质量手册的评审、修改和控制的管理办法。

质量手册作为企业质量管理系统的纲领性文件，应具备指令性、系统性、协调性、先进性、可行性和可检查性。

（3）程序性文件

各种生产、工作和管理的程序性文件是质量手册的支持性文件，是企业各职能部门为落实质量手册要求而规定的细则，企业为落实质量管理工作而建立的各项管理标准、规章制度都属于程序性文件范畴。各企业程序性文件的内容及详略可视企业情况而定，一般以下六个方面的程序为通用性管理程序，各类企业都应在程序性文件中制定：

1）文件控制程序。

2）质量记录管理程序。

3）内部审核程序。

4）不合格品控制程序。

5）纠正措施控制程序。

6）预防措施控制程序。

除以上六个程序以外，涉及产品质量形成过程各环节控制的程序性文件，如生产过程、服务过程、管理过程、监督过程等管理程序性文件，可视企业质量控制的需要制定，不作统一规定。

为确保过程的有效运行和控制，在程序性文件的指导下，尚可按管理需要编制相关文件，如作业指导书、具体工程的质量计划等。

（4）质量记录

质量记录是企业质量管理体系中各项质量活动的过程及结果的客观反映。对质量管理体系程序性文件所规定的运行过程及控制测量检查的内容应如实加以记录，用以证明产品质量达到合同要求及质量保证的满足程度。如在控制体系中出现偏差，则质量记录不仅需反映偏差情况，还应反映出针对不足之处所采取的纠正措施及纠正效果。

质量记录应完整地反映质量活动实施、验证和评审的情况，并记载关键活动的过程参数，具有可追溯性。质量记录以规定的形式和程序进行，并有实施、验证、审核等签署意见。

3. 企业质量管理体系的建立和运行

（1）企业质量管理体系的建立

1）企业质量管理体系的建立是在确定市场及顾客需求的前提下，按照前述的质量管理七项原则制定企业的质量方针、质量目标、质量手册、程序性文件及质量记录等体系文件，并将质量目标分解落实到相关层次、相关岗位的职能和职责中，形成企业质量管理体系的执行系统。

2）企业质量管理体系的建立还包含组织企业不同层次的员工进行培训，使体系的工作内容和执行要求为员工所了解，为全员参与的企业质量管理体系的运行创造条件。

3）企业质量管理体系的建立需识别并提供为实现质量目标和持续改进所需的资源，包括人员、基础设施、环境、信息等。

（2）企业质量管理体系的运行

1）企业质量管理体系的运行是指企业生产及服务的全过程按质量管理体系文件规定的程序、标准、工作要求及岗位职责进行运作。

2）在企业质量管理体系运行的过程中，按各类体系文件的要求，监督、测量和分析过程的有效性和效率，做好质量记录，持续收集、记录并分析过程的数据和信息，全面反映产品质量和过程是否符合要求，并具有可追溯性。

3）按文件规定的办法进行质量管理评审和考核。对过程运行的评审考核工作，应针对发现的主要问题采取必要的改进措施，使这些过程达到所要求的结果并实现对过程的持续改进。

4）落实质量管理体系的内部审核程序，有组织、有计划地开展内部质量审核活动，其主要目的是：

① 评价质量管理程序的执行情况及适用性。

② 揭露过程中存在的问题，为质量改进提供依据。

③ 检查质量管理体系运行的信息。

④ 向外部审核单位提供体系有效的证据。

为确保系统内部审核的效果，企业负责人应发挥决策领导作用，制定审核政策和计划，组织内审人员队伍，落实内审条件，并对审核发现的问题采取纠正措施并提供人、财、物等方面的支持。

4. 企业质量管理体系的认证与监督

《中华人民共和国建筑法》规定，国家对从事建筑活动的单位推行质量体系认证制度。

（1）企业质量管理体系认证的意义

质量体系认证制度是由公正的第三方认证机构对企业的产品及质量体系做出正确可靠的评价，从而使社会对企业的产品建立信心。质量体系认证制度自20世纪80年代以来已得到世界各国的普遍重视，它对供方、需方、社会和国家的利益都具有重要意义：

1）提高供方企业的质量信誉。

2）促进企业完善质量体系。

3）增强企业的国际市场竞争能力。

4）减少社会重复检验和检查费用。

5）有利于保护消费者利益。

6）有利于法规的实施。

（2）企业质量管理体系认证的程序

1）申请和受理。具有法人资格，并已按《质量管理体系 基础和术语》（GB/T 19000—2016）或其他国际公认的质量体系规范建立了文件化的质量管理体系，并在生产经营全过程贯彻执行的企业可提出申请。申请单位须按要求填写申请书。认证机构经审查符合要求后接受申请，如不符合要求则不接受申请，接受或不接受均要发出书面通知书。

2）审核。认证机构派出审核组对申请方质量管理体系进行检查和评定，包括文件审查、现场审核，并提出审核报告。

3）审批与注册发证。认证机构对审核组提出的审核报告进行全面审查，对符合标准者予以批准并注册，发给认证证书（内容包括证书号、注册企业名称及地址、认证和质量管理体系覆盖产品的范围、评价依据及质量保证模式的标准和说明、发证机构、签发人和签发日期）。

（3）获准认证后的维持与监督管理

企业质量管理体系获准认证的有效期为3年。获准认证后，企业应通过经常性的内部审核维持质量管理体系的有效性，并接受认证机构对企业质量管理体系实施监督管理。

获准认证后的质量管理体系，维持与监督管理内容如下：

1）企业通报。认证合格的企业质量管理体系在运行中出现较大变化时，需向认证机构通报。认证机构接到通报后，视情况采取必要的监督检查措施。

2）监督检查。认证机构对认证合格单位的质量管理体系维持情况进行监督性现场检查，包括定期和不定期的监督检查。定期检查通常是每年一次，不定期检查视需要临时安排。

3）认证注销。注销是企业的自愿行为。在企业质量管理体系发生变化或证书有效期届满未提出重新申请等情况下，认证持证者提出注销的，认证机构予以注销，收回该体系认证证书。

4）认证暂停。认证暂停是认证机构对获证企业质量管理体系发生不符合认证要求情况时采取的警告措施。认证暂停期间，企业不得使用质量管理体系认证证书做宣传。企业在规定期间采取纠正措施满足规定条件后，认证机构撤销认证暂停；否则将撤销认证注册，收回合格证书。

5）撤销认证。当获证企业发生质量管理体系存在严重不符合规定，或在认证暂停的规定期限内未予整改，或发生其他构成撤销认证资格情况时，认证机构做出撤销认证的决定。如企业不服可提出申诉。撤销认证的企业一年后可重新提出认证申请。

6）复评。认证合格有效期满前，如企业想要延长认证时间，可向认证机构提出复评申请。

7）重新换证。在认证证书有效期内，出现体系认证标准变更、体系认证范围变更、体系认证证书持有者变更等情况，可按规定重新换证。

➤ 7.5.3 建筑装饰工程施工项目质量管理

1. 建筑装饰工程施工项目质量管理的阶段划分及各阶段的质量管理内容

建筑装饰工程施工项目质量管理分为：施工准备阶段的质量管理、施工过程中的质量管理和使用阶段的质量管理。

（1）施工准备阶段的质量管理内容

1）设计图样的审查。

2）施工组织设计的编制。

3）装饰材料等的确定和检验。

4）施工机具设备的检修。

5）作业条件的准备。

（2）施工过程中的质量管理内容

1）进行建筑装饰工程施工项目的技术交底，督导施工班组按照设计图样和规范、规程施工。

2）进行建筑装饰工程施工质量检查和验收，对已完成的分部分项工程和隐蔽工程进行验收。不合格的工程应返工处理，不留隐患，这是质量管理的关键环节。

3）质量分析。采用统计方法对建筑装饰工程质量的检验结果（数据）进行分析，找出产生质量缺陷的各种原因，并制定相应的纠正措施，避免该类不合格现象重复发生。

4）实施文明施工。按建筑装饰工程施工项目组织设计的要求和施工程序进行施工，做好施工准备，搞好现场的平面布置与管理，保持现场的施工秩序和整齐清洁。这也是保证和提高建筑装饰工程施工项目工程质量的重要环节。

（3）使用阶段的质量管理内容

建筑装饰工程施工项目的使用阶段是考验建筑装饰工程实际施工质量的阶段，建筑装饰工程施工项目质量管理必须延伸到使用阶段的一定期限（通常为保修期限），以确保工程实体在这一阶段能够正常使用。这一阶段的质量管理工作主要有：

1）实行保修制度。对由于施工原因造成的质量问题，建筑装饰工程施工企业要负责无偿保修。

2）及时回访。建筑装饰工程施工企业应及时对使用阶段的建筑装饰工程施工项目进行回访，听取使用单位对施工质量方面的意见，从中发现工程质量问题，分析原因，及时进行补救。同时，也为后续工程改进施工项目质量管理积累经验。

2. 建筑装饰工程施工项目质量控制的原则及施工质量控制实施的主体

（1）建筑装饰工程施工项目质量控制应遵循的原则

1）坚持质量第一的原则。

2）坚持以人为本的原则。

3）坚持预防为主的原则。

4）坚持质量标准的原则。

5）坚持科学、公正、守法的职业道德规范。

（2）质量控制实施的主体

建筑装饰工程施工项目质量控制过程既有施工承包方的质量控制职能，也有建设单位、设计单位、监理单位、供应单位及工程质量监督部门的控制职能，他们具有各自不同的地位、责任和作用。

建筑装饰工程施工项目质量控制按其实施主体不同，分为自控主体和监控主体。前者是指直接从事质量职能的活动者，后者是指对他人的质量能力和效果的监控者。

1）自控主体。施工承包方和供应方在施工阶段是质量自控主体，他们不能因为监控主体的存在和监控责任的实施而减轻或免除其质量责任。

2）监控主体。建设单位、监理单位、设计单位及工程质量监督部门，在施工阶段依据法律和合同对自控主体的质量行为和效果实施监督控制。

自控主体和监控主体在施工全过程相互依存、各司其职，共同推动着施工项目质量控制过程的发展，并确保最终质量目标的实现。

（3）各方的质量控制职能

1）工程质量监督部门的质量控制。工程质量监督部门属于监控主体，它主要是以法律法规为依据，通过工程报建、施工图设计文件审查、施工许可、材料和设备准用、工程质量监督、重大工程竣工验收备案等环节进行的质量控制。

2）工程监理单位的质量控制。工程监理单位属于监控主体，它主要是受建设单位的委托，代表建设单位对工程实施的全过程进行质量监督和控制，包括设计阶段质量控制、施工阶段质量控制，以满足建设单位对工程质量的要求。

3）设计单位的质量控制。设计单位属于监控主体，它是以法律法规及合同为依据，对设计的整个过程进行控制，包括对工作程序、工作进度、费用及成果文件所包含的功能和使用价值进行的质量控制，以满足建设单位对设计质量的要求。

4）施工承包方的质量控制。施工承包方作为建筑装饰工程施工质量的自控主体，既要遵循本企业质量管理体系的要求，也要根据企业在所承建工程项目质量控制系统中的地位和责任，通过具体项目质量计划的编制与实施，有效地实现自主控制的目标。

3. 建筑装饰工程施工过程质量控制

建筑装饰工程施工过程质量控制，包括施工准备质量控制、施工过程质量控制和施工验收质量控制，如图 7-1 所示。

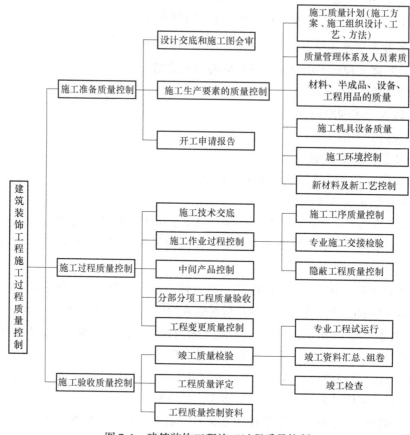

图 7-1　建筑装饰工程施工过程质量控制

1）施工准备质量控制是指工程项目开工前的全面施工准备和施工过程中各分部分项工程施工作业前的施工准备（或称施工作业准备）。

2）施工过程质量控制是指施工作业技术活动的投入与产出过程的质量控制，其内涵包括全过程施工生产质量控制及其中的各分部分项工程的施工作业过程质量控制。

3）施工验收质量控制是指对已完工程验收时的质量控制，即工程产品质量控制。包括隐蔽工程验收、检验批验收、分项工程验收、分部工程验收、单位工程验收和整个建设工程项目竣工验收的质量控制。

➤ 7.5.4　建筑装饰工程质量检验评定

建筑装饰工程质量检验是建筑装饰企业质量管理的重要措施，其目的是掌握质量动态，发现质量隐患，对工程质量实行有效的控制。

1. 建筑装饰工程质量检验的依据

建筑装饰工程质量检验的依据包括建筑装饰工程施工验收规范，施工技术操作规程和质量验收统一标准，原材料、半成品、构（配）件质量检验标准，设计图样及有关文件。同时，由于建筑装饰材料发展迅猛，装饰施工技术发展很快，一些新材料、新技术、新工艺在以往颁发的规范中未有评定和验收标准，因此应当根据发展情况不断地进行补充和更新。

2. 建筑装饰工程质量检验的内容

建筑装饰工程质量检验的内容主要包括原材料、半成品、成品和构（配）件等进场材料的质量保证书和出厂试验资料的检验，施工过程的自检原始记录和有关技术档案资料的检验，使用功能检查，项目外观检查。

3. 建筑装饰工程质量检验方法

建筑装饰工程质量检验就是对检验项目中的性能进行量测、检验、试验，并将结果与标准规定进行比较，以确定每项性能是否合格。检验的方法有目测法、实测法和试验法三种。

（1）目测法

目测法是指通过检验人员的感官，借助简易工具进行检验，归纳为"看""摸""敲""照"四个字。

1）"看"是指通过目测并对照规范和标准检验工程的外观。如检验墙纸裱糊是否纸面无斑痕、空鼓、气泡、起皱，应花纹一致、接缝完整等；喷涂是否密实，颜色是否均匀；地面是否光洁平整等。

2）"摸"是指通过手感判断工程表面的质量，如检验抹灰表面的光洁度，水刷石、干粘石黏接的牢固程度等。

3）"敲"是运用工具敲击工程的某一部位进行声感检查，如检验墙面、地面等铺贴面砖工程。

4）"照"是指对难以看到或光线较暗的部位，采用镜子反射或灯光照射的方法进行检验。

（2）实测法

实测法就是通过实测数据与建筑装饰工程施工规范及质量标准所规定的允许偏差进行对照，来判别质量是否合格。实测法的手段可归纳为"靠""吊""量""套"四个字。

1）"靠"是用直尺、塞尺检查墙面、地面、顶棚的平整度。

2）"吊"是用托线板、线坠吊线检查垂直度。

3）"量"是用测量工具和计量仪表等检查几何尺寸、位置标高、湿度、温度等偏差。

4）"套"是以方尺套方，辅以塞尺检查，如检查阴阳角的方正等。

（3）试验法

试验法是指通过试验手段对质量进行判断的检验方法。如在建筑装饰工程施工中，有大量的预埋件、连接件、螺栓等连接紧固件，可进行拉力试验检验连接紧固件的施工质量。

4. 建筑装饰工程施工项目检验批的质量验收

检验批质量合格的条件如下：

1）主控项目的质量经抽样检验合格。

2）一般项目的质量经抽样检验合格。

3）具有完整的施工操作依据及质量检查记录。

检验批是工程验收的最小单位，是分项工程乃至整个建筑工程质量验收的基础。检验批是指施工过程中条件相同并有一定数量的材料、构（配）件或安装项目，由于其质量基本均匀一致，因此可以作为检验的基础单位，并按批验收。

为了使检验批的质量符合安全和功能的基本要求，达到保证建筑工程质量的目的，各专业工程质量验收规范应对各检验批的主控项目、一般项目的子项合格质量给予明确的规定。

检验批的合格质量主要取决于对主控项目、一般项目的检验结果。主控项目是对检验批的基本质量起决定性影响的检验项目，因此必须全部符合有关专业工程验收规范的规定。这意味着主控项目不允许有不符合要求的检验结果，即这种项目的检查具有否决权。鉴于主控项目对基本质量的决定性影响，从严要求是必需的。

5. 建筑装饰工程分项工程的质量验收

分项工程质量验收合格应符合下列规定：

1）分项工程所含的检验批均应符合合格质量的规定。

2）分项工程所含的检验批的质量验收记录应完整。

分项工程的验收在检验批的基础上进行。一般情况下，两者具有相同或相近的性质，只是批量的大小不同而已。因此，应将有关的检验批汇集起来构成分项工程。分项工程合格质量的条件比较简单，只要构成分项工程的各检验批的验收资料文件完整，并且均已验收合格，则分项工程验收合格。

6. 建筑装饰工程子分部工程的质量验收

子分部工程质量验收合格应符合下列规定：

1）子分部工程所含分项工程的质量均应验收合格。

2）质量控制资料应完整。

3）有关安全、节能、环境保护和主要使用功能的抽样检测结果应符合有关规定。

4）观感质量验收应符合要求。

7. 建筑装饰工程单位工程质量验收

单位工程质量验收合格应符合下列规定：

1）所含子分部工程的质量均应验收合格。

2）质量控制资料应完整。

3）所含子分部工程有关安全、节能、环境保护和主要使用功能的检测资料应完整。

4）主要使用功能项目的抽查结果应符合相关专业质量验收规范的规定。

5）观感质量验收应符合要求。

单位工程质量验收也称质量竣工验收，是建筑装饰工程投入使用前的最后一次验收，也是最重要的一次验收，除构成单位工程的各分部工程应该合格，并且有关的资料文件应完整以外，还须进行以下 3 个方面的检查：

1）涉及安全、节能、环境保护和主要使用功能的子分部工程应进行检验资料的复查。不仅要全面检查其完整性（不得有漏检缺项），而且对子分部工程验收时补充进行的见证抽样检验报告也要复核。这种强化验收的手段体现了对安全和主要使用功能的重视。

2）对主要使用功能还须进行抽查。对主要使用功能的抽查是对建筑工程和设备安装工程最终质量的综合检验，也是用户最为关心的内容。因此，在分部分项工程验收合格的基础上，竣工验收时还要再做抽查。抽查项目是在检查资料文件的基础上由参加验收的各方人员商定，并用计量、计数的抽样方法确定抽查部位。抽查要求按有关专业工程施工质量验收标准的要求进行。

3）须由参加验收的各方人员共同进行观感质量检查，最后共同确定是否通过验收。

➤ 7.5.5　建筑装饰工程质量验收的程序与组织

1）检验批及分项工程应由监理工程师（建设单位项目技术负责人）组织施工单位项目专业质量（技术）负责人等进行验收。

2）分部工程应由总监理工程师（建设单位项目技术负责人）组织施工单位项目负责人和技术、质量负责人等进行验收。对于地基与基础、主体结构分部工程，勘察单位、设计单位工程项目负责人和施工单位技术、质量负责人也应参加相关分部工程验收。

3）单位工程完工后，施工单位应自行组织有关人员进行检查评定，并向建设单位提交工程验收报告。

4）建设单位收到工程验收报告后，应由建设单位（项目）负责人组织施工（含分包单位）、勘察、设计、监理等单位（项目）负责人进行单位工程验收。

5）单位工程由分包单位施工时，分包单位对所承包的工程项目应按标准规定的程序检查评定，总包单位应派人参加。分包工程完成后，应将工程有关资料交总包单位。

6）当参加验收各方对工程质量验收意见不一致时，可请当地建设行政主管部门或工程质量监督机构协调处理，也可以由各方认可的咨询单位进行协调处理。

7）单位工程质量验收合格后，建设单位应在规定时间内将工程竣工验收报告和有关文件报建设行政主管部门备案。

7.6　建筑装饰工程施工安全管理

➤ 7.6.1　建筑装饰工程施工安全管理的任务

建筑装饰工程施工安全管理主要包括安全施工与劳动保护两个方面。安全施工是建筑装饰施工企业组织施工活动和安全工作的指导方针，要确立"施工必须安全，安全促进施工"的辩证思想；劳动保护是保护劳动者在施工中的安全和健康。

安全管理的任务就是要想尽一切办法找出施工生产中的不安全因素，用技术上与管理上的措施去消除这些不安全的因素，做到预防为主、防患于未然，保证施工顺利进行，保证员工的安全与健康。

➤ 7.6.2 建筑装饰工程施工安全管理具体内容

1. 建筑装饰工程施工安全管理制度的内容

1) 安全施工生产责任制度。

2) 安全技术措施计划制度。

3) 安全施工生产教育制度。

4) 安全施工生产检查制度。

5) 工伤事故的调查和处理制度。

6) 防护用品及食品安全管理制度。

7) 安全值班制度。

2. 建筑装饰工程施工安全管理的原则

（1）"安全第一，预防为主"的原则

我国安全生产的基本方针是"安全第一，预防为主"，这是一个统一体的两个方面。

"安全第一"是从保护生产力的角度和高度出发，表明在生产范围内安全与生产的关系，强调安全在生产活动中的重要性。

贯彻"预防为主"，首先要端正对生产中不安全因素的认识，端正消除不安全因素的态度，选准消除不安全因素的时机。在安排施工任务时，要针对生产中可能出现的不安全因素，采取积极的预防措施并予以消除，这是安全管理的最佳选择。在生产活动中，要科学预测、经常检查，力求及早发现、及时消除不安全因素，这是安全管理应有的态度。

（2）安全管理与生产管理并重的原则

将安全管理寓于生产管理之中，对生产发挥着保证与促进作用。在整个建筑装饰工程施工项目管理的过程中，安全与生产虽然有时会出现一定的矛盾，但从安全管理与生产管理的目标来看，两者表现出高度的一致和完全的统一。

（3）明确安全管理目的性原则

安全管理的目的性是对施工生产中的人、物、环境因素的状态进行控制和管理，通过控制人的不安全行为和物的不安全状态，减少或消除生产过程中的事故，保证人员健康安全和财产免受损失。

（4）全方位全过程的管理原则

安全管理必须要贯穿于装饰工程施工项目从开工到竣工交付的全部生产过程和全部的生产时间，涉及项目活动的方方面面。因此，必须坚持全员、全过程、全方位、全天候的安全管理。

（5）安全管理重在控制的原则

进行安全管理的目的是预防、消除不安全因素，防止工伤事故的发生，保护劳动者的安全与健康。安全管理的所有内容都是为了达到安全管理的目的，但是对生产因素的控制，与安全管理的目的关系更直接，显得更为突出。因此，对生产中的人的不安全行为和物的不安全状态的控制，必须作为动态的安全管理的重点。从众多发生的事故来看，发生事故是由于人的不安全行为运动轨迹与物的不安全状态运动轨迹的交叉。因此，对生产因素状态的控制，应当作为安全管理的重点，而不能把约束当成安全管理的重点。

（6）在管理中发展和提高的原则

安全管理是在变化着的生产活动中的管理，其不安全因素随着生产因素的变化而变化。所以，安全管理是一种动态管理，安全管理的过程就意味着是不断发展的、不断变化的，只有在管理中发展和提高，才能适应变化的生产活动，消除新的不安全因素，摸索出安全管理的新规律，总结出安全管理的新办法，从而使安全管理不断上升到新的高度。

3. 建筑装饰工程施工项目安全控制的实施

（1）安全控制的程序

1）确定项目的安全目标。按"目标管理"方法，在以项目经理为首的项目管理系统内将安全目标进行分解，从而确定各岗位的安全目标，实现全员安全控制。

2）编制项目安全技术措施计划。对生产过程中的不安全因素，用技术手段加以消除和控制，并用文件化的方式表示，这是落实"预防为主"方针的具体体现，是进行工程项目安全控制的指导性文件。

3）安全技术措施计划的落实和实施。该工作包括建立健全安全生产责任制、设置安全生产设施、进行安全教育和培训、沟通和交流信息、通过安全控制使生产作业的安全状况处于受控状态。

4）安全技术措施计划的检查。该工作包括安全检查、纠正不符合安全技术措施计划的情况，并做好检查记录工作，根据实际情况补充和修改安全技术措施计划。

5）持续改进，直至完成工程项目的所有工作。

（2）安全控制的基本要求

1）必须取得安全行政主管部门颁发的安全施工许可证后才可开工。

2）总承包单位和每一个分包单位都应持有施工企业安全资格审查认可证。

3）各类人员必须具备相应的执业资格证书才能上岗。

4）所有新员工必须经过三级安全教育，即公司、项目部和班组的安全教育。

5）特殊工种作业人员必须持有特种作业操作证，并严格按规定定期进行复查。

6）对查出的安全隐患要做到"五定"，即定整改责任人、定整改措施、定整改完成时间、定整改完成人、定整改验收人。

7）必须把好安全生产"六关"，即措施关、交底关、教育关、防护关、检查关、改进关。

8）施工现场安全设施齐全，并符合国家及地方有关规定。

9）施工机械（特别是现场安设的起重设备等）经安全检查合格后方可使用。

➤ 7.6.3　建筑装饰工程施工安全管理工作

建筑装饰工程施工安全管理工作，是一项技术性很强、要求很高的工作。在施工安全管理中，必须做好以下几个方面的工作：

1. 保证施工现场安全生产

保证施工现场的安全生产，是加快施工速度、保证工程质量、降低工程成本的关键。施工企业的全体职工，必须在保证施工现场安全生产方面严肃认真对待。为保证施工现场的安全生产，应当做到以下几点：

1）进入施工现场的所有作业人员，必须认真执行和遵守安全技术操作规程。

2）各种施工机具设备、建筑装饰材料、预制构件、临时设施等，必须按照施工平面图进行布置，保证施工现场道路和排水畅通。

3）按照施工组织设计的具体安排，形成良好的施工环境和协调的施工顺序，实现科学、文明、安全施工。

4）施工现场的高压线路和防火设施，要符合供电部门和消防部门的技术规定，设施应当完备可靠、使用方便。

5）根据工程的实际需要，施工现场应做好可靠的安全防护工作，设置好各种安全设备的标志牌，确保作业的安全。

2. 预防高处坠落和物体打击事故

高处坠落和物体打击，是施工现场经常发生的事故。尤其是建筑装饰工程向着高层和超高层发展后，发生高处坠落和物体打击事故的概率增大。因此，预防高处坠落和物体打击事故，是施工安全管理中的一项重要任务，必须做到以下几点：

1）保证高处作业的脚手架、工作平台、斜道、栏杆、跳板等设施的刚度、强度和稳定性。

2）在多层或高层建筑中进行装饰施工时，必须按规定设置安全网，在楼梯口、阳台口、电梯口、电梯井口及预留口处，必须安装防护设施。

3）严禁高处作业人员从高处抛掷任何物料，严格监督进入施工现场的人员必须佩戴安全帽，高处作业人员必须佩戴安全带。

4）在材料、设备和构件吊装施工时，吊具必须可靠牢固，严禁在吊臂下站人，并要设置安全通道。

5）不准在强风或大雪、大雨、大雾、雷鸣天气从事露天高处作业。

6）禁止患有高血压、心脏病等不适于高处作业的人员从事高处作业，特别是严禁酒后进入工地。

3. 预防发生坍塌事故

建筑装饰工程的坍塌事故是一种危害较大的事故，易造成人员的伤亡和财产的损坏，施工中必须认真对待，采取有效措施，避免此类事故的发生。根据施工经验，建筑装饰工程一般应注意施工用脚手架的搭设必须科学合理、可靠牢固，所选用的材料（包括配件）必须符合质量要求。

4. 预防机械伤害事故

施工机械运转速度较快，很容易出现机械伤害事故，这也是施工安全管理中的重要内容。在预防机械伤害事故中，主要应当做到以下几点：

1）必须健全施工机械的防护装置，所有机械的传动结构都应当设置防护网或防护罩，如木工用的电锯和电刨等，均应当设置防护装置。

2）机械操作人员必须严格按操作规程和劳动保护规定进行操作，并按规定佩戴防护用品。

3）各种起重设备应根据需要配备安全限位装置、起重量控制器、安全开关等安全装置。

4）起重机指挥人员和司机应严格遵守操作规程，司机应当经过岗位培训并合格，不得违章作业。

5）所有机械设备、起重机具都应当经常检查，定期保养和维修，保证其运转正常、灵敏可靠。

5. 预防发生触电事故

随着施工机械化程度的提高，施工用电也越来越多，发生触电事故的概率也越来越高。因此，预防发生触电事故，是施工安全管理中的一项重要任务。预防发生触电事故，主要应注意以下几个方面：

1）建立健全安全用电管理制度，制定电气设施的安装标准、运行管理制度、定期检查维修制度。

2）根据编制的施工组织设计和施工方案，制订具体的用电计划，选择合适的变压器和输电线路。

3）做好电器设备和用电设施的防护措施，施工中要采用安全电压。

4）设置电气技术专业安全监督检查员岗位，经常检查施工现场和车间的电气设备，及时排除用电中的隐患。

5）有计划、有组织地培训各类电工、电器设备操作工、电焊工和经常与电气设备接触的人员，学习安全用电知识和用电管理规程，严禁无证人员从事电气作业。

6. 预防发生职业性疾病

由于建筑装饰工程施工具有露天作业多、使用材料复杂、施工条件恶劣等特点，所以应当做好职业性疾病的预防工作，这也是施工安全管理中十分突出的问题。因此，在预防发生职业性疾病时，应注意以下几个方面：

1）搅拌机应采取密封以及排尘、除尘等措施，以减少水泥粉尘的浓度，使其达到国家要求的标准。

2）提高机械设备的精密度，并采取消声措施，以减少机械设备运转时的噪声。

3）对从事砂浆搅拌、处于粉尘浓度较大的环境中、接近噪声源、受电焊光刺激、受强烈日光照射等的作业人员，应采取相应的保护措施，并配备相应的防护用品，减少作业人员的有害职业暴露时间，有效预防职业性疾病。

7. 预防中毒、中暑事故

建筑装饰工程施工应使用无毒、环保材料；在炎热的气候条件下作业，应做好防暑降温工作。

8. 雨期施工的安全措施

雨季是施工难度较大的时期，会给施工安全管理带来很大困难。雨期施工是施工安全管理中的重点，应采取以下安全措施：

1）在雨季到来之前，要组织电气管理人员，对施工现场所用的电器设备、线路及漏电保护装置进行认真的检查、维修。对发现的电气问题，应立即进行处理。

2）露天使用的电器设备等，都要有可靠的防雨防潮措施；塔式起重机、钢管脚手架、龙门架等高大设施，应做好防雷保护。

3）尽量避免在雨季进行开挖基坑或管沟等地下作业；若必须在雨季开挖时，要制订排水方案及防止坍塌的措施。

4）在风雨之后，应尽快排除积水、清扫现场和脚手架，防止发生滑倒摔伤或坠落事故。

5）雨后应立即检查塔式起重机、脚手架、井字架等设备的地基情况，看是否有下陷坍塌现象，若有要立即进行处理。

➤ 7.6.4 建筑装饰工程施工现场发生工伤事故的处理

当施工现场发生人身伤亡事故、重大机械事故或火灾、火险时，基层施工人员要保持冷静，及时向上级报告，并积极抢救、保护现场、排除险情，防止事故扩大。要按照《生产安全事故报告和调查处理条例》和当地政府的有关规定，查清事故原因与责任，提出处理意见、制定防范措施。

现场发生火灾时，要立即组织职工进行抢救，并立即向消防部门报告，提供火情，提供电器、易燃易爆物的情况及位置。

7.7 建筑装饰工程施工项目成本控制

➤ 7.7.1 建筑装饰工程施工项目成本控制的概念

建筑装饰工程施工项目成本是指施工企业以装饰工程施工项目为成本核算对象的施工过程中所发生的全部生产费用的总和，即装饰工程施工项目的施工成本。它是装饰工程施工项目施工过程中所耗费的生产资料转移价值和劳动者的必要劳动所创造的价值的货币形式。

装饰工程施工项目成本的构成，由直接成本和间接成本组成。

直接成本是指施工过程中耗费的构成工程实体或有助于工程实体形成的各项费用支出，包括人工费、材料费、机械使用费。

间接成本由规费、企业管理费组成，是指企业内各项目经理部为准备、组织和管理工程的全部费用的支出，具体包括现场管理人员的薪金、劳动保护费、职工福利费、办公费、差旅交通费、固定资产使用费、工具用具使用费、保险费及其他费用等。

建筑装饰工程施工项目成本控制是建筑装饰施工企业为降低建筑装饰工程施工成本而进行的各项控制工作的总称，包括成本预算、成本规划、成本控制、成本核算和成本分析等工作。建筑装饰工程施工项目成本控制是业主和承包人双方共同关心的问题，直接涉及业主和承包人双方的经济利益。

➤ 7.7.2 建筑装饰工程施工项目成本控制的特点

1）项目参加者对成本控制的积极性和主动性是与其对项目承担的责任形式相联系的。

2）成本控制的综合性。成本目标不是孤立的，它只有与质量目标、进度目标、效率目标、工作质量要求、消耗等相结合才有价值。

3）成本控制的周期不可太长，通常按月进行核算、对比、分析，在实施过程中的成本控制以近期成本为主。

➤ 7.7.3　建筑装饰工程施工项目成本控制的内容

建筑装饰工程施工项目成本控制的内容包括事前控制、事中控制和事后控制。

1. 成本控制的事前控制

成本控制的事前控制主要是指工程项目开工前，对影响成本的有关因素进行预测和编制成本计划。

（1）成本预测

成本预测是指在成本发生前，根据预计的多种变化情况，测算成本的降低幅度，确定降低成本的目标。为确保工程项目降低成本目标的实现，可分析和研究各种可能降低成本的措施和途径，如改进施工工艺和施工组织设计；节约材料费用、人工费用、机械使用费；实行全面质量管理，减少和防止不合格品、废品损失和返工损失；节约管理费用，减少不必要的开支。

（2）编制成本计划

进行成本计划的编制是加强成本控制的前提，要有效地控制成本，就必须充分重视成本计划的编制。成本计划是指对拟建的装饰工程施工项目进行费用预算（或估算），并以此作为项目经济分析和决策、签订合同或落实责任、安排资金的依据。成本计划与工程最终实际的成本相比较，对于常见的项目，可行性研究时可能达 ±20% 的误差，初步设计时可能达 ±15% 的误差，成本预算时可能达 ±5% ~ ±10% 的误差。

在工程项目中，积极的成本计划不仅不局限于事先的成本估算（或报价），而且也不局限于工程的成本进度计划。积极的成本计划不是被动地按照已确定的技术设计、合同、工期、实施方案和环境等因素测算工程成本，而是应对不同的方案进行技术、经济分析，从总体上考虑工期、成本、质量、实施方案等之间的相互影响和平衡，以寻求最优的解决方案。

在项目实施过程中，全过程的成本计划管理不仅在计划阶段编制周密的成本计划，而且在实施中进行积极的成本控制，不断按新情况（新的设计、新的环境、新的实施状况）调整和修改计划，预测工程结束时的成本状态及工程经济效益，形成一个动态控制过程。积极的成本计划的目标不仅是项目建设成本的最小化，它还必须与项目盈利的最大化相统一，盈利的最大化经常是从整个项目的效益角度分析的；积极的成本计划还体现在不仅要按照可获得的资源（资金）量安排项目规模和进度计划，而且要按照项目预定的规模和进度计划安排资金的供应，保证项目的实施。

2. 成本控制的事中控制

建筑装饰工程在施工过程中，项目成本控制必须突出经济原则、全面性原则（包括全员成本控制和全过程成本控制）、责权利相结合的原则；并根据施工实际情况，做好项目的进度统计、用工统计、材料消耗统计、机械台班使用统计以及各项间接费用支出的统计工作；定期编写各种费用报表，对成本的形成和费用偏离成本目标的差值进行分析，查找原因，并进行纠偏和控制。成本控制的事中控制的具体工作方法如下：

（1）下达成本控制计划

由成本控制部门或工程师根据成本计划分门别类拟定和下达成本控制计划给各管理部

门和施工现场的管理人员。

（2）确定调整计划权限

随着成本控制计划的下达，应规定各级人员在控制计划内进行平衡调剂的权限，任何计划都不可能是完美的，应当给管理部门在一定范围内进行调剂求得平衡的权限。

（3）建立成本控制制度

完好的计划和相应的权限都需要有严格的制度加以保证。应制定一系列常用的报表，并规定报表填报的方式和日期；应规定涉及成本控制的各级管理人员的职责，明确成本控制人员同财会部门和现场管理人员之间合作关系的程序和具体的职责划分。通常，由现场执行人员进行原始资料的积累和填报；由工程技术人员、财会部门和成本控制人员进行资料的整理、分析、计算和填报。其中，成本控制人员应定期编写成本控制分析报告、工程经济效益和盈亏预测报告。

（4）设立成本控制专职岗位

成本控制人员应从一开始就参与编写成本计划，制定各种成本控制的规章制度，而且应经常搜集和整理已完工程的实际成本资料，并进行分析，提出调整计划的意见。

（5）成本监督

审核各项费用，确定是否进行工程款的支付，监督已支付的项目是否已完成，有无财务漏洞，并保证每月按实际工程状况定时定量支付；根据工程的情况，完成工程实际成本报告；对各项工作进行成本控制，例如对设计、采购、委托（签订合同）进行控制，对工程项目成本进行审计活动。

（6）成本跟踪

成本跟踪是指编制详细的成本分析报告，并给不同的工程参与方提供不同要求和不同详细程度的报告。

（7）成本诊断

成本诊断主要有超支量及原因分析、剩余工作所需成本预算和工程成本趋势分析。

（8）其他工作

1）与相关部门（职能人员）合作，进行分析、咨询和协调工作，如提供由于技术变化、方案变化引起的成本变化的信息，供工程参与方做决策或调整项目时参考。

2）用技术、经济比较的方法分析超支原因，分析节约的可能性，从总成本最优的目标出发，进行技术、质量、工期、进度的综合优化；通过详细的成本比较、趋势分析获得一个顾及合同、技术、组织影响的项目最终成本状况的定量诊断，对后期工作中可能出现的成本超支状况提出早期预警。这是为做好调控措施服务的。

3）组织信息，向工程参与方的决策层提供成本信息和质量信息，为各种决策提供解决问题的建议和意见。

4）对项目变化的预测，如对环境、目标的变化等造成的成本影响进行测算分析，协助解决费用补偿问题（即索赔和反索赔）。

3. 成本控制的事后控制

建筑装饰工程的项目部分或全部竣工以后，必须对竣工工程进行决算，对工程成本计划的执行情况加以总结，对成本控制情况进行全面的综合分析及核算，以便找出改进成本管理的对策。

（1）工程成本分析

工程成本分析是成本控制工作的重要内容，工程成本分析按其分析对象的范围及内容的深度，可分为两类：工程成本的综合分析和单位工程成本分析。

1）工程成本的综合分析是按照工程预（决）算、降低成本计划和建筑安装工程成本计划表进行的，采用的分析方法有：

①比较预算成本和实际成本。预算成本是根据一定时期的现行预算定额和规定的取费标准计算的工程成本。实际成本是根据施工过程中发生的实际生产费用计算的成本，它是按一定的成本核算对象和成本项目汇集的实际耗费。比较预算成本和实际成本时，应检查降低成本计划、降低成本指标的完成情况以及各成本项目的降低和超支情况。

②比较实际成本与计划成本。计划成本是根据计划周期正常的施工定额编制的施工预算，并考虑降低工程成本的技术组织措施后确定的成本。比较实际成本与计划成本时，应检查降价成本计划的完成情况以及各成本项目偏离计划的情况，检查技术组织措施计划和管理费用计划合理与否以及执行情况；与上年同期降低成本情况相比较，分析原因，提出改进的方向。

2）工程成本的综合分析只能概括了解工程成本降低或超支的情况，要了解更详细的信息，就要对单位工程的每一个成本项目进行具体分析，即单位工程成本分析，分析可从以下几个方面进行：

①材料费分析。从材料的采购、生产、运输、库存与管理、使用等环节着手，分析材料差价和量差的影响，分析各种技术措施对降低成本的效果和因管理不善造成的浪费、损失。

②人工费分析。从用工数量、工作水平、工效高低以及工资状况等方面，分析主、客观因素，查明劳动力使用和定额管理中的节约和浪费。

③施工机械使用费分析。从施工方案选择、施工机械化程度、机械效率、油料耗用定额及机械维修情况、机械完好率、机械利用率等方面，分析机械的台班产量差、台班费用的成本差，着重分析提高机械利用率及利用措施的效果，以及管理不善造成的浪费。

④其他直接费分析。着重分析二次搬运及现场施工用水、电、气等费用节约或超支情况。

⑤经营管理费分析。从施工任务和组织机构人员配备的变化，非生产人员增减以及各项开支的节约与浪费等方面，分析施工管理费的节约或超支情况及费用开支管理上的问题。

⑥技术组织措施计划完成情况的分析。进行该分析的作用是为以后正确制订和贯彻技术组织措施计划积累经验。

（2）工程成本核算

工程成本核算是指记录、汇总和计算工程项目费用的支出，核算承包工程项目的原始资料。施工过程中项目成本的核算应以每月为一个核算期，在月末进行。核算对象应按单位工程划分，并与施工项目管理责任目标成本的界定范围一致。进行核算时，要严格遵守工程项目所在地关于开支范围和费用划分的规定，对计入项目内的人工费、材料费、机械使用费，其他直接费，间接费等费用和成本，以实际发生数为准。

建筑装饰工程施工项目成本流程图如图7-2所示。

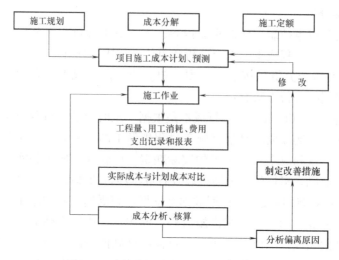

图 7-2   建筑装饰工程施工项目成本流程

7.8   建筑装饰工程施工项目绿色施工管理

建筑装饰工程施工
项目绿色施工管理

▶ 7.8.1   一般规定

1）建筑装饰工程的施工设施和施工技术措施应与基础及结构施工、机电安装等相结合，做到统一安排、综合利用。

2）建筑装饰工程的块材、卷材用料等应进行排版深化设计，在保证质量的前提下，应减少块材的切割作业。

3）建筑装饰工程采用的块材、板材、门窗等应采用工厂化加工。

4）建筑装饰工程的五金件、连接件、构造性构件宜采用工厂化标准件。

5）建筑装饰工程使用的动力线路，如施工用电线路、压缩空气管线、液压管线等，应优化并缩短线路长度，严禁出现"跑、冒、滴、漏"现象。

6）建筑装饰工程施工，宜选用节能、低噪声施工机具，具备电力条件的施工工地，不宜选用燃油施工机具。

7）建筑装饰工程中采用的需要用水泥或石灰类粉料拌和的材料，如砌筑砂浆、抹灰砂浆、粘贴砂浆、保温专用砂浆等，宜采用预拌；条件不允许的情况下宜采用干拌砂浆，但不宜进行现场拌制。

8）建筑装饰工程中使用的易扬尘材料，如水泥、砂（石）料、粉煤灰、聚苯颗粒、陶粒、石灰、腻子粉、石膏粉等，应封闭运输、封闭存储。

9）建筑装饰工程中使用的易挥发、易污染材料，如油漆涂料、胶粘剂、稀释剂、清洗剂、燃油、燃气等，必须采用密闭容器储运；使用时，应使用专用容器盛放，不得随意盛放。

10）室内建筑装饰工程施工前，宜先进行外墙封闭、室外窗户安装封闭、屋面防水等工序。

11）建筑装饰工程中受环境温度限制的工序，不易进行成品保护的工序，应合理安排施工时机。

12）建筑装饰工程应采取成品保护措施。

13）建筑装饰工程所用材料的包装物应全部分类回收。

14）民用建筑工程室内装饰严禁采用沥青、煤焦油类防腐、防潮处理剂。

15）高处作业清理现场时，严禁将施工垃圾从窗口、洞口、阳台等处向外抛撒。

16）建筑装饰工程应制定材料节约措施，并应满足以下指标：

① 材料损耗不应超出预算定额损耗率的70%。

② 应充分利用当地材料资源。施工现场300km以内的材料用量宜占材料总用量的70%以上，或达到材料总价值的50%以上。

③ 材料包装回收率应达到100%，有毒有害物资分类回收率应达到100%，可再生利用的施工废弃物回收率应达到70%以上。

►7.8.2　楼地面工程绿色施工管理

楼地面工程绿色施工管理应注意以下内容：

1）楼地面基层处理：

① 基层粉尘清理应采用吸尘器，如没有防潮要求，可采用洒水降尘等措施。

② 基层需要剔凿的，应采用噪声小的剔凿方式和工具。

2）楼地面找平层、隔声层、隔热层、防水保护层、面层等使用的砂浆、轻集料混凝土等应采用预拌料或干拌料，干拌料现场运输、仓储应采用袋装等密封措施。

3）水泥砂浆、水泥混凝土、现制水磨石、块材等楼地面在养护期内严禁上人。地面养护用水应采用喷洒方式，以保持地面表面湿润为宜，严禁养护用水溢流。

4）水磨石楼地面施工注意事项：

① 应有污水回收措施对污水进行集中处理。

② 对楼地面的洞口、管线口进行封堵，防止泥浆等进入。

③ 高出楼地面400mm范围内的成品面层应采取贴膜等防护措施，避免污染。

④ 现制水磨石楼地面房间的装饰作业，宜先进行现制水磨石工序的作业。

5）块材楼地面施工注意事项：

① 应进行排版设计，在保证质量和观感的前提下，应减少块材的切割量。

② 块材宜采用工厂化加工（包括非标准尺寸块材）；需要现场切割时，对切割用水应有收集装置，室外机械切割应有隔声措施。

③ 采用水泥砂浆铺贴时，砂浆宜边用边拌。

④ 石材、水磨石等易渗透、易污染的材料，应在铺贴前做防腐处理。

⑤ 严禁采用电焊、火焰对块材进行切割。

►7.8.3　抹灰工程绿色施工管理

抹灰工程绿色施工管理应注意以下内容：

1）墙体抹灰基层处理：

① 基层粉尘清理应采用吸尘器，如没有防潮要求，可采用洒水降尘等措施。

② 基层需要剔凿的，应采用噪声小的剔凿方式和工具。

2）落地灰应采取回收措施经过处理后用于抹灰工程。抹灰砂浆损耗率不应大于 5%，落地砂浆应全部回收利用。

3）抹灰砂浆应严格按照设计要求控制抹灰厚度。

4）采用的石灰宜选用石灰膏。如采用生石灰，必须采用袋装包装。石灰熟化要有专用容器或熟化池。

5）在选择混凝土施工工艺时，宜采用清水混凝土支模工艺，取消抹灰层。

▶ 7.8.4 门窗工程绿色施工管理

门窗工程绿色施工管理应注意以下内容：

1）外门窗宜采用断桥铝、中空玻璃等密封、保温、隔声性能好的材料。

2）门窗固定件、连接件等，宜选用标准件。

3）门窗制作应采用工厂化加工。

4）应进行门窗型材的优化设计，减少型材边角料的数量。

5）门窗洞口预留应严格控制洞口尺寸。

6）门窗制作尺寸应采用现场实际测量尺寸，并进行核对。

7）门窗涂装作业应在工厂完成。

8）木制门窗存放应做好防雨、防潮等措施，避免门窗损坏。

9）木制门窗应用薄钢板、木板或木架进行保护，塑钢或金属门窗口用塑料膜或胶带贴严加以保护；玻璃应妥善搬运，避免磕碰。

10）外门窗安装操作应与外墙装饰同步进行，宜使用外墙操作平台施工。

11）门窗框与墙体之间的缝隙，不得采用含沥青的水泥砂浆、水泥麻刀灰等材料填嵌。

▶ 7.8.5 吊顶工程绿色施工管理

吊顶工程绿色施工管理应注意以下内容：

1）吊顶龙骨间距等在满足质量、安全要求的情况下，应进行优化。

2）吊顶高度应充分考虑吊顶内隐蔽的各种管线、设备进行优化设计。

3）应在隐蔽验收合格后方可进行吊顶封闭。

4）吊顶应进行块材排版设计。应在保证质量、安全的前提下减少块材、型材切割量。

5）吊顶块材、龙骨、连接件等宜采用工厂化加工，现场安装。

6）吊顶龙骨、配件以及金属面板、塑料面板等的边角料应全部回收。

▶ 7.8.6 轻质隔墙工程绿色施工管理

轻质隔墙工程绿色施工管理应注意以下内容：

1）预制板轻质隔墙施工注意事项：

① 预制板轻质隔墙施工时应进行排版设计，避免出现过多的现场切割作业。

② 预制板轻质隔墙施工时应采取工厂化加工，现场安装。

③ 预制板轻质隔墙的固定件宜采用标准件。

④ 预制板运输应有可靠的保护措施。

⑤ 预制板固定需要打孔时，应有降噪、防尘措施。

2）龙骨隔墙施工注意事项：

① 在满足使用和安全的前提下，宜选用轻钢龙骨隔墙。

② 轻钢龙骨应采用标准件。

③ 龙骨隔墙面板应进行排版设计，以减少板材切割量。

④ 墙内管线、线盒等的预埋应在验收后方可进行面板安装。

3）活动隔墙、玻璃隔墙应采用工厂化加工，现场安装。

➤ 7.8.7　饰面板工程绿色施工管理

饰面板工程绿色施工管理应注意以下内容：

1）饰面板应进行排版设计，宜采用工厂化加工。

2）饰面板胶粘剂应采用封闭容器存放，应严格按计量配合比配制，应采用专用容器拌制。

3）用于安装饰面板的龙骨和连接件，宜采用标准件。

➤ 7.8.8　幕墙工程绿色施工管理

幕墙工程绿色施工管理应注意以下内容：

1）幕墙应进行安全计算和深化设计。

2）用于安装饰面板的龙骨和连接件，宜采用标准件。

3）幕墙玻璃、石材、金属板材采用工厂化加工，现场安装。

4）幕墙与主体结构的连接件，宜采取预埋方式施工。幕墙构件宜采用标准件。

➤ 7.8.9　涂饰工程绿色施工管理

涂饰工程绿色施工管理应注意以下内容：

1）基层处理找平、打磨应进行扬尘控制。

2）涂料应采用专用容器存放。

3）涂料施工应采取措施，防止对周围环境的污染。

4）涂料施涂宜采用涂刷或辊涂；采用喷涂工艺时，应采取有效遮挡措施。

5）废弃涂料必须全部回收处理，严禁随意倾倒。

➤ 7.8.10　裱糊与软包工程绿色施工管理

裱糊与软包工程绿色施工管理应注意以下内容：

1）裱糊与软包工程施工，应在其他高污染工序完成后进行。

2）基层处理时的打磨作业应防止扬尘。

3) 裱糊用胶粘剂应采用密闭容器存放。

➤ 7.8.11　细部工程绿色施工管理

细部工程绿色施工管理应注意以下内容：

1) 橱柜、窗帘盒、窗台板、散热器罩、门窗套、楼梯扶手等成品或半成品宜采用工厂化加工，现场安装。

2) 橱柜、窗帘盒、窗台板、散热器罩、门窗套、楼梯扶手等成品或半成品的固定打孔，应有防尘措施。

3) 需要进行木材现场切割时，应有降噪、防尘及木屑回收措施。

4) 木屑等边角料应全部回收。

7.9　建筑装饰工程施工项目资料管理

➤ 7.9.1　建筑装饰工程施工项目技术资料的管理

1. 建筑装饰工程施工项目技术资料的作用

建筑装饰工程施工项目管理的信息大部分是以文档资料的形式出现的，特别是永久性技术资料，既是工程项目施工情况的重要记录，也是施工项目进行竣工验收的主要依据。因此，在工程项目的施工过程中，施工单位必须充分认识到技术资料的重要性，加强对技术资料的管理。技术资料的管理必须符合有关规定及规范的要求，必须做到准确、齐全，使之能够满足建设工程维修、改造、扩建的需要。

2. 建筑装饰工程施工项目技术资料的内容

由于建筑装饰工程施工项目涉及面广，其技术资料所包含的范围和内容非常丰富，主要内容有：

1) 工程项目开工报告。

2) 工程项目竣工报告。

3) 图样会审和设计交底记录。

4) 设计变更通知单。

5) 技术变更核定单。

6) 工程质量事故发生后的调查和处理资料。

7) 水准点位置、定位测量记录，沉降及位移观测记录。

8) 材料、设备、构件的质量合格证明资料。

9) 试验、检验报告。

10) 隐蔽工程验收记录及施工日志。

11) 竣工图。

12) 质量验收评定资料。

13) 工程竣工验收资料。

3. 建筑装饰工程施工项目技术资料的管理

建筑装饰工程施工项目技术资料的表现形式包括各类文件、信函、设计图样、合同书、会议纪要、报告、通知、记录、签证、单据、证明、书函、数值、图表、图片及音像资料等，这些技术资料从工程项目进入施工准备阶段就开始不断地产生。由于技术资料的重要性，施工单位必须对其进行管理，除专职的资料管理员外，工程项目技术负责人、施工现场管理人员和技术人员、企业或项目的采购人员，均应参与技术资料的收集工作，并及时送交资料管理员将技术资料归档，以确保及时获得充分、全面、真实的技术资料及相关信息，确保所有技术资料尤其是永久性技术资料不遗失、遗漏。技术资料具体管理工作如下：

1）建立工程技术资料档案。

2）建立工程技术资料的有效传递渠道。

3）及时收集、分发技术资料，确保必要信息的及时获得与送达。

4）将技术资料分类放置，使之便于检索。

5）做好各类技术资料的标识工作。

6）将技术资料妥善保存，使之不易遗失、不易损坏。

▶7.9.2 建筑装饰工程施工项目竣工验收资料的整理

1. 竣工验收资料的准备

竣工验收资料是工程项目竣工验收的重要依据，从施工开始就应设专职人员完整地积累和保管，竣工验收时应该编目建档。

（1）组织整理工程资料

工程档案是项目的永久性技术文件，既是建设单位生产（使用）、维修、改造、扩建的重要依据，也是对项目进行复查的依据。在施工项目竣工后，项目经理必须按规定向建设单位移交档案资料。因此，项目经理部的技术部门自承包合同签订后，就应派专人负责收集、整理和管理这些档案资料，不得丢失。

（2）准备验收文书

资料管理人员应及时准备好工程竣工通知书、工程竣工报告、工程竣工验收证明书、工程档案资料移交清单、工程保修证书等书面文件。

（3）组织编制竣工结算文件

施工企业和项目经理部应组织预算、生产、管理、技术、财务、材料等人员编制竣工结算文件。

（4）系统整理质量评定资料

严格按照工程质量检查评定资料管理的要求，系统归类、整理、准备工程质量检查评定资料（包括：分项工程质量检验评定文件、分部工程质量检验评定文件、单位工程质量检验评定文件、隐蔽工程验收记录），为技术档案资料移交做准备。

2. 竣工验收资料的审核

1）核查材料、设备、构件的质量合格证明材料。

2）核查试验检验资料。

3）核查隐蔽工程记录及施工记录。

4）审查竣工图。

3. 竣工验收资料的签证

监理工程师审核完承包单位提交的竣工验收资料之后，认为符合工程合同及有关规定，且准确、完整、真实的，便可签证同意进行竣工验收。

工程项目经竣工验收合格后，便可办理工程交接手续，即将工程项目的所有权移交给建设单位。交接手续应及时办理，以便项目早日投产使用，充分发挥投资效益。在办理工程项目交接前，施工单位要编制竣工结算书，以此向建设单位结算最终拨付的工程价款。竣工结算书的审核，是以工程承包合同、竣工验收单、施工图样、设计变更通知书、施工变更记录、建筑安装工程预算定额、材料预算价格、取费标准等为依据，分别对各单位工程的工程量、套用定额、单价、取费标准及费用等进行核对，弄清有无多算、错算，与工程实际是否相符，所增减的预算费用有无根据、是否合规。竣工结算书通过监理工程师审核、确认并签证后，才能通知银行与施工单位办理工程价款的拨付手续。

在工程项目交接时，还应将成套的工程技术资料进行分类整理，编目建档后移交给建设单位。同时，施工单位还应将施工中所占用的房屋设施或临时用房、场地等清理干净，办理好移交。

7.10 建筑装饰工程施工项目后期管理

7.10.1 建筑装饰工程施工项目的竣工验收管理

建筑装饰工程施工项目的竣工验收是指施工单位按照施工合同完成了项目全部任务，接受有关单位的检验，合格后向建设单位交付的活动。竣工验收由建设单位组织，是施工项目管理的一个重要环节。

1. 建筑装饰工程施工项目竣工验收的条件和要求

建筑装饰工程施工项目必须按照合同约定的竣工日期竣工或监理工程师同意顺延的工期竣工，否则承包人要承担违约责任，承包人向建设单位提出对所承包的建筑装饰工程施工项目进行竣工验收时，应具备下列条件：

1）完成了工程设计和合同约定的各项施工内容。

2）有完整的、经过核定的工程竣工验收资料，并符合验收规范要求。

3）有勘察、设计、施工、监理等单位签署确定的工程质量合格文件。

4）有工程使用的主要建筑材料、构（配）件和设备进场的证明及试验报告。

5）有施工单位签署的质量保修证书。

另外，还需要明确建设工程施工合同示范文本中对竣工验收的规定，如在验收责任、验收时间和问题处理方面的规定。

在工程竣工验收的质量标准方面，建筑装饰工程施工项目必须符合标准、设计文件和施工合同的规定，如《建筑工程施工质量验收统一标准》（GB 50300—2013）、《建筑装饰装修工程质量验收标准》（GB 50210—2018）对单位工程质量验收的规定。建设项目还要能满足建成投入使用或生产的各项要求。

2. 施工项目竣工验收的依据

施工项目竣工验收的依据是与该项目有关的设计文件、合同文件和相关的技术文件。这些文件对该项目的施工具有规定性和约束力，具体如下：

1）上级主管部门关于工程竣工的文件和规定。

2）双方签订的施工承包合同。

3）批准的设计文件（施工图样及设计说明书）。

4）设计变更通知书。

5）国家和地方现行的建筑装饰装修施工验收规范及质量验收标准。

6）施工承包单位需提供的有关施工质量保证文件和技术资料等。

3. 竣工验收管理的程序

竣工验收的交工主体是承包人，验收主体是发包人。竣工验收应由建设单位或建设单位代表（监理单位）牵头，施工单位和现场项目经理部积极配合进行。建筑装饰工程施工项目竣工验收管理的程序如图7-3所示。

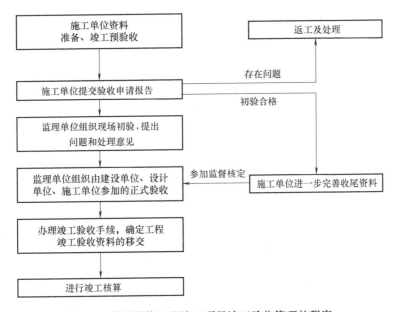

图7-3　建筑装饰工程施工项目竣工验收管理的程序

▶ 7.10.2　建筑装饰工程施工项目的回访与保修

1. 建筑装饰工程施工项目回访、保修的意义

建筑装饰工程施工项目回访、保修属于工程后期管理的范畴，体现了建筑装饰工程施工项目承包人对工程项目负责到底的精神，体现了顾客至上的服务宗旨。施工企业必须做到施工前为用户着想、施工中对用户负责、竣工后让用户满意，积极搞好"三保"（保试车、保投产、保使用）工作和回访、保修工作。项目经理部必须贯彻这一精神，认真进行工程的回访和保修。

199

建筑装饰工程施工项目回访、保修的意义如下：

1）促进项目经理部重视工程管理，提高工程质量，不留隐患。通过及时听取用户意见，发现问题，找到工程质量的薄弱环节和工程质量通病，不断改进施工工艺，总结施工经验，提高施工和质量管理水平，向用户提供优质工程。

2）有利于加强施工单位同建设单位和用户的联系与沟通，及时发现工程质量缺陷，采取相应的措施进行修理，履行好保修承诺，做好回访、保修记录，保证工程使用功能的正常发挥，增强建设单位和用户对施工单位的信任感，提高施工单位的社会信誉。

2. 建筑装饰工程施工项目的回访

建筑装饰工程施工项目的回访是建筑施工企业在项目投入使用后的一定期限内，对项目建设单位和用户进行回访，以了解建筑装饰工程的使用情况、施工质量和用户对维修方面的要求。

（1）回访的方式

回访的方式一般有三种：

1）季节性回访，大多数是在雨季回访屋面、墙面的防水情况；在冬季回访锅炉房及采暖系统的情况。

2）技术性回访，主要了解在工程施工过程中所采用的新材料、新技术、新设备、新工艺等的技术性能和使用后的效果，发现问题及时加以补救和解决。同时，也便于总结经验、获取数据，不断改进完善。

3）保修期满前的回访，收集用户对工程质量的反映，解决出现的问题，同时标志着保修期即将结束，使建设单位注意建筑物的维护和使用。

（2）回访的方法

回访应由项目经理部组织生产、技术、质量、水电等有关人员进行（也可以包括合同人员、预算人员），必要时可以邀请科研人员参加。回访时由建设单位组织座谈会或意见听取会，并察看建筑物和设备的使用运转情况。回访的主要内容有：听取用户对项目的使用情况和意见；查询和调查因自身原因造成的问题；进行原因分析和确认；商讨返修事宜；填写回访卡。回访工作必须认真，必须能解决问题，回访结束后应填写回访记录，必要时应写出回访纪要。回访工作绝不能"走形式"或"走过场"。

3. 建筑装饰工程施工项目的保修

（1）建筑装饰工程施工项目保修的范围

各种类型的工程及工程的各个部位都应实行保修，由于承包人原因未按国家标准、规范和设计要求施工造成的质量缺陷，应由承包人负责修理并承担相应责任。建筑装饰工程施工项目保修的范围一般包括以下几个方面：

1）屋面、地下室、外墙、阳台、厕所、浴室以及厨房等处渗水、漏水。

2）各种通水管道（上下水、热水、污水、雨水等）漏水，各种气体管道漏气以及风道、烟道、垃圾道不通畅。

3）水泥砂浆地面较大面积起砂、裂缝、空鼓。

4）内墙面较大面积裂缝、空鼓、脱落或面层起碱、破皮，外墙粉刷层自动脱落。

5）供暖管线安装不良，局部不热，管线接口处及卫生器具接口处漏水。

6）其他由于施工不良造成的无法使用或使用功能不正常引起的工程质量缺陷。

凡由于设计单位、发包人、使用单位的原因造成的质量缺陷，责任不在施工单位，不属于施工单位的保修范围。

（2）建筑装饰工程施工项目保修期

建筑装饰工程施工项目保修期是指自竣工验收合格之日起算，在正常使用条件下的最低保修期限，《建设工程质量管理条例》对保修期规定如下：

1）基础设施工程、房屋建筑的地基基础工程和主体结构工程，为设计文件规定的该工程的合理使用年限。

2）屋面防水工程、有防水要求的卫生间、房间和外墙面的防渗漏，为5年。

3）供热与供冷系统，为两个采暖期和供冷期。

4）电气管线、给（排）水管道、设备安装和装饰工程，为2年。

5）其他项目的保修期由承包人与发包人在工程质量保修书中具体约定。

发包人应在保修期满后14天内，将剩余保修金和利息返还给承包人。

7.11　建筑装饰工程施工项目管理案例评析

7.11.1　建筑装饰工程施工进度控制计划案例评析

案例1：

【背景材料】　某建筑装饰工程分为室内抹灰、安装门窗、铺地面砖、墙顶涂饰等施工过程，其资料见表7-7。

表7-7　各施工过程的延续时间　　　　　　　　　　（单位：天）

施工过程	一段	二段	三段
室内抹灰	4	5	4
安装门窗	2	2	2
铺地面砖	3	4	3
墙顶涂饰	2	2	2

【问题】

（1）采用无节奏流水施工，若考虑技术间歇时间：室内抹灰与安装门窗之间2天、铺地面砖与墙顶涂饰之间2天，试进行工期计算。

（2）绘制流水施工横道图。

【评析】

（1）工期计算

1）计算流水步距。

室内抹灰与安装门窗：

$$\begin{array}{rrrr} 4 & 9 & 13 & \\ -\quad 0 & 2 & 4 & 6 \\ \hline 4 & 7 & 9 & -6 \end{array}$$

安装门窗与铺地面砖：

$$
\begin{array}{rrrr}
2 & 4 & 6 & \\
- \quad 0 & 3 & 7 & 10 \\
\hline
2 & 1 & -1 & -10
\end{array}
$$

铺地面砖与墙顶涂饰：

$$
\begin{array}{rrrr}
3 & 7 & 10 & \\
- \quad 0 & 2 & 4 & 6 \\
\hline
3 & 5 & 6 & -6
\end{array}
$$

室内抹灰与安装门窗的流水步距：$K_{1,2} = \mathrm{Max}\{4,7,9,-6\} = 9(天)$

安装门窗与铺地面砖的流水步距：$K_{2,3} = \mathrm{Max}\{2,1,-1,-10\} = 2(天)$

铺地面砖与墙顶涂饰的流水步距：$K_{3,4} = \mathrm{Max}\{3,5,6,-6\} = 6(天)$

2）工期计算：

$$
T = \sum_{i=1}^{n-1} K_{i,i+1} + t_n + \sum t_j - \sum t_d
$$

$$
= (9 + 2 + 6) + (2 + 2 + 2) + 4 = 27(天)
$$

（2）绘制流水施工横道图，如图7-4所示。

序号	施工过程	施工进度/天																										
		1	2	3	4	5	6	7	8	9	10	11	12	13	14	15	16	17	18	19	20	21	22	23	24	25	26	27
1	室内抹灰																											
2	安装门窗																											
3	铺地面砖																											
4	墙顶涂饰																											

图7-4 流水施工横道图

案例2：

【背景材料】 某装饰公司承接了某宾馆装饰工程，签订的合同工期为18个月，其进度网络计划如图7-5所示。该计划经过监理工程师批准。

【问题】

（1）该网络计划的计算工期是多少？为保证工程按期完成，哪些工作应作为重点控制对象？为什么？

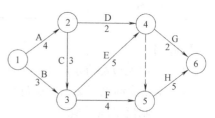

图7-5 某装饰工程进度网络计划

（2）当该计划执行7个月后，检查发现，施工工作C和施工工作D已完成，而施工工作E拖后了2个月。此时施工工作E的实际进度是否影响总工期？为什么？

【评析】

（1）网络计划计算工期计算，确定关键线路：

1）计算工期为 17 个月，A—C—E—H 为关键线路。

2）由于 A—C—E—H 四项工作无机动时间，并且是关键线路，属于关键工作，所以工作 A、C、E、H 应作为重点控制对象，以便确保按合同工期完工。

（2）施工工作 E 拖后了 2 个月将影响总工期 2 个月。这是因为施工工作 E 是关键工作，总时差为 0。

7.11.2　建筑装饰工程施工质量控制案例评析

案例1：

【背景材料】　刘某于 2023 年 8 月在某市花园小区购买了一套住房，并于 2023 年 11 月与装饰公司签订了住房装饰合同，装饰完毕后未发现质量问题。然而，使用半年后发现客厅吊顶石膏板开始出现裂缝、翘曲等现象，甚至部分石膏板开始脱落。经检查发现，这些现象是由于施工不符合规范要求导致的。刘某随即对施工的装饰公司提出索赔，但装饰公司以因施工时间太长且造成质量问题的原因是由屋顶防水工程引起的，拒绝承担质量责任。

【问题】

（1）造成该质量事故的原因是什么？

（2）为防止出现类似质量事故，施工单位在进行吊顶工程施工时应注意哪些质量控制要点？

【评析】

（1）造成该质量事故的主要原因是屋顶漏水，从而使石膏板吊顶遇水后变形、膨胀、脱落。

（2）吊顶工程施工时应注意以下质量控制要点：

1）吊顶标高、尺寸、起拱和造型应符合设计要求。

2）饰面材料的材质、品种、规格、图案和颜色应符合设计要求。

3）暗龙骨吊顶工程的吊杆、龙骨和饰面材料的安装必须牢固。

4）吊杆、龙骨的材质、规格、安装间距及连接方式应符合设计要求。金属吊杆、金属龙骨应经过表面防腐处理，木吊杆、木龙骨应进行防腐、防火处理。

5）石膏板的接缝应按其施工工艺标准进行板缝防裂处理。安装双层石膏板时，面层板与基层板的接缝应错开，且不得在同一根龙骨上接缝。

6）饰面材料表面应洁净、色泽一致，不得有翘曲、裂缝及缺损，压条应平直、宽窄一致。

7）饰面板上的灯具、烟感器、喷淋头、风口箅子等设备的位置应合理、美观，与饰面板的交接应匹配、严密。

8）金属吊杆、金属龙骨的接缝应均匀一致，角缝应严密，表面应平整，无翘曲、锤印；木质吊杆、木质龙骨应顺直，无劈裂、变形。

9）吊顶内填充吸声材料的品种和铺设厚度应符合设计要求，并应有防散落措施。

案例2：

【背景材料】　某办公楼装饰项目，建设单位与施工单位签订了施工承包合同，合同中规定 6000m² 的花岗岩石材由建设单位指定厂家，施工单位负责采购，厂家负责运送到工地，并委托监理单位实行施工阶段的监理。当第一批石材运到工地时，施工单位认为是由建设单位指定用的石材，在检查了产品合格证后即可以用于工程，如有质量问题均由建设单位负责。监理工程师认为必须进行石材放射性检测。此时，建设单位的现场代表正好在场，认为监理工程师多此一举，但监理工程师坚持必须进行材质检验，可施工单位不愿进行检验，于是监理工程师按规定进行了抽检，检验结果达不到规范要求。

施工单位为了能够在春节前完成装饰施工任务，未采取有效的冬期施工措施即进行外墙面砖和地面石材的铺贴。第二年春天，外墙面砖大面积空鼓、脱落，存在严重质量问题，已经对工程的安全使用造成隐患，必须全部拆除，重新施工。经估算，直接经济损失26万元以上。由于这次质量事故，施工单位不得不延期1个月交房，并因此承担由于拖后交房的违约金128万元。

【问题】

（1）对于建设单位指定的材料，施工单位的做法是否正确？说明理由。

（2）施工单位将该批材料用于工程造成质量问题，是否有责任？说明理由。

（3）此案例中，建设单位是否有责任？说明理由。

（4）请列出监理工程师处理质量事故的依据？

（5）发生外墙面砖大面积脱落的质量事故，建设单位能否向施工单位提出索赔？

【评析】

（1）不正确。对到场的材料，施工单位有责任进行抽样检验。

（2）施工单位有责任。施工单位对用于工程的原材料必须确保其质量。

（3）建设单位没有责任。建设单位只是指定厂家，采购是由施工单位负责的。

（4）质量事故的实况资料、有关合同及合同文件、有关技术文件、有关档案和资料、相关的法律法规。

（5）建设单位可以向施工单位提出索赔。

7.11.3　建筑装饰工程施工安全管理案例评析

案例1：

【背景材料】　某工人在进行建筑物外墙面的擦洗作业时，在9层楼梯平台擦洗距楼面2.5m的墙面时，由于高度不够便一只脚踏在护栏上，另一只脚踏在"马蹬"上，在向外探身时，由于没有系安全带，身体失稳从高处坠落，送医院后抢救无效死亡。

【问题】

（1）该工人的作业违反了哪些操作规定？

（2）施工现场应注意哪些常见的伤亡事故？

【评析】

（1）该工人在作业时违反了以下安全操作规定：

1）该工人没有系安全带，违反高处安全操作规程。

2）该工人所受的安全教育和培训不够。

3）安全员安全检查不到位。

4）项目经理部、班组进行的安全交底及采取的安全措施不到位。

5）项目经理部没有认真执行该项作业的施工方案，也没有采取必要的安全措施。

（2）施工现场应注意以下常见的伤亡事故：

1）高处坠落。

2）物体打击。

3）触电。

4）机械伤害。

5）坍塌事故。

案例2：

【背景材料】　某集团公司食堂进行装饰改造，施工中需大量拆除原有旧装饰，施工单位配合建设单位对原有结构进行安全鉴定，个别部位需进行结构补强，楼板局部开裂处进行碳纤维加固，混凝土梁开裂处进行钢板及空腔钢梁加固，确保了整体结构的安全及牢固性。

施工单位还分别就文明安全、消防保卫、环保环卫制定了施工措施。

【问题】

（1）装饰施工中，哪些部位严禁擅自改动？

（2）针对装饰工程特点，在施工过程中应对哪些有害物质进行控制？

（3）装饰施工用电必须遵守《施工现场临时用电安全技术规范》（JGJ 46—2005），除了规范要求外，在临时用电安全方面是否有补充？

（4）对装饰工程，施工现场对易燃易爆材料有哪些安全管理要求？

【评析】

（1）装饰工程中，严禁违反设计文件擅自改动建筑主体、承重结构或主要使用功能；严禁未经设计单位确认和有关部门批准擅自拆改水、暖、电、燃气、通信等配套设施。

（2）装饰工程施工过程中，应对各种粉尘、废气、废弃物等对周围环境有害的物质，要采取有效措施加以控制。

（3）施工现场电器设备的金属外壳必须与保护零线连接，并设漏电保护装置；每台电器设备要实行"一机一闸，一漏一箱"制。

（4）油漆、涂料、稀料必须集中存放，并远离施工现场，施工现场只保存当天的使用量，并设专人管理，远离火源、配电箱、开关箱柜。油漆、涂料施工现场不得动用电（气）焊等明火作业，同时应增加施工现场的空气对流，强化对有害气体的排放。

▶7.11.4　建筑装饰工程施工合同管理案例评析

【背景材料】　2022年6月，张女士购买到一套住宅，请来一家装饰公司为其新房进行装饰。在施工合同中，张女士强调装饰公司应选用有质量保证的绿色建材，保证装饰后住房的环境质量。装饰工程完成后张女士及其家人发现室内甲醛含量超标7倍。为此，房主张女士将装饰公司告上法庭，要求其赔偿经济及精神损失共计20万元。

【问题】

（1）张女士提出上诉并要求赔偿是否合理？为什么？

（2）检测单位进行室内环境质量检测时，应检测哪些内容？

（3）可能是哪些材料选用不合格造成该质量事故？

（4）为保证居民室内环境质量，我国《民用建筑工程室内环境污染控制标准》（GB 50325—2020）在质量验收时有哪些强制性规定？

【评析】

（1）是合理的。按照双方约定，施工单位应选用合格材料并采用正确的施工工艺，保证住户居室的环境质量。在检测单位检测不合格的情况下，张女士提出了上诉要求赔偿是合理的。

（2）应检测空气中氡、甲醛、氨、苯和总挥发性有机化合物等的含量是否超标。

（3）装饰工程中选用的人造木板、饰面板、无机非金属材料、木地板、水性材料、水性胶粘剂、水性处理剂等都有可能造成该质量事故。

（4）①民用建筑工程验收时，必须进行室内环境污染物浓度检测，其限量应符合标准的规定。②民用建筑工程验收时，室内环境污染物浓度检测点数应符合标准的规定。③室内环境质量验收不合格的民用建筑工程，严禁投入使用。

➤ 7.11.5 建筑装饰工程施工现场管理案例评析

【背景材料】 某职业技术学院进行体育馆的装饰工程，通过招（投）标后某市装饰公司获得此装饰工程，在组织施工中该装饰公司把各分项工程分包给不同的施工队。其中甲施工队负责内墙面涂饰工程，而乙施工队负责吊顶工程。由于各分项工程属于不同的施工队，现场秩序比较混乱。施工过程中由于吊顶施工进行电焊作业时火花飞溅，引起地面堆放的油漆材料起火，继而引起火灾，造成直接经济损失达数百万元。

【问题】

（1）在甲、乙施工队的施工过程中，应怎样注意明火使用？

（2）施工现场管理应该由谁负责？应怎样组织装饰工程现场文明施工管理？

【评析】

（1）在甲、乙施工队的施工过程中，应注意以下明火使用规定：

1）现场生产、生活用火均应经消防部门批准，使用明火要远离易燃物，并备有消防器材。

2）装饰工程施工采用明火或电热法作业的，均须规定专门的防火措施，做到专人看管、人走火灭。

3）冬季取暖用的火炉要专人管理，注意燃料存放、渣土清理和空气流通，防止煤气中毒。

4）工地设吸烟室，施工现场严禁吸烟。

5）电（气）焊工作人员均应接受专门培训，持证上岗；作业前应办理用火手续，并配备监督人员及灭火器具。如因工程需要，必须在顶棚内进行电（气）焊作业，应先与消防部门沟通，妥善采取防火措施后方可施工。

6）及时清理施工现场，做到工完场清。

7）涂饰工程施工要注意通风，严禁烟火，防止静电起火和工具碰撞打火。

（2）装饰公司负责施工现场的总体管理，甲、乙施工队负责分项工程作业并接受装饰公司的协调与安排。装饰工程现场文明施工管理应按以下方式组织：

1）项目经理负责制：现场文明施工管理是一项涉及面广、工作难度大、综合性很强的工作，任何部门都无法单独负责，应由项目经理负责，组织和协调各部门共同管理。

2）齐抓共管制：现场文明施工管理应由生产部门牵头，各专业系统分口负责，共同管理。

3）奖罚责任制：现场文明施工要建立明确的奖罚责任制。

4）日常管理：现场文明施工应经常宣传，随时检查，使施工现场形成良好的文明施工风气。

小　　结

建筑装饰工程施工项目管理是项目管理的一类，是建筑装饰工程施工企业为履行施工合同和落实企业生产经营目标，在采取项目经理责任制的条件下，对建筑装饰工程施工项目全过程运用系统的、科学的技术手段进行的规划、组织、监督、控制、协调等全过程的管理。

建筑装饰工程施工项目现场管理是指建筑装饰施工企业从接受施工任务开始到工程验收交工为止，为完成建筑装饰工程施工任务，围绕施工现场和施工对象进行的全过程生产事务的组织管理工作。

建筑装饰工程生产要素管理包括劳动力、材料、施工机具的管理，应对上述生产要素进行合理配置、强化管理，用较小的投入，按要求完成好项目的工程施工任务，以取得良好的经济效益。

建筑装饰工程施工项目进度控制是项目管理的重要组成部分，它既是一个不断进行的动态控制，也是一个不断循环进行的过程。

建筑装饰工程施工安全管理主要包括安全施工与劳动保护两个方面。安全管理的任务就是要想尽一切办法找出施工生产中的不安全因素，用技术上与管理上的措施去消除这些不安全的因素，做到预防为主、防患于未然，保证施工顺利进行，保证员工的安全与健康。

建筑装饰工程施工项目成本控制是建筑装饰施工企业为降低建筑装饰工程施工成本而进行的各项控制工作的总称，包括成本预算、成本规划、成本控制、成本核算和成本分析等。

建筑装饰工程施工项目绿色施工管理通常包括楼地面工程绿色施工管理、抹灰工程绿色施工管理、门窗工程绿色施工管理、吊顶工程绿色施工管理、轻质隔墙工程绿色施工管理、饰面板工程绿色施工管理、幕墙工程绿色施工管理、涂饰工程绿色施工管理、裱糊与软包工程绿色施工管理、细部工程绿色施工管理。

建筑装饰工程施工项目技术资料的表现形式包括各类文件、信函、设计图样、合同书、会议纪要、报告、通知、记录、签证、单据、证明、书函、数值、图表、图片及音像资料等。竣工验收资料是工程项目竣工验收的重要依据，从施工开始就应设专职人员完整地积累和保管，竣工验收时应该编目建档。

建筑装饰工程施工项目后期管理包括建筑装饰工程施工项目的竣工验收管理和回访与保修。

思　考　题

7-1　项目经理的职责、权限和利益有哪些？

7-2　建筑装饰工程施工项目管理的内容与程序有哪些？

7-3　建筑装饰工程施工项目现场管理的内容包括哪些？

7-4　建筑装饰工程施工作业计划编制的原则、依据、方法是什么？其内容是什么？

7-5　班组施工管理的主要内容有哪些？

7-6　建筑装饰材料现场管理包括哪些内容？

7-7　建筑装饰工程施工项目技术管理的内容有哪些？

7-8　建筑装饰工程施工项目进度控制的内容是什么？

7-9　影响建筑装饰工程施工项目进度的因素有哪些？

7-10　建筑装饰工程质量管理的主要内容有哪些？

7-11　建筑装饰工程质量检查的依据、内容和方法有哪些？

7-12　建筑装饰工程施工安全管理工作主要包括哪些内容？

7-13　建筑装饰工程施工项目成本控制的内容包括哪些？

7-14　建筑装饰工程施工项目技术资料管理的主要内容包括哪些？

7-15　建筑装饰工程施工项目竣工验收的条件和要求包括哪些？

实训练习题

7-1【背景材料】　某商业大厦装饰工程项目，建设单位通过招标选定某装饰公司作为施工单位承担该装饰工程项目的施工任务。工程竣工时，装饰施工单位经过初验，认为已按合同约定的等级完成施工，提请竣工验收，并已将全部的质量保证资料复印齐全，供审核。

【问题】

（1）请简要说明工程竣工验收的程序。

（2）工程竣工验收备案工作应由谁负责办理？

（3）工程竣工验收备案应报送哪些资料？

7-2【背景材料】　某装饰施工企业于2022年3月经过投标承接了一项装饰工程项目，拟进行装饰施工，有关情况介绍如下：

一、工程概况。

工程名称：某市税务局办公楼二次装饰工程

工程地点：某市科技开发区新政路

装修面积：3000m²

总投资造价：86.8万元

工期要求：3个月

该工程一层为税务办理大厅、值班室、卫生间；二层、三层为税务登记办理区及办公室，配有卫生间；四层有办公室、财务室、大小会议室，大会议室配有中央空调；五层为办公室和阅览室。装饰档次要求为中档以上，风格要求雅致，颜色搭配协调，造型简洁。

主要装饰工艺内容如下：

地面：大厅为1000mm×700mm×25mm抛光花岗石，其他楼层为800mm×800mm全瓷抛光地板砖，卫生间为300mm×300mm防滑地砖。

墙面：乳胶漆、铝塑板、局部造型等。

顶棚：一层大厅为轻钢龙骨铝板吊顶，其他楼层为烤漆T型龙骨纸面石膏板吊顶，局部造型顶棚等。

二、本装饰工程施工项目严格按装饰施工工艺操作规程、《建筑装饰装修工程质量验收标准》（GB 50210—2018）进行施工和管理，按合同要求进行质量、进度、成本管理，并按合同要求履行各项义务，保质、保量、按期完成工程施工项目。

三、本装饰工程施工项目由某装饰施工企业总承包，建设单位将中央空调工程分包给某空调公司进行施工。

【问题】

（1）本装饰工程施工过程的质量控制要点有哪些？

（2）本装饰工程的安全技术工作有哪些？

（3）本装饰工程成本控制的内容有哪些？

参考文献

［1］ 危道军. 建筑装饰施工组织与管理［M］. 3 版. 北京：化学工业出版社，2020.

［2］ 冯美宇. 建筑装饰施工组织与管理［M］. 4 版. 武汉：武汉理工大学出版社，2018.

［3］ 毛桂平，周任. 建筑装饰工程施工项目管理［M］. 3 版. 北京：电子工业出版社，2015.

［4］ 韩国平，王丽丽. 建筑施工组织与管理［M］. 3 版. 北京：清华大学出版社，2022.

［5］ 蔡雪峰. 建筑工程施工组织管理［M］. 4 版. 北京：高等教育出版社，2020.